LAUTSPRECHER HANDBUCH

BERNDT STARK

LAUTSPRECHER HANDBUCH

Theorie und Praxis des Boxenbauens

160 Abbildungen

57 Diagramme

3., überarbeitete Auflage

Richard Pflaum Verlag KG München

CIP-Kurztitelaufnahme der Deutschen Bibliothek

Stark, Berndt:
Lautsprecher-Handbuch: Theorie u. Praxis d.
Boxenbauens / Berndt Stark. – 3., überarb. Aufl. –
München: Pflaum, 1986.

ISBN 3-7905-0498-X

Satz: Pustet, Regensburg
Druck: Pflaum Verlag, München
Aufbindung: Sellier, Freising

Inhalt

Anfänger greifen beim Selbstbau von Lautsprecherboxen meist auf komplette Bausätze zurück, die im Fachhandel erhältlich sind.

Stimmt man dagegen Lautsprecher von verschiedenen Herstellern aufeinander ab, so lassen sich manchmal bessere Ergebnisse erzielen.

Vorwort

Schon in den 60er Jahren gewannen Stereoanlagen zunehmend an Beliebtheit. Anfang der 70er Jahre wurde der Begriff der »High-Fidelity«, der »hohen Übertragungsqualität«, immer populärer. Es stellte sich jedoch heraus, daß die Lautsprecher einer Stereoanlage den anderen Komponenten weit unterlegen waren. Das hat sich bis heute kaum gebessert. Im Gegenteil, die Einführung der Digitaltechnik für die Musikwiedergabe läßt die Schwächen von Lautsprechern nur noch deutlicher hervortreten. Auch die Bezeichnung »digitalfest« in Werbeanzeigen für Lautsprecherboxen gewährleistet noch keine höhere Klangqualität. Obwohl diese Tatsachen seit langem bekannt sind, ist nicht zu übersehen:

- Daß zahlreiche Lautsprecher immer noch nach dem »Versuch-und-Irrtum-Prinzip« gebaut werden.
- Daß selbst bei »Fachleuten« oftmals naive, unwissenschaftliche Ansichten statt wirklicher Sachkenntnisse über Lautsprecher vorzufinden sind.
- Daß eine Reihe professionell aufgemachter Werbeprospekte zu einer weiten Verbreitung von Scheinwahrheiten geführt hat, die mit der Wirklichkeit kaum noch zu vereinbaren sind.

Dieses Buch hat zum Ziel, mit Hilfe von Theorie, Messungen und praktischen Erfahrungen die Qualität der Lautsprecherwiedergabe zu steigern – und das bei wesentlich geringerem finanziellen Aufwand als bisher üblich.

Nach vielen Jahren der Praxis im Lautsprecherbau bin ich zu der Einsicht gelangt, daß sich dieses Ziel nur erreichen läßt, wenn alle bekannten, für den Klang entscheidenden Faktoren berücksichtigt werden. Nur dann können auch selbstgebaute Boxen mit hochwertigen Fertigboxen durchaus Schritt halten und sie u. U. sogar klanglich übertreffen.

Um auch Anfängern einen Einstieg in die Materie zu ermöglichen, wurde Wert auf eine allgemein verständliche Sprache und auf eine Erläuterung der wichtigsten Fachbegriffe gelegt. Hierbei mag das Sachregister am Ende des Buches eine Hilfe sein.

Wesentliche Textstellen sind durch einen Balken am Seitenrand gekennzeichnet.

Ich danke den Düsseldorfer Firmen ARLT-Elektronik und ACR-Lautsprechersysteme, die mir freundlicherweise ihr Lautsprecherprogramm für die in diesem Buch enthaltenen Fotoaufnahmen zur Verfügung stellten.
Mein persönlicher Dank gilt auch Dagmar Blomeyer und Dipl.-Ing. Klaus Handel für ihre hilfreiche Unterstützung bei der Erstellung des Manuskripts.

Berndt Stark

Vorwort zur dritten Auflage

Innerhalb kurzer Zeit hat das »Lautsprecher-Handbuch« viele neue Freunde gewonnen, begeisterte Profi- und Hobbyentwickler, für die es ein unentbehrliches Standardwerk beim Boxenbauen geworden ist. Es gab aber auch einige kritische Stimmen, denen ich wertvolle Anregungen zur Verbesserung des Handbuchs verdanke. So wurden die Fotos von Michael Jespersen überarbeitet bzw. neuerstellt, einige technische Angaben wurden präzisiert und die Bauvorschläge aktualisiert. Der Stand der Lautsprechertechnik hat sich jedoch kaum gewandelt, so daß auch der größte Teil des Handbuchs unverändert in die dritte Auflage gehen konnte. Verlag und Autor nehmen weitere Verbesserungsvorschläge mit Dank entgegen.

Berndt Stark

1 Allgemeines

1.1 Das Wirkungsprinzip dynamischer Lautsprecher

Lautsprecher haben die Aufgabe, elektrische Energie (»Strom«) in akustische Energie (Schall) zu verwandeln.
Bei dynamischen Lautsprechern erfolgt dieser Umwandlungsprozeß mit Hilfe des *Magnetismus*. Das Zentrum eines üblichen Lautsprechers bildet daher ein sogenannter Dauer- oder *Permanentmagnet*. Die Eigenschaften solcher Magnete sind einigen vielleicht noch aus dem Physikunterricht bekannt: alle Magnete haben einen Nordpol und einen Südpol und erzeugen ein mehr oder weniger starkes Magnetfeld in ihrer unmittelbaren Umgebung. Die magnetischen Kraft- oder Feldlinien haben eine Ausrichtung, sie verlaufen vom Nordpol zum Südpol. Legt man nun zwei Permanentmagnete nebeneinander, so ziehen sie sich entweder an oder sie stoßen einander ab. Wie sie sich im Einzelfall verhalten, hängt davon ab, ob sich zwei gleiche Pole (z. B. der Südpol beider Magnete) oder zwei ungleiche Pole einander gegenüberliegen. Abbildung 1 soll das veranschaulichen.
Auch *Elektromagnete*, d. h. stromdurchflossene Drahtspulen, erzeugen ein Magnetfeld.
Eben dieser Effekt wird bei dynamischen Lautsprechern genutzt. Ein Elektromagnet, d. h. die Schwingspule, befindet sich dazu im Energiefeld eines kräftigen Permanentmagneten. An der *Schwingspule* ist die *Lautsprechermembran* befestigt, die alle Bewegungen der Spule mitvollziehen muß.
Legt man nun eine Gleichspannung an die Schwingspule an, und zwar den + Pol einer Batterie an den + Pol des Lautsprechers, so bewegt sich die Spule und mit ihr die Membran heftig nach vorne. Führt man den + Pol des Lautsprechers mit dem – Pol der Batterie zusammen (und den – Pol des Lautsprechers mit dem + Pol der Batterie), so schwingen Spule und Membran nach hinten. Dieser Vorgang ist auf das Anziehen bzw. Abstoßen zweier Magnete, je nach ihrer Polung, zurückzuführen.

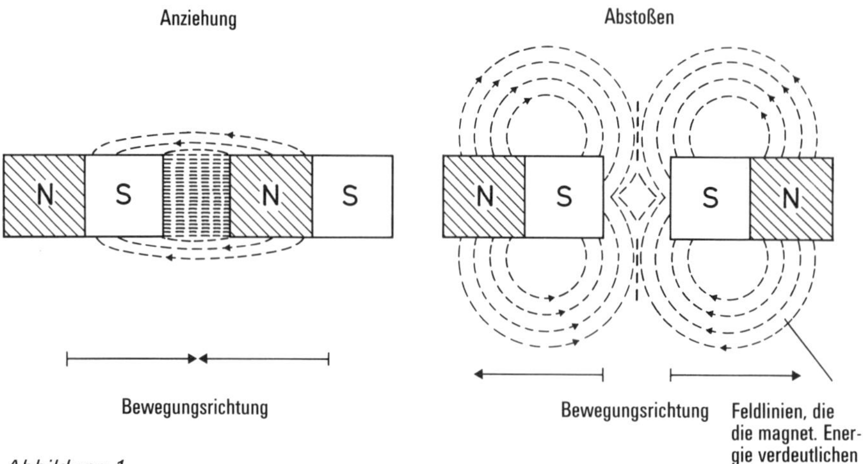

Abbildung 1

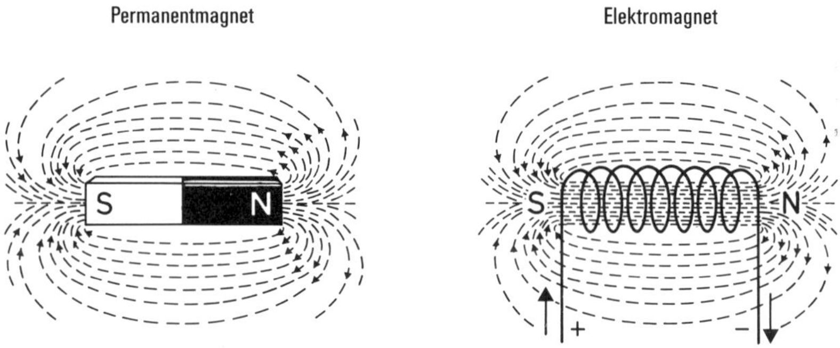

Abbildung 2

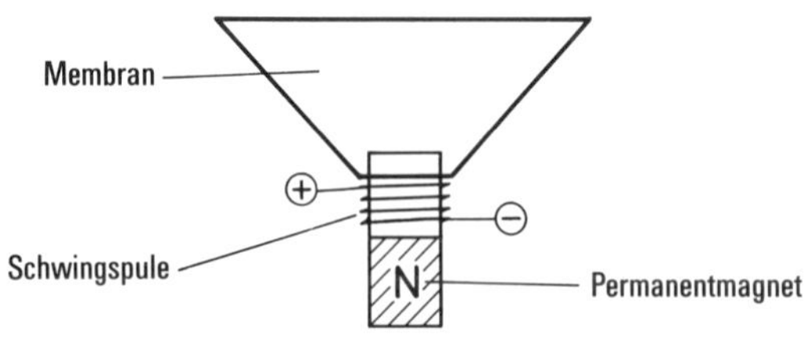

Abbildung 3

Membranbewegungen

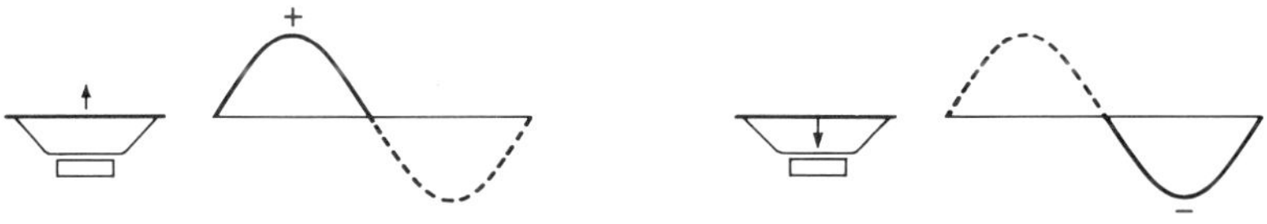

Positive Amplitude

Negative Amplitude

Abbildung 4

Der elektrische Strom, der dem Lautsprecher vom Verstärker zugeführt wird, ist jedoch kein Gleich- sondern *Wechselstrom*. Für den Lautsprecher bedeutet das, daß Plus- und Minuspol der Schwingspule bis zu 20 000 mal in der Sekunde (!) wechseln können. Die Schwingspule und die daran befestigte Membran schnellen dabei ebenso oft vor und zurück.
Die Bewegungen oder Schwingungen der Membran werden auf die umgebende Luft übertragen und sind als Schall hörbar.
Abbildung 4 zeigt, wie Membranbewegungen in der Regel graphisch dargestellt werden.
Alle dynamischen Lautsprecher funktionieren nach diesem Prinzip. Trotzdem gibt es erhebliche Unterschiede zwischen verschiedenen Typen. Je nach ihrem Aufbau sind sie unterteilt in Konus-, Kalotten-, Trichter- und Bändchenlautsprecher, die alle ganz unterschiedliche Eigenschaften aufweisen, von denen noch die Rede sein wird.

1.2 Piezoelektrische Lautsprecher und andere Konstruktionen

Seit einigen Jahren erfreuen sich Piezohochtöner einer regen Nachfrage auf dem Lautsprechermarkt. Ihr Aufbau und ihre Funktionsweise sollen hier deshalb kurz skizziert werden. Ein Piezo-Kristall wird durch die vom Verstärker gelieferte Wechselspannung zu Schwingungen angeregt, die auf eine mit dem Kristall verbundene Pappmembran übertragen werden. Dieser Pappmembran wird meist ein Exponentialhorn (Trichter) vorgesetzt.
Piezohochtöner können sogar ohne Frequenzweiche betrieben werden, d. h. ohne zusätzliche Kondensatoren oder Spulen. Sie sind leicht, da sie

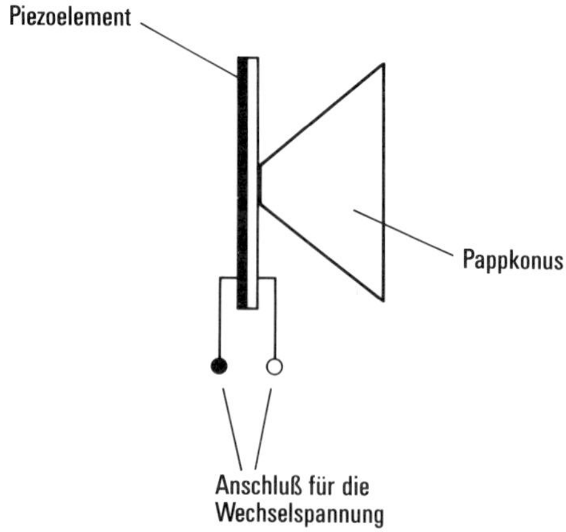

Abbildung 5

keinen Magneten benötigen, und sie sind billig. Aufgrund ihrer unterdurchschnittlichen Klangqualität eignen sie sich jedoch nicht für höherwertige HiFi-Lautsprecherboxen.
Neben den bereits erwähnten Lautsprecherarten gibt es noch eine Reihe anderer Konstruktionen, die für den Selbstbau von Lautsprecherboxen aber bisher nur eine untergeordnete Rolle spielen. Hierzu gehören elektrostatische (Gegentakt-) Lautsprecher, magnetostatische Lautsprecher, der Walsh-Lautsprecher, der Air-Motion Wandler, der Manger-Wandler und Ionen-Hochtöner. Auf eine nähere Beschreibung dieser Lautsprechertypen soll hier verzichtet werden, da sie für den Selbstbau entweder nicht erhältlich, nicht geeignet oder weniger empfehlenswert sind. Neben einem hohen Kaufpreis verlangen viele dieser Lautsprecher auch nach der Anschaffung großer und teurer Verstärker sowie nach beträchtlichen Kenntnissen im Bereich der Elektronik, wenn der Klang der Boxen wirklich gut werden soll. Auch sogenannte Koaxiallautsprecher sollen hier nicht behandelt werden, da sie ein sehr ungünstiges Preis-Leistungs-Verhältnis aufweisen.

1.3 Frequenz, Wellenlänge und Amplitude

Die *Frequenz*, daß heißt die Anzahl der (Membran-) Schwingungen pro Sekunde, wird in *Hertz* angegeben.
Kann ein Lautsprecher beispielsweise Frequenzen bis zu 16 000 Hz, also

bis zu 16 Kilo-Hertz (= 16 kHz) übertragen, bedeutet das, daß seine Membran bis zu 16 000 mal pro Sekunde vor- und zurückschwingen kann. Geräusche, Sprache und Musik beruhen jedoch nicht nur auf einer Aufeinanderfolge verschiedener Frequenzen; sie bestehen vielmehr aus einer recht großen Anzahl von Frequenzen, die gleichzeitig auftreten und dementsprechend gleichzeitig vom Lautsprecher wiedergegeben werden müssen, was nicht ohne Fehler vonstatten geht. Darüberhinaus stellen verschiedene Frequenzen unterschiedliche Anforderungen an die Lautsprecher.

Niedrige Frequenzen (bis zu 300 Hz) erfordern recht große Membranen, die zwar nicht so oft vor- und zurückschwingen müssen (max. 300 mal pro Sekunde), dafür aber umso heftiger und weiter. Hohe Frequenzen (5 kHz–20 kHz) erfordern dagegen besonders leichte Membranen, die zwar nicht so große, dafür aber wesentlich mehr Schwingungen pro Sekunde ausführen müssen.

Ein einzelner Lautsprecher wäre völlig überfordert, wenn er alle hörbaren Frequenzen übertragen sollte. In Hi-Fi-Boxen wird der Hörbereich daher wenigstens in zwei Frequenzbereiche aufgeteilt, wobei große Lautsprecher für die niedrigeren, kleine für die höheren Frequenzen zuständig sind. Dabei ist auch die *Wellenlänge* nicht unwesentlich. Jede Frequenz hat eine bestimmte Wellenlänge, die leicht errechnet werden kann.

$$\lambda = \frac{c}{f}$$

wobei λ = Wellenlänge
c = Schallgeschwindigkeit (ca. 344 m/s)
f = Frequenz

Die Frequenz von 60 Hz hat demnach eine Wellenlänge von

$$\frac{344}{60};\ \text{m} = 5{,}73\ \text{m}$$

Je höher die Frequenz, desto kleiner ist die Wellenlänge einer Schwingung.

Bei 1000 Hz ist λ = 34,4 cm, und bei 12 kHz, einer recht hohen Frequenz, beträgt die Wellenlänge nur noch 2,8 cm. Die Wellenlänge der Frequenzen spielt bei der Lautsprecherwiedergabe eine große Rolle, denn überall dort, wo die Abmessungen des Hörraums, des Lautsprechergehäuses oder der Membranen den Wellenlängen bestimmter Frequenzen gleichen oder ähneln, treten besondere Schwierigkeiten auf, von denen noch die Rede sein wird. Während die Wellenlänge mit der Frequenz in direktem Zusammenhang steht, bestimmt die *Amplitude* eines Signals die Schallstärke.

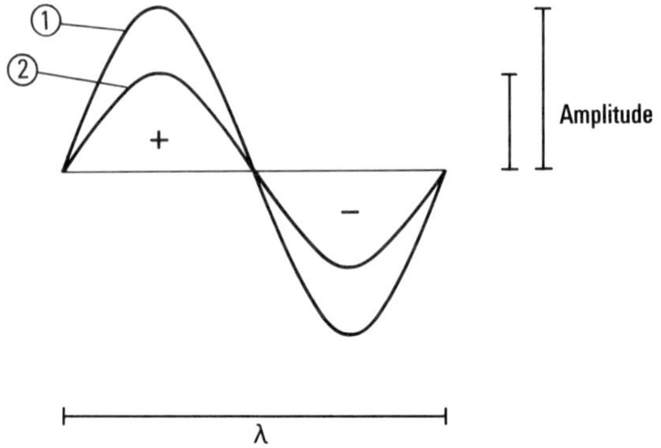

Abbildung 6: ① und ② haben die gleiche Wellenlänge, aber eine unterschiedliche Amplitude (Schallstärke).

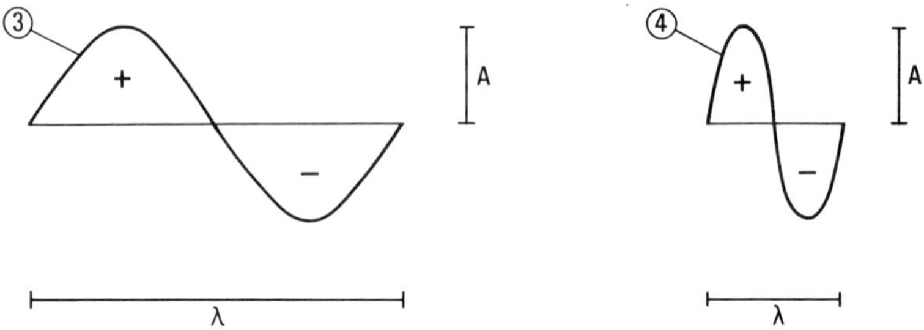

Abbildung 7: ③ und ④ haben eine unterschiedliche Wellenlänge, aber die gleiche Amplitude. Grob vereinfachend könnte man sagen: Signal 3 und Signal 4 sind gleichlaut, jedoch entspricht Signal 4 einem höheren Ton.

2 Die Eigenschaften dynamischer Lautsprecher

2.1 Der Frequenzgang

Eine Lautsprecherbox sollte alle hörbaren Frequenzen gleichstark übertragen. Sie sollte einzelne Töne also nicht bevorzugen und andere nicht unterdrücken. Gerade in diesem Punkt sind Lautsprecherboxen jedoch den anderen Komponenten einer HiFi-Anlage (Plattenspieler, Tonbandgerät, Tuner, Verstärker) weit unterlegen. Zu viele Faktoren haben einen ungünstigen Einfluß auf den *Frequenzgang*, so daß hier erhebliche Einbußen unvermeidbar sind. Aber:

HiFi-Boxen sollten in der Lage sein, den Bereich zwischen 40 Hz und 16 kHz ohne größere Lautstärke- oder besser Amplitudenschwankungen wiederzugeben.

Schwingungen unter 40 Hz und über 16 kHz spielen bei der Musikübertragung von Radio oder Schallplatte keine sehr wesentliche Rolle. Einschränkend muß jedoch gesagt werden, daß bei tiefen Frequenzen (unterhalb 300 Hz) der Hörraum einen wesentlichen Einfluß auf den Frequenzgang hat. Dies hängt mit den Abmessungen (Breite, Länge, Höhe) des Raums zusammen, die den Wellenlängen niedriger Frequenzen entsprechen (ca. 2 bis 10 m). Aber nicht nur der Raum, sondern auch der Lautsprecher, das Gehäuse und die Frequenzweiche (die u. a. dafür sorgt, daß dem Tieftöner auch wirklich nur tiefe Frequenzen zugeführt werden) haben einen großen Einfluß auf den Frequenzgang im Baßbereich.

Ähnlich verhält es sich im Mittel- und im Hochtonbereich. Nur spielen hier Hörraum und Gehäuse eine geringere Rolle, Lautsprecher und Frequenzweiche dagegen eine größere.

Lautstärke- oder besser Schalldruckunterschiede werden mit der Einheit *Dezibel*, kurz dB, erfaßt und angegeben. Ein Unterschied von einem Dezibel kann vom Ohr gerade eben noch wahrgenommen werden. Drei Dezibel Schalldruckunterschied sind bereits gut hörbar, und zehn Dezibel entsprechen der halben (− 10 dB) bzw. der doppelten (+ 10 dB) Lautstärke.

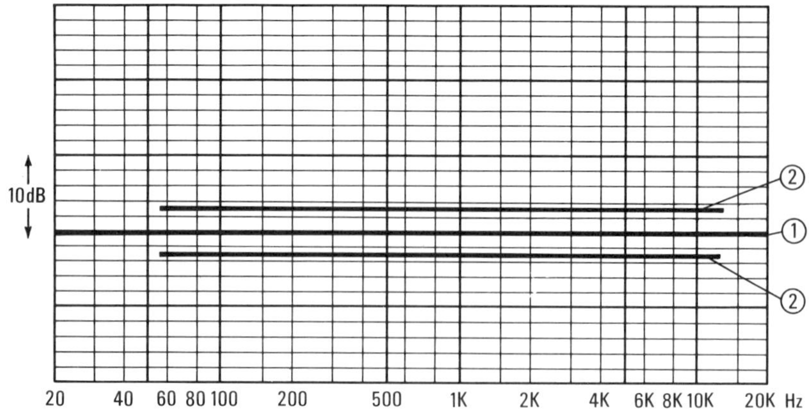

Diagramm 1: Praxisgerechte Frequenzgangtoleranzen für HiFi-Boxen:
① Theoretisch idealer Frequenzgang, alle Frequenzen werden mit dem gleichen Schalldruck wiedergegeben.
② Toleranzgrenzen für Frequenzgangabweichungen bei einer hochwertigen HiFi-Box.
(Diese Forderungen sind nicht mit denen der veralteten DIN 45 500 identisch).

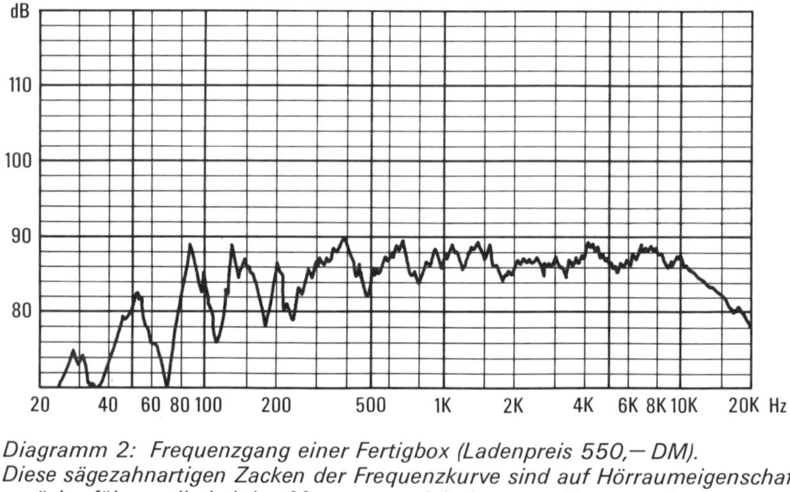

Diagramm 2: Frequenzgang einer Fertigbox (Ladenpreis 550,– DM).
Diese sägezahnartigen Zacken der Frequenzkurve sind auf Hörraumeigenschaften zurückzuführen, die bei den Messungen nicht herausgefiltert wurden.

Abweichungen von 2 dB vom Mittelwert einer Lautsprecherbox werden nicht als störend empfunden, 4 dB können dagegen kaum noch als akzeptabel gelten; Abweichungen von 6 dB sind nicht mehr HiFi-würdig, jedenfalls dann nicht, wenn sie sich über eine halbe *Oktave* oder mehr erstrekken. Eine ganze Oktave umfaßt den Frequenzbereich von 40 Hz – 80 Hz oder von 150 Hz – 300 Hz oder von 5 kHz – 10 kHz, also eine Frequenzverdoppelung. Diagramm 1 zeigt, welche Abweichungen des Frequenzgangs einer Box von ihrem Mittelwert tolerierbar sind.
Obwohl das Meßverfahren hier keine exakte Aussage ermöglicht, so wird im Diagramm 2 doch bereits eine Schwäche zahlreicher Fertigboxen sichtbar: sie haben einen schwachen Tiefbaß, d. h. Frequenzen unterhalb 80 Hz werden zu leise wiedergegeben. Zurückzuführen ist diese Schwäche auf die problematische Relation zwischen der Membranfläche des Tieftöners und dem Gehäusevolumen. Im Klartext heißt das, daß die Baßlautsprecher – wohl aus optischen Gründen – in zu kleine Gehäuse eingebaut werden. Darüber aber an anderer Stelle mehr.
Diagramm 3 zeigt den Frequenzverlauf einer billigen Fertigbox (Ladenpreis ca. 100.– DM). Der Tiefbaßbereich unter 70 Hz und der hohe Obertonbereich oberhalb 12 kHz werden zu leise wiedergegeben. Die Bereiche von 500 Hz bis 1,6 kHz und von 3,5 kHz bis 11 kHz werden dagegen zu laut reproduziert. Die Box klingt dementsprechend unnatürlich.
Aber auch relativ teure Lautsprecherboxen können gravierende Frequenzfehler aufweisen. Wie sich einige häufig vorkommende Unausgeglichenheiten des Frequenzgangs gehörmäßig auswirken, ist Diagramm 4 zu entnehmen.
Übrigens sollte der Frequenzgang nicht mit dem *Frequenzumfang* verwechselt werden. Bei Lautsprecherherstellern und Verkäufern wird seit vielen Jahren nur zu gerne mit Phantasiedaten gehandelt: schon kleine Billiglautsprecher trumpfen häufig mit einem Frequenzumfang von 30–20 000 Hz auf. Dabei wird jedoch verschwiegen, mit welchen Tricks solche Daten gemessen wurden (falls sie überhaupt jemals gemessen wurden) und wie stark die Frequenzgangabweichungen sind. Vielleicht sind es $\pm$ 10 dB statt der geforderten $\pm$ 3 dB – schon ist der Käufer überlistet.
Auch Spitzenklasseboxen erreichen selten einen größeren Frequenzumfang als von 40 Hz bis 16 kHz bei Abweichungen von maximal 3 dB vom Mittelwert.
Bessere Werte sind kaum glaubwürdig und darüberhinaus meist unnötig. Skepsis ist auch bei den Frequenzkurven in den Werbeprospekten einiger Hersteller bzw. Vertriebsfirmen geboten. Schon mancher nahezu lineal-

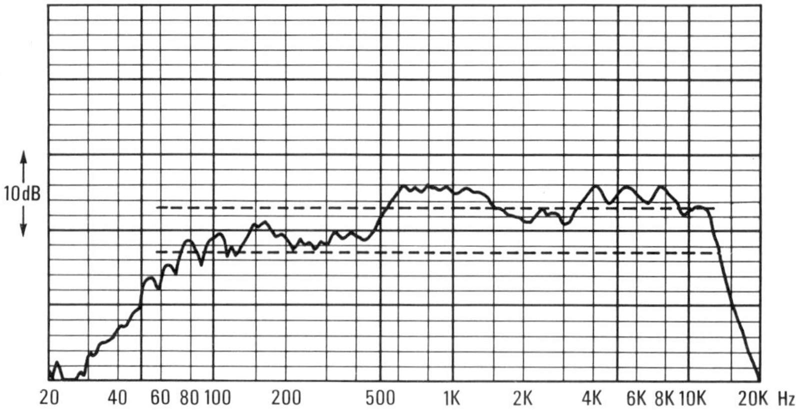

Diagramm 3: Billig-Fertigbox mit HiFi-untauglichem Frequenzgang (gestrichelte Linien: Toleranzgrenzen für hochwertige Boxen).

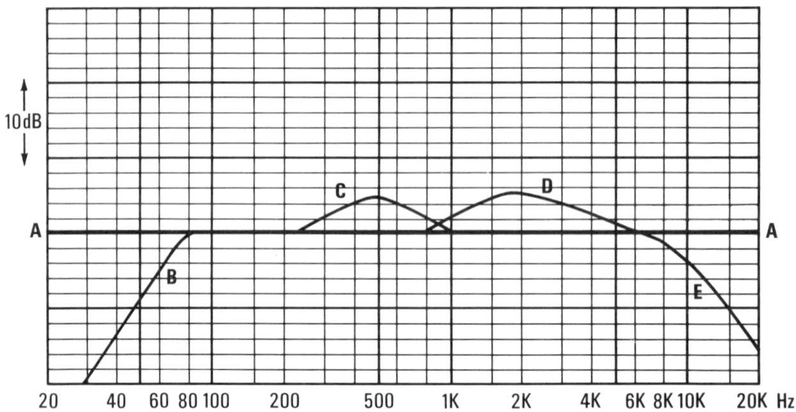

Diagramm 4:

A: Theoretisch idealer Frequenzgang.

B: Schwacher Tiefbaß; Baßinstrumenten, großen Trommeln und Pauken fehlt es an Wucht, Kraft, Volumen und Originalität.

C: Überhöhung im unteren Mitteltonbereich; Sprache und Musik klingt warm und weich, eventuell auch röhrig, topfig und hohl.

D: Überhöhung im Präsenzbereich; Sprache und Musik klingt hell und hart, kaum voluminös und eventuell auch aufdringlich, näselnd oder blechern.

E: Schwacher Höchsttonbereich; Schlagzeugbecken, Glockenspiel und Triangel, aber auch viele andere Instrumente klingen stumpf, leblos und nicht brillant.

glatter Frequenzgang entpuppte sich später als reine Wunschvorstellung.

Frequenzgangfehler werden zusammen mit Fehlern im Phasen- und Impulsverhalten, von denen noch die Rede sein wird, als *lineare Verzerrungen* bezeichnet. Dabei wird ein Signal lauter, leiser oder zeitlich später wiedergegeben als vorgesehen.

2.2 Der Klirrfaktor

Ein weiteres Kriterium zur Beurteilung der Qualität von Lautsprechern ist der *Klirrfaktor*. Während es bei modernen Verstärkern längst gelungen ist, diese Art von Verzerrung auf unter ein Promille (0,1%) zu senken, warten auch hochwertige Lautsprecherboxen heute noch mit Werten von mehr als 1% auf.

Mit dem Klirrfaktor wird das Ausmaß von unerwünschten Oberschwingungen (Frequenzvervielfachungen) erfaßt.

Hat ein Baßlautsprecher beispielsweise bei der Frequenz 80 Hz einen K_2 von 5% und einen K_3 von 2%, so bedeutet das, daß der von ihm abgestrahlte Schall neben der Frequenz von 80 Hz noch einen fünfprozentigen Anteil von 160 Hz (2 · 80 Hz, daher K_2) und einen zweiprozentigen Anteil von 240 Hz (3 · 80 Hz) enthält.

Bei Lautsprechern erreichen vor allem K_2 und K_3 recht hohe Werte. Allerdings reagiert das Gehör auf diese Art von Verzerrungen nicht sonderlich empfindlich. Die dadurch produzierten Frequenzen sind nämlich als harmonische Obertöne von Instrumenten von vornherein im Original vorhanden – wenngleich auch in geringerem Maße. Lediglich ungerade Klirrverzerrungen höherer Ordnung (K_5, K_7, K_9 etc.), die u. a. bei der Überlastung von Lautsprechern und bei Verstärkern entstehen, können sich schon oberhalb 0,1% störend bemerkbar machen.

Klirrverzerrungen entstehen als Folge mangelhafter Qualität der einzelnen Bauteile eines Lautsprechers.

Nichtlinearitäten, d. h. Ungleichmäßigkeiten bei der Membran, ihrer Zentrierung, der Randaufhängung, des Engergiefeldes des Magneten oder der Schwingspule tragen dazu bei (s. Abb. 8).

Aber auch große Auslenkungen der Membran bei hohen Lautstärken führen zu einem hohen Klirrfaktor und damit u. U. zu einem harten, rauhen und verzerrten Klang.

Klirrfaktoren (K_2 und K_3) in Höhe von 5% im Bereich unter 400 Hz und oberhalb 5 kHz scheinen bei Lautsprechern allerdings nicht zu stören.

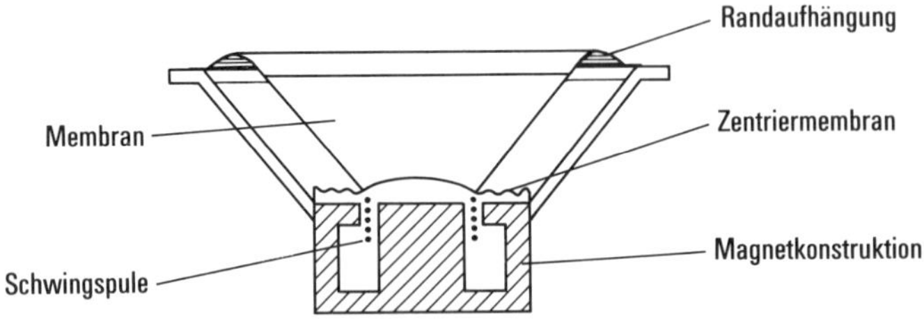

Abbildung 8

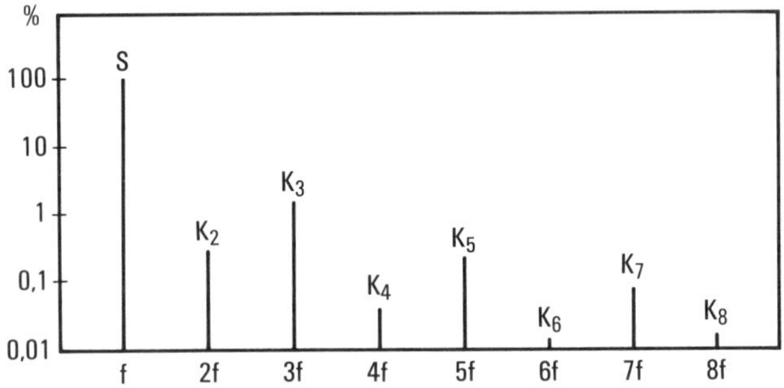

Abbildung 9: S: eingespeistes Signal mit der Frequenz f (hier 200 Hz).
K: Klirrverzerrungen eines BBC-Monitorlautsprechers.

Lediglich zwischen 800 Hz und 4 kHz sollte der Klirrfaktor einer Lautsprecherbox 1% nicht wesentlich überschreiten – auch nicht bei höheren Lautstärken. Abbildung 9 zeigt die Klirrverzerrungen einer Lautsprecherbox bei 200 Hz, die auf dem Bildschirm eines Oszilloskops sichtbar gemacht wurden (normalerweise werden bei Lautsprechertests nur K_2 und K_3 gemessen und angegeben).

2.2.1 Klirrfaktormessung

Wird der Klirrfaktor gemessen und in ein Frequenzdiagramm eingetragen, so wird er nicht in Prozent, sondern in dB, also als *Klirrdämpfung*, angegeben. Den Frequenzgang und die Klirrdämpfung eines guten Baßlautsprechers bei hoher Lautstärke gibt Diagramm 5 wieder, wobei in diesem Fall zu der angegebenen Klirrdämpfung 20 dB addiert werden müssen. Die Klirrdämpfung wurde hier der Anschaulichkeit halber 20 dB niedriger

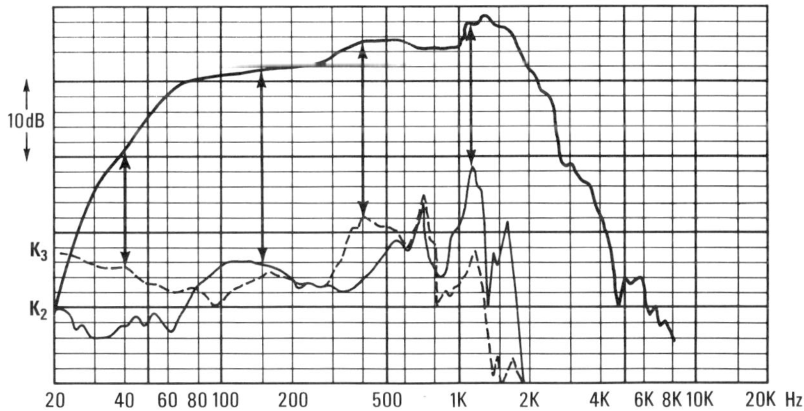

Diagramm 5: Frequenzgang und Klirrfaktor eines 30 cm Baßlautsprechers im 64 l Gehäuse laut Hersteller (SEAS 33F – WB).

angegeben als sie tatsächlich ist. Für den K_2 ergibt sich somit eine Klirrdämpfung von 25 dB + 20 dB, also 45 dB bei 150 Hz, 19 dB + 20 dB, also 39 dB bei 1100 Hz. Der K_3 dagegen erreicht Werte von 16 dB + 20 dB, also insgesamt 36 dB bei 40 Hz und 43 dB bei 400 Hz usw. Mit Hilfe von Tabelle 1 (S. 24) kann die Klirrdämpfung auf den Klirrgrad in Prozent übertragen werden.

Diagramm 5 macht deutlich, daß es kaum sinnvoll ist, den Klirrfaktor eines Lautsprechers nur bei einzelnen Frequenzen zu messen, wie es bei Lautsprechertests manchmal geschieht. Mißt man den SEAS 33F-WB aus Diagramm 5 nur bei 70 Hz, 300 Hz und 800 Hz, schneidet er hervorragend ab. Mißt man dagegen bei 30 Hz, 400 Hz und 700 Hz, sind die Ergebnisse deutlich schlechter. Wenn man schon Klirrfaktormessungen vornimmt, dann am besten über den gesamten Frequenzbereich. Angaben wie »Klirrfaktor bei 1 kHz unter 1%« sind absolut nichtssagend und eher irreführend. Hinzu kommt aber noch, daß verschiedene Exemplare des gleichen Lautsprechers völlig unterschiedliche Klirrfaktoren aufweisen können, je nachdem, wie präzise die Lautsprecher gebaut wurden. Der Aussagewert von Klirrfaktormessungen sollte deshalb nicht überschätzt werden, schon gar nicht, wenn der Schalldruck bei den Messungen unter 90 dB bei einem Meter Abstand vom Lautsprecher betrug (entspricht einer recht hohen Lautstärke).

Tabelle 1

Klirrdämpfung	Klirrfaktor
60 dB	0,1%
54 dB	0,2%
50 dB	0,3%
48 dB	0,4%
46 dB	0,5%
43 dB	0,7%
40 dB	1 %
38 dB	1,3%
36 dB	1,6%
34 dB	2 %
32 dB	2,5%
30 dB	3,1%
28 dB	4 %
26 dB	5 %
23 dB	7 %
20 dB	10 %
17 dB	14 %
14 dB	20 %
10 dB	31 %

2.3 Intermodulationsverzerrungen

Einen wenigstens ebenso großen Einfluß wie der Klirrfaktor haben Intermodulationsverzerrungen auf den Lautsprecherklang.
Nicht zuletzt ist es auch den Intermodulations-Verzerrungen zuzuschreiben, daß viele Lautsprecherboxen bei höheren Lautstärken »harsch«, »rauh«, »heiser«, »verschwommen«, »unklar« und »aggressiv« klingen.
Was es mit ihnen auf sich hat und wie sie sich, wenn schon nicht vermeiden, so doch wenigstens auf ein Minimum reduzieren lassen, soll im Folgenden dargestellt werden.
Zunächst einmal ist es angebracht, zwischen *FM (Frequenzmodulation)* und *AM (Amplitudenmodulation)* zu unterscheiden. FM-Verzerrungen liegt der sogenannte *Doppler-Effekt* zugrunde. Doppler fand heraus, daß die Tonhöhe einer Schallquelle von der Geschwindigkeit abhängt, mit der sie sich auf den Hörer zu- oder von ihm fortbewegt. So verändert sich z. B. der Klang einer Autohupe oder eines Martinhorns, wenn das tönende Auto an einem vorüberfährt.
Da sich Lautsprechermembranen ebenfalls recht schnell auf den Hörer zu- und wieder von ihm fortbewegen können, ist leicht einzusehen, daß dieser

Effekt auch bei ihnen eintritt. Das hat mehr oder weniger ausgeprägte Frequenzschwankungen oder besser *Tonhöhenschwankungen* bei der Lautsprecherwiedergabe zur Folge. Wie sich diese Schwankungen berechnen lassen, soll am Schluß dieses Kapitels gezeigt werden.
Festzuhalten ist erst einmal:
Je größer die Auslenkungen der Lautsprechermembran sind und je größer der Frequenzbereich ist, den sie zu übertragen hat, desto höher sind auch die FM-Verzerrungen.
Wenigstens genauso problematisch wie die Tonhöhenschwankungen sind die Mischprodukte, die sogenannten *Seitenbänder*, die bei der gleichzeitigen Wiedergabe mehrerer Frequenzen entstehen.
Beispiel: einem Lautsprecher werden zwei Signale zugeführt, eins mit der Frequenz 50 Hz, das andere mit 650 Hz. Aufgrund von Modulationsverzerrungen produziert er nun zusätzlich noch Signale, die sich aus beiden Frequenzen zusammensetzen.
Bei den ersten Seitenbändern sind das $f_2 - f_1$ und $f_2 + f_1$, hier 650 Hz − 50 Hz = 600 Hz und 650 Hz + 50 Hz = 700 Hz. Bei den zweiten Seitenbändern sind es $f_2 \pm 2 \cdot f_1$, also 550 Hz und 750 Hz, bei den dritten 500 Hz und 800 Hz u.s.w.
Der auf FM zurückzuführende Anteil dieser Verzerrungen im Ausgangssignal läßt sich mit folgender Gleichung erfassen (nach Klipsch):

$$d = 0{,}0065 \cdot H \cdot f_2 ; \%$$

Dabei ist H der maximale Hub in cm, den die Membran ausführt. Diagramm 6 zeigt, welchen Einfluß der Membrandurchmesser und der zu übertragende Frequenzbereich des Lautsprechers auf seine FM-Verzerrungen haben. Es ist leicht ersichtlich, daß *Breitbandlautsprecher* – das sind Lautsprecher, die den gesamten hörbaren Frequenzbereich abstrahlen sollen – extrem hohe Modulationsverzerrungen produzieren. Das gilt auch bei der Verwendung von mehreren kleinen Breitbandlautsprechern. Beispielsweise haben etwa 7 Lautsprecher mit 13 cm ∅ eine Membranfläche, die der eines einzelnen Lautsprechers mit 31 cm ∅ entspricht.
Ein 31 cm ∅ Lautsprecher, der die Frequenzen $f_1 = 50$ Hz und $f_2 = 1{,}2$ kHz mit einem Schalldruck von 96 dB bei 1 m Abstand wiedergibt (rel. hohe Lautstärke), produziert demnach etwa 3% FM-Verzerrungen. Erst bei höheren Prozentanteilen werden Intermodulationsverzerrungen von Lautsprechern gehörmäßig direkt als Verzerrungen identifiziert. Bei niedrigeren Prozentanteilen bewirken sie eher eine Trübung oder Verschleierung des Klangs, ein Verwischen von Details und ein geringeres *Auflösungsver-*

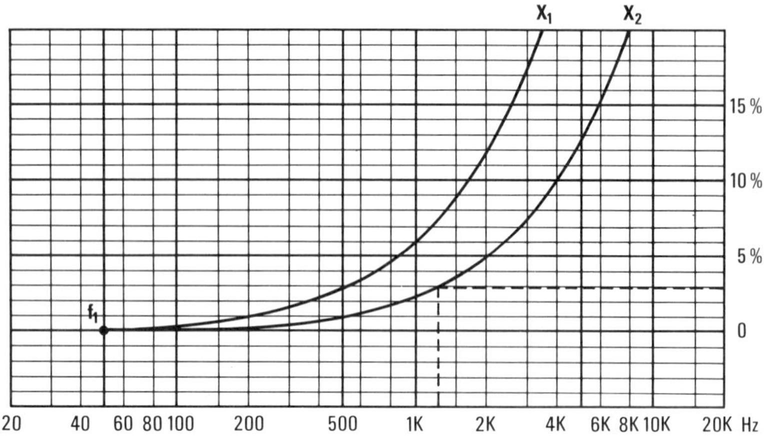

Diagramm 6: FM-Verzerrungen bei einem Schalldruck von 96 dB in einem Meter Abstand (f_1 = 50 Hz; f_2 = x).
X_1 gilt für Lautsprecher mit ca. 21 cm ∅ (Membran 15,5 cm ∅)
X_2 gilt für Lautsprecher mit ca. 31 cm ∅ (Membran 24 cm ∅)

mögen. Untersuchungen zeigen, daß die kritische Grenze bei 1% bis 5% liegt, je nach Musikmaterial. Für die bereits erwähnten Tonhöhenschwankungen, die übrigens den Gleichlaufschwankungen eines Plattenspielers oder Tonbandgeräts ähneln, liegt die kritische Grenze dagegen bei 0,3% bis 1% (nach Fryer und Moir).

Damit ist es jedoch noch nicht genug, denn bisher war lediglich von FM-Verzerrungen die Rede. AM-Verzerrungen können unter ungünstigen Umständen noch größere Ausmaße annehmen, z. B. bei Lautsprechern, die auch hohe Klirrverzerrungen aufweisen. Amplitudenmodulations-Verzerrungen werden wie der Klirrfaktor durch Nichtlinearitäten des Membranantriebs (Magnet, Schwingspule), der Rückstellkräfte (Zentriermembran, Randaufhängung) oder der Membransteife hervorgerufen (s. hierzu Abbildung 8). Sie sind an der Entstehung von Mischprodukten verschiedener Frequenzen – also der Seitenbänder – maßgeblich beteiligt. Zusammenfassend kann man sagen:

Klirr-, FM- und AM-Verzerrungen bestehen aus einer Vielzahl von Signalen, die dem Lautsprecher nicht zugeführt wurden, die er aber trotzdem produziert. Man bezeichnet sie auch als *»nichtlineare Verzerrungen«*.

Wie sich solche Verzerrungen mit Hilfe eines Oszilloskops sichtbar machen lassen, veranschaulicht Abbildung 10a–c (nach Klipsch).

a)

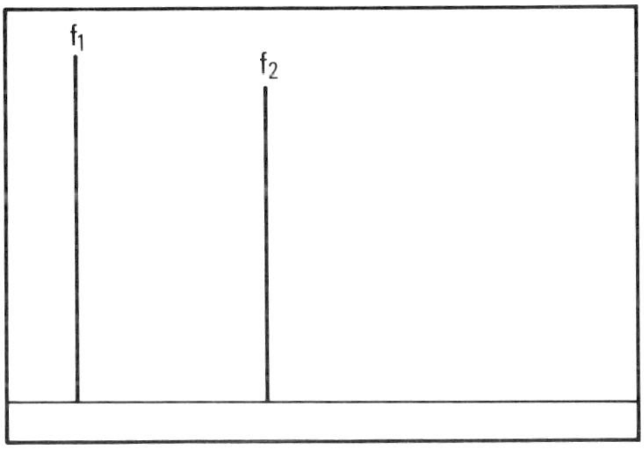

Abbildung 10:

Eingangssignal
$f_1 = 540$ Hz,
$f_2 = 4400$ Hz,

b)

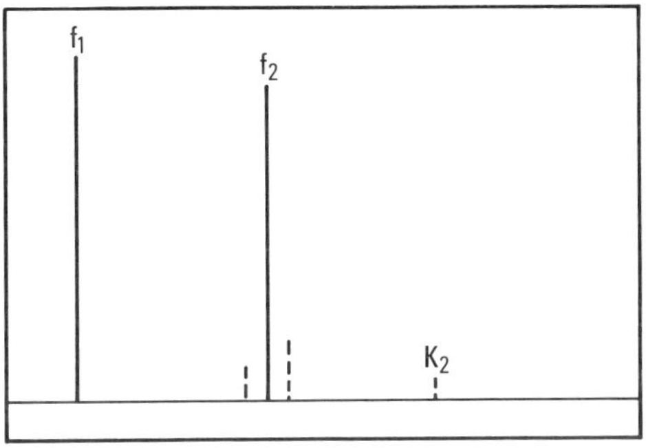

Modulations-Verzerrungen (Klirr- und Seitenbänder) eines Mittelton-Horn-Lautsprechers

c)

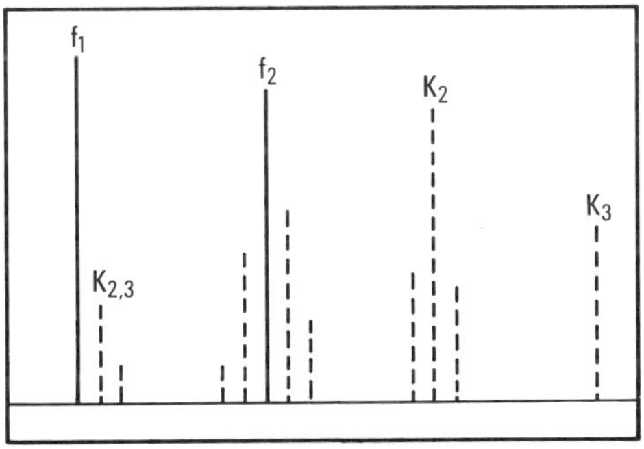

Modulations-Verzerrungen eines 20 cm ⌀ Konus-Mitteltöners.

Auch wenn kein völlig ungeeigneter Lautsprecher wie in Abbildung 10c zum Vergleich herangezogen wird, so weisen hochwertige Trichter- oder Hornlautsprecher bei hohen Lautstärken trotzdem geringere Modulationsverzerrungen auf als die meisten anderen Konstruktionen. Darüberhinaus macht Abbildung 10c deutlich, daß die Verzerrungen extrem hohe Werte annehmen, wenn ein Lautsprecher überfordert wird. Wie lassen sich diese Verzerrungen nun aber möglichst gering halten? Hier kommen nur zwei Möglichkeiten in Betracht.

Erstens sollte der vom einzelnen Lautsprecher zu übertragende Frequenzumfang möglichst klein sein.

Dies läßt sich mit einer *Zweiwegbox* oder besser noch mit einer *Dreiwegbox* realisieren, bei der je ein Lautsprecher speziell für den Tiefton-, den Mittelton- und den Hochtonbereich zur Verfügung steht.

Zweitens sollten die Membranbewegungen auch bei höheren Lautstärken möglichst gering gehalten werden.

Im Baßbereich läßt sich das mit großflächigen Membranen und speziellen Gehäusen erreichen, die noch beschrieben werden sollen. Aber auch im Mitteltonbereich darf die Membran nicht zu klein sein. Besonders niedrige Intermodulationsverzerrungen weisen Trichter- bzw. Hornlautsprecher auf. Die schallverstärkende Wirkung eines Trichters macht nämlich nur minimale Membranauslenkungen erforderlich. Allerdings muß hinzugefügt werden, daß sich die Vorteile von Hornlautsprechern nur bei sehr sorgfältiger Konstruktion und bei besonders hohen Lautstärken bemerkbar machen.

Im Mittel- und Hochtonbereich kommt aber noch eine weitere Ursache für Intermodulationen und andere Verzerrungen hinzu; das sind Verformungen der Membran, die sogenannten Partialschwingungen, die im nächsten Kapitel behandelt werden.

Abschließend soll noch gezeigt werden, wie sich die Frequenzschwankungen bei der Lautsprecherwiedergabe berechnen lassen. Das Ausmaß dieser Schwankungen ist durch das Verhältnis zwischen der maximalen Membrangeschwindigkeit zur Schallgeschwindigkeit festgelegt.

Die maximale Membrangeschwindigkeit beträgt $v = H \cdot \pi \cdot f_1$, wobei H = Membranhub.

Beispiel: ein Lautsprecher strahlt die Frequenz $f_1 = 50$ Hz mit einer Membranamplitude von max. ± 5 mm ab ($H = 1$ cm), daraus ergibt sich:

$$v = 1 \cdot 3{,}14 \cdot 50; \text{ cm/s}$$
$$= 157 \text{ cm/s}.$$

Für den Faktor der Frequenzabweichung ergibt sich:

$$FA = \frac{v}{c} \quad \text{wobei} \quad c = \text{Schallgeschwindigkeit (344 m/s).}$$

Hier gilt dann: $$FA = \frac{157 \text{ cm/s}}{34\,400 \text{ cm/s}} = 0{,}0045 \text{ oder } 0{,}45\%$$

Überträgt der Lautsprecher neben $f_1 = 50$ Hz noch eine weitere Frequenz, z. B. $f_2 = 650$ Hz, so beträgt die zu erwartende Frequenzabweichung $650 \cdot 0{,}0045 = 3$ Hz. In diesem Fall würde f_2 dementsprechend aufgrund des Doppler-Effektes zwischen 647 Hz und 653 Hz schwanken.

2.4 Partialschwingungen und Membranresonanzen

Um ohne Verfremdung elektrische Impulse in mechanische zu verwandeln, müßte eine Lautsprechermembran unendlich leicht und steif sein. Die Bewegungen der Schwingspule müßten ohne Verzögerungen oder andere Veränderungen von der gesamten Membranfläche gleichsam wie von einem Kolben mitvollzogen werden. Das ist in der Paxis jedoch kaum der Fall.
Während der Schallabstrahlung treten bei Lautsprechern mehr oder weniger starke Verformungen der Membran auf, die beträchtliche Wiedergabeverzerrungen (Frequenzgangfehler, Klirr-, Intermodulations- und Impulsverzerrungen usw.) zur Folge haben können.
Membranverformungen, d. h. *Partialschwingungen* sowie unerwünschte *Membranresonanzen* lassen sich reduzieren, indem die Membran sehr steif gemacht wird und wenn sie von hoher *innerer Dämpfung* ist und *Eigenschwingungen* unterdrückt. So sind Metallmembranen zwar sehr steif, ihre innere Dämpfung ist dagegen sehr gering. Das läßt sich veranschaulichen, wenn man einmal gegen eine Metallplatte klopft und gegen eine dünne Holzplatte. Die Metallplatte neigt zu wesentlich stärkeren Eigenschwingungen (Gong-Effekt). Spezielle Pappmembranen, evtl. mit Kunststoffbeschichtung, sowie Kunststoffmembranen (z. B. aus Bextrene oder aus Polypropylen) sind diesbezüglich unproblematischer als Metallversionen. Lediglich für kleine Mittel- und Hochtönermembranen sind auch Metalle geeignet.
Biegeschwingungen wie in Abb. 11 können bei der Wiedergabe niedriger Frequenzen entstehen. Sie führen zum Auftreten von subharmonischen Frequenzen – einer Art »umgekehrter Klirrverzerrungen«.

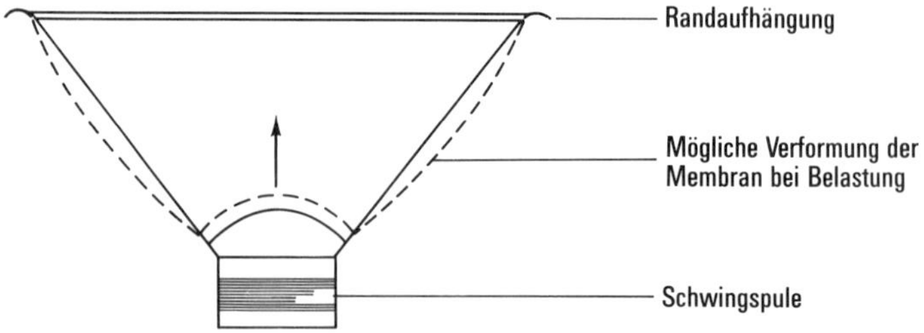

Abbildung 11: Beispiel für eine Membranverformung

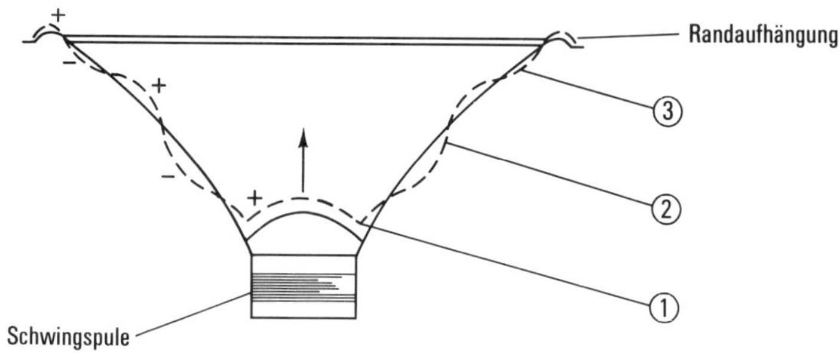

Abbildung 12:
① Die Schwingspule und die Membran in ihrer Nähe schwingen mit hoher Frequenz (f > f_{max}, s. Tab. 2).
② Die Schwingungen setzen sich auf der Membran fort.
③ Die Schwingungen erreichen mit zeitlicher Verzögerung den Membranrand. Die Membran schwingt hier weitgehend unkontrolliert. Meistens werden die Schwingungen an der Randaufhängung reflektiert. Das ist vor allem bei elastischen Membranen und harten Randaufhängungen der Fall (vergl. hierzu Frankfort, Shindo).

Auch mit Hilfe einer leicht gebogenen bzw. gekrümmten Membranform und einer weichen Randaufhängung lassen sich Partialschwingungen reduzieren (vergl. Abbildung 12 und Abbildung 51). Nach höheren Frequenzen hin sind all diesen Maßnahmen allerdings Grenzen gesteckt. Soll ein Lautsprecher nämlich Frequenzen reproduzieren, deren Wellenlänge kleiner ist als sein Membrandurchmesser, gelingt es nur noch einem Teil der Membran, die Bewegungen der Schwingspule direkt mitzuvollziehen. Der andere Teil der Membran ist zu weit von der Schwingspule entfernt und folgt ihren Bewegungen mit zeitlicher Verzögerung.

Tabelle 2a: Lautsprecher mit Konusmembran

Lautsprecher ⌀ cm	Membran ⌀ cm	f_{max} kHz
38	31	1
31	24	1,3
25	18,5	1,7
21	15,5	2
18	12,5	2,5
13	9	3,5
11	7	4,5
10	6	5
6	4	7,5
5	3,6	8,5

Tabelle 2b: Lautsprecher mit Kalottenmembran

Membran ⌀ cm	f_{max} kHz
7,5	3,5
5	5
4,4	6
3,7	7
2,5	10

Ungefähre obere Einsatzfrequenz von Lautsprechern. In der Praxis spielt auch das Membranmaterial eine entscheidende Rolle.

Nur eine absolut steife Membran wäre in der Lage, partialschwingungsfrei Frequenzen wiederzugeben, deren Wellenlänge kleiner ist als der Membrandurchmesser. Jedoch wäre eine solche Membran extrem schwer und nicht mehr in der Lage, mehrere tausend Schwingungen pro Sekunde auszuführen, was aber erforderlich ist.

Selbst Membranen mit hoher Steifigkeit und hoher innerer Dämpfung führen mehr oder weniger störende Partialschwingungen aus, wenn die Wellenlänge der abzustrahlenden Frequenzen kleiner ist als der Membrandurchmesser. Um die dadurch verursachten Klangverfälschungen zu vermeiden, ist es empfehlenswert, den Wirkungsbereich dynamischer Lautsprecher nach höheren Frequenzen hin zu begrenzen.

Die maximal zulässige Frequenz hängt dabei vom Durchmesser der Lautsprechermembran ab. Sie ist leicht zu errechnen:

$$f_{max} = \frac{c}{d}\ ;\ \text{Hz}$$

wobei c die Schallgeschwindigkeit (34 400 cm/s) und d der Membrandurchmesser des Lautsprechers (in cm) ist. Lautsprechermembranen sind allerdings selten flach, sondern meist konusförmig oder kuppelförmig, und auch die z. T. mitschwingende Randaufhängung vergrößert den effektiven Membrandurchmesser. Bei Kalottenlautsprechern sind daher 20%–30% vom errechneten Wert für f_{max} abzuziehen, bei Konuslautsprechern sind es mindestens 10%. (Den Unterschied zwischen Kalotten- und Konuslautsprechern veranschaulichen Abbildung 38 und Abbildung 51)

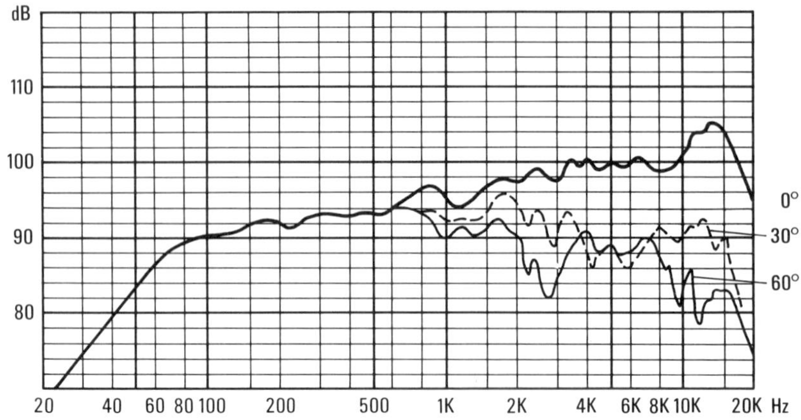

Diagramm 7

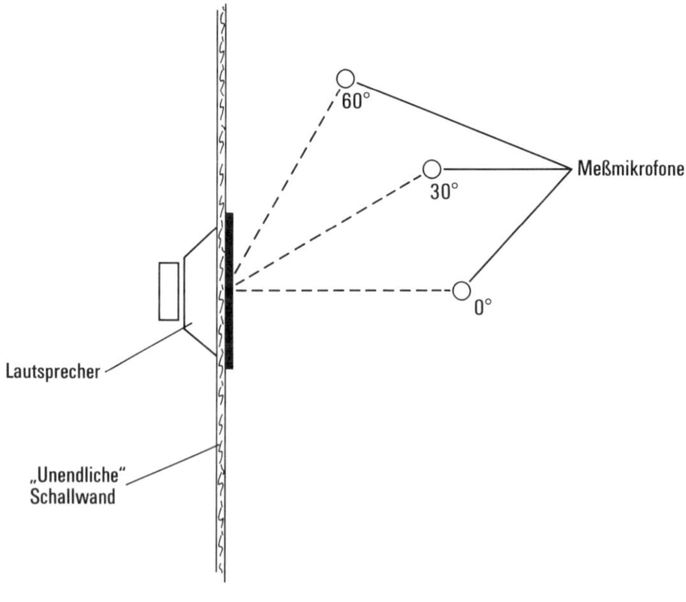

Abbildung 13: Meßanordnung für Diagramm 7.

Der Tabelle 2a und 2b ist die jeweils höchste Frequenz zu entnehmen, die hochwertige Lautsprecher je nach Membrandurchmesser noch relativ partialschwingungsarm reproduzieren können.
In HiFi-Lautsprecherboxen sollten die Chassis nach Möglichkeit nicht, zumindest aber nicht wesentlich oberhalb f_{max} eingesetzt werden.
Daß auch das Anbringen eines Hochtonkegels zusätzlich nur Konusmembran Partialschwingungen nicht verhindert, soll Diagramm 7 verdeutlichen. Es handelt sich dabei um den Frequenzgang eines relativ teuren 20 cm Breitbandlautsprechers (Herstellermessung) mit einer kleinen, kegelförmigen Zusatzmembran in der Mitte, die als Resonator zur Abstrahlung hoher Frequenzen dient. Der Frequenzgang verläuft bis etwa 2 kHz sowohl auf Achse als auch 30° schräg zur Lautsprecherachse recht ausgeglichen. Schon bei etwa 2 kHz ergeben sich dann aber trotz des Hochtonkegels deutliche Abweichungen zwischen den Frequenzkurven, die auf Partialschwingungen der Membran (f_{max} = 2 kHz) zurückzuführen sind. Die hierbei entstehenden klanglichen Einbußen ließen sich vermeiden, wenn spätestens ab 2 kHz ein Hochtöner eingesetzt würde.
Partialschwingungen, vor allem aber Membranresonanzen, die zumeist an einem welligen Frequenzgang zu erkennen sind, sind für den Klang eines Lautsprechers entscheidend. Sie führen zu den unterschiedlichsten Verzerrungen, werden aber bei üblichen Lautsprechermessungen kaum erfaßt.
Leider sind sie nicht immer mit Hilfe eines Frequenzdiagramms so leicht identifizierbar wie bei den hier aufgeführten Beispielen.
Da die Konstruktion eines partialschwingungsarmen Lautsprechers nicht ohne zahlreiche Versuche und Korrekturen seitens des Herstellers möglich ist, sind hochwertige Lautsprecher meist etwas teurer – aber nicht alle teuren Lautsprecher sind qualitativ hochwertig. Bei den meisten Lautsprechern treten störende Partialschwingungen und Membranresonanzen bereits unterhalb f_{max} auf. Ein zu nachgiebiger Membranrand oder eine fehlkonstruierte Membranaufhängung führen nicht selten schon zu problematischen Resonanzen, wenn die abgestrahlte Frequenz eine Wellenlänge aufweist, die dem effektiven Membranumfang entspricht.
Bereits bei $\frac{f_{max}}{\pi}$ können sich daher Eigenschwingungen störend bemerkbar machen. Bei Tieftönern ist das dementsprechend oberhalb 350 Hz bis 700 Hz der Fall, bei Mitteltönern ab 1 kHz bis 2 kHz.
Mit Hilfe spezieller Randaufhängungen, Membranformen und -materialien sowie nachträglicher Dämpfungsanstriche versuchen viele Hersteller

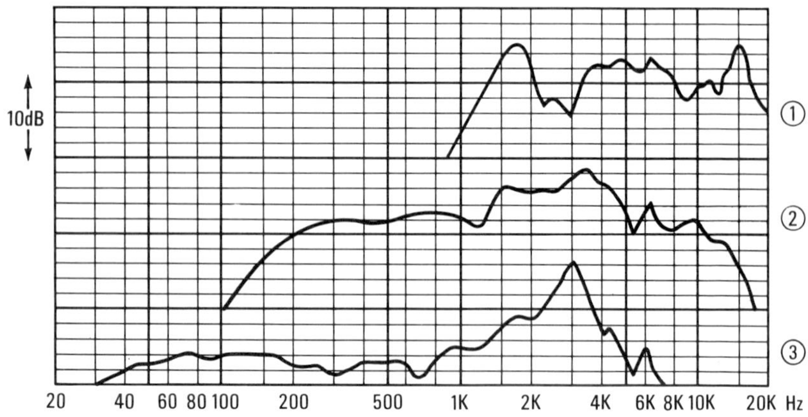

Diagramm 8:
① *Minderwertiger Kalottenhochtöner mit Textilmembran, deren Eigenschwingungen zu schwach gedämpft sind.*
② *Konusmitteltöner. Die Membran dieses recht teuren Mitteltöners ist sehr leicht – aber zu dünn und instabil. Im Diagramm sind Partialschwingungen bereits ab* $\frac{f_{max}}{\pi}$*, hier ca. 1,2 kHz, zu erkennen.*
③ *Partialschwingungen und Membranresonanzen führen auch bei diesem 20 cm ⌀ Baßlautsprecher zu Welligkeiten im Frequenzgang. Selbst wenn die Frequenzkurve elektronisch linearisiert wird, bleiben andere Verzerrungen bestehen, die durch Partialschwingungen und Membranresonanzen hervorgerufen werden.*

diesen Problemen zu begegnen. Diagramm 8 zeigt den Frequenzgang von Lautsprechern, die zu starken ungedämpften Partialschwingungen und Membranresonanzen neigen. Die moderne Laser- und Computertechnik zeigt, daß Membranverformungen keinesfalls immer symmetrisch sind, wie es Abbildung 14 nahelegt. Ingenieure der Firma Celestion, von der die Abbildungen 15a bis c stammen, fanden mehrere Ursachen für unsymmetrisches Schwingverhalten heraus. Dazu gehört z. B. die Verwendung minderwertiger oder ungeeigneter Materialien für die Membran, aber auch für die Randaufhängung. Außerdem können sich die Anschlußlitzen zu den Schwingspulen störend bemerkbar machen, wenn sie wie üblich durch die Membran geführt oder an ihr befestigt werden. Nur im Idealfall schwingen alle Partien der Membran gleichmäßig vor und zurück wie ein Kolben. In der Praxis führen sie dagegen je nach Frequenz und Lautstärke oft ein merkwürdiges »Eigenleben«.

Abschließend soll noch erwähnt werden, daß es Lautsprecherkonstruktionen gibt, bei denen Partialschwingungen (aber nicht Membran-

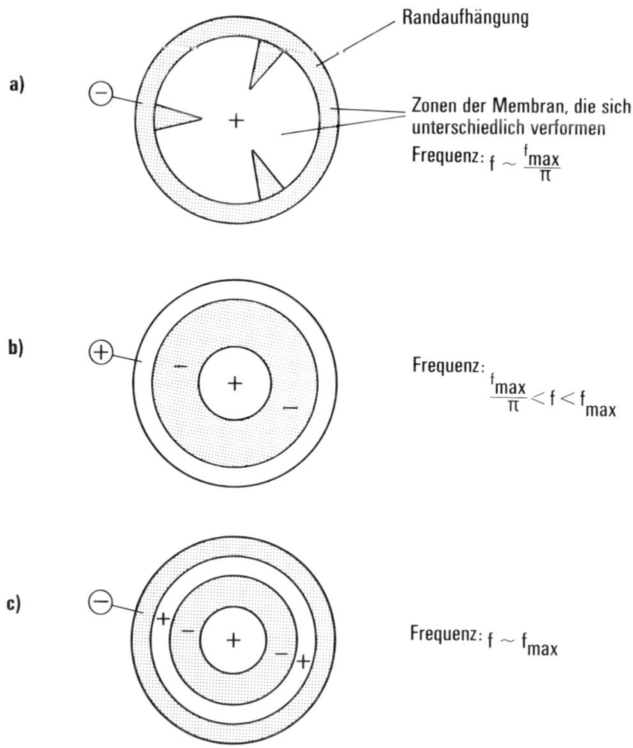

Abbildung 14: Drei typische Beispiele für gegenphasige Schwingungen einzelner Membranpartien, die zu Senken oder Anhebungen im Frequenzgang führen, wenn sie nicht durch eine sorgfältige Membrankonstruktion weitgehend verhindert werden. Partialschwingungen unterhalb $\frac{f_{max}}{\pi}$ *sind in der Regel vernachlässigbar gering.*

resonanzen!) durchaus erwünscht sind. Bei solchen »Biegeschwingern« arbeitet die Membran nicht als Kolben. Vielmehr pflanzen sich die von der Schwingspule angeregten Schwingungen auf der Membran oder dem Biegeelement bis zum äußeren Rand fort, wo sie dann gedämpft werden. Weist die Membran eine außergewöhnlich hohe innere Dämpfung auf, lassen sich auch mit solchen Lautsprechern akzeptable Ergebnisse erreichen. Auf dem Lautsprechermarkt spielen diese Konstruktionen bisher aber nur eine untergeordnete Rolle.

Abbildung 15a: Schwingverhalten eines Kalottenhochtöners bei 8 kHz. Die Vorwärtsbewegung der Membran ist noch einigermaßen kolbenförmig. Die Randaufhängung schwingt aber etwas außer der Phase.

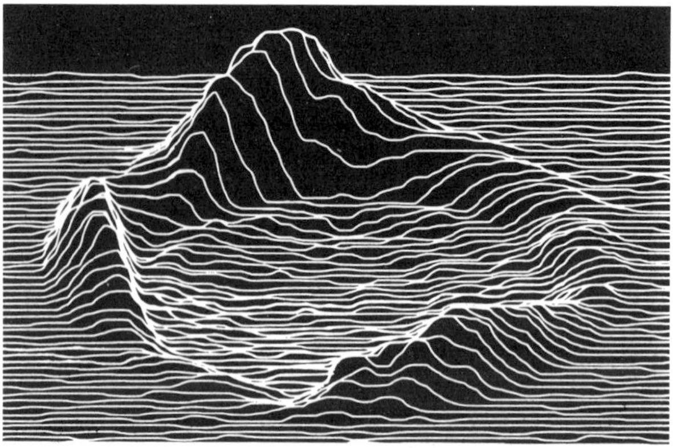

Abbildung 15b: Diese Kalottenmembran zeigt dagegen bei 8 kHz ein besonders ausgeprägtes, unsymmetrisches Eigenschwingen der Randaufhängung. Da diese nicht nur sehr heftig, sondern auch noch gegenphasig zur Membran schwingt, entsteht eine deutliche Senke im Frequenzgang.

Abbildung 15c: Das gleiche Phänomen wie oben, diesmal aber von einem Tieftöner bei 780 Hz hervorgerufen. Nur bei sehr hochwertigen Lautsprechern trägt die Randaufhängung dazu bei, Verformungen des Membranrands zu verringern statt zu erhöhen.

2.5 Abstrahlwinkel und Schallbündelung

Bereits im vorangegangenen Kapitel über Partialschwingungen wurde gezeigt, daß es sinnvoll sein kann, den Frequenzgang eines Lautsprechers nicht nur auf seiner Achse (im 0° Winkel) zu messen. Mißt man den Frequenzgang beispielsweise auch bei 30° und 60° schräg zur Achse (vergl. Abbildung 13), erhält man nicht nur eine Aussage über Partialschwingungen, sondern auch noch über den *Abstrahlwinkel* eines Lautsprechers, der allerdings direkt mit den Membranverformungen zusammenhängt.

Ein Lautsprecher sollte alle ihm zugeführten Frequenzen in einem Winkel von 60° bzw. ± 30° schräg zur Achse ohne nennenswerte Veränderungen der Amplitude abstrahlen können, um auch bei verschiedenen Sitzpositionen der Zuhörer möglichst gleich zu klingen.

Der Lautsprecher aus Diagramm 7 erfüllt diese Kriterien nicht. Der Frequenzgang auf Achse (0°) unterscheidet sich wesentlich vom Frequenzgang im Winkel von 30° zur Achse. In einem Wohnraum wird er daher je nach Sitzposition einen völlig unterschiedlichen Klangeindruck bei höheren Frequenzen hinterlassen.

Oberhalb f_{max} wird der Abstrahlwinkel eines Lautsprechers extrem gering und somit HiFi-untauglich (vergl. Tab. 2a und 2b).

Zur Schallbündelung, d. h. zu einer Verringerung des Abstrahlwinkels, kommt es allerdings schon bei Frequenzen, deren Wellenlängen dem effektiven Membranumfang entsprechen, also bei $\frac{f_{max}}{\pi}$. Bei einem üblichen Lautsprecher mit ca. 21 cm Durchmesser ist das ab $\frac{2000}{3{,}14} \sim 635$ Hz der Fall (vergl. Diagramm 7). Mit der Frequenz nimmt auch die Schallbündelung immer weiter zu, und bei f_{max} beträgt der Abstrahlwinkel theoretisch nur noch ± 30° (bei Frequenzgangabweichung von 3 dB).

Das gilt übrigens auch für kleine Kalottenmembran-Hochtöner, wie das folgende *Polardiagramm* zeigen soll. Auch sie strahlen hohe Frequenzen stark gerichtet ab. Seitlich oder gar hinter einer Lautsprecherbox sind hohe Töne daher wesentlich leiser. Eine Abweichung von –10 dB entspricht immerhin nur noch der halben Lautstärke.

Auf Mittelachse gemessen, reproduziert dieser Kalottenhochtöner alle Testfrequenzen gleich laut. Der Lautsprecher weist also einen sehr ausgeglichenen Frequenzgang auf.

Oberhalb $\frac{f_{max}}{\pi}$ – das ist bei der 19 mm ∅ Kalottenmembran ca. $\frac{14}{3{,}14}$ kHz

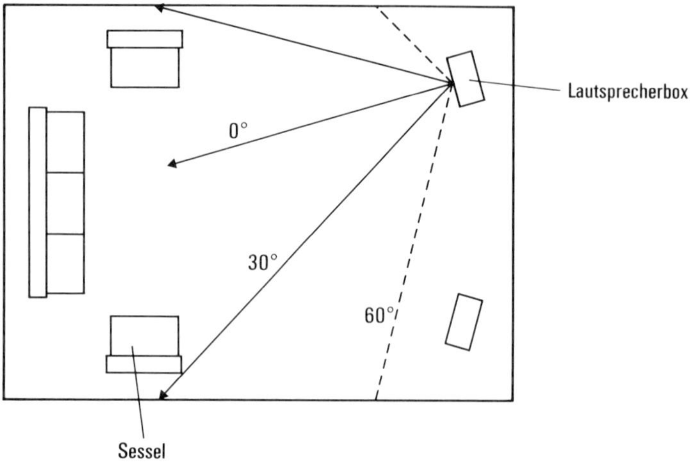

Abbildung 16: Der Abstrahlwinkel in einem Wohnraum.

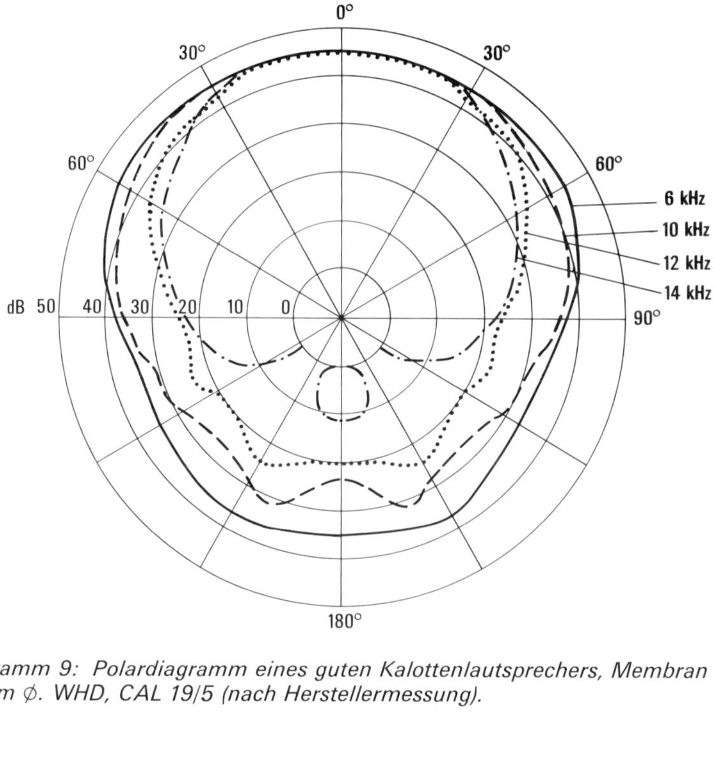

Diagramm 9: Polardiagramm eines guten Kalottenlautsprechers, Membran 19 mm ∅. WHD, CAL 19/5 (nach Herstellermessung).

also 4,5 kHz – beginnt der Lautsprecher zu bündeln. Die Abweichungen der Amplitude sollten bei einem Meßwinkel von 30° schräg zur Achse möglichst gering sein. In diesem Fall sind es unkritische 3 dB bei 14 kHz, ein sehr guter Wert. (Bei dem Breitbandlautsprecher in Diagramm 7 waren es immerhin 16 dB!) In einem Winkel von 60° und bei 10 kHz sind es ebenfalls 3 dB, bei 14 kHz dann aber 10 dB.

Zusammenfassend läßt sich sagen, daß man den Abstrahlwinkel und damit den Raum, der bei der Lautsprecherwiedergabe »voll erfaßt« wird, vergrößern kann, wenn man die Membran verkleinert. Aufgrund der jeweiligen Wellenlängen ist das jedoch nur im Hochtonbereich erforderlich.

Theoretisch ließe sich der Abstrahlwinkel nahezu unbegrenzt vergrößern, indem man für den Mittel- und Hochtonbereich extrem kleine Membranen verwendet. Aber:

Eine Verringerung der Membranfläche führt meist zu unerwünschten Nebenwirkungen (verringerte Belastbarkeit, erhöhte Intermodulationsverzerrungen etc.).

Zudem ist ein extrem großer Abstrahlwinkel gar nicht wünschenswert. In einem Winkel von mehr als 40° abgestrahlte Signale gelangen nämlich praktisch nie direkt zum Zuhörer, sondern prallen zunächst an Wände, Fenster oder irgendwelche Gegenstände (vergl. Abbildung 16) . Dort werden sie reflektiert und können die direkt zum Zuhörer gelangenden Schwingungen, den *Direktschall*, durch Überlagerungen erheblich stören. Eine »verwaschene«, unpräzise oder hallige Wiedergabe ist dann u. U. die Folge.

Probleme mit einem zu großen Abstrahlwinkel können bei Lautsprecherboxen auftreten, die den Mittelhochtonbereich ungedämpft nach allen Seiten abstrahlen; zum Beispiel durch den Einsatz von Mittelhochtönern an den Seitenwänden, an der Rückwand und eventuell auch noch oben auf der Box. Ein zu geringer Abstrahlwinkel tritt dagegen fast ausschließlich im Hochtonbereich auf. Besonders Hochton-Hornlautsprecher neigen zu einer ausgeprägten Schallbündelung.

Bei Horn- oder Trichterlautsprechern ist nämlich die Trichterform und der Durchmesser der Trichteröffnung für den Abstrahlwinkel entscheidend, nicht der Membrandurchmesser. Mit Hilfe sogenannter »akustischer Linsen« läßt sich die Abstrahlcharakteristik von Lautsprechern, also die Bündelung bei höheren Frequenzen, maßgeblich beeinflussen. Hierüber aber an anderer Stelle mehr.

Abschließend sei noch darauf hingewiesen, daß auch der *vertikale Abstrahlwinkel* einer Lautsprecherbox von Bedeutung ist, d. h. die Schall-

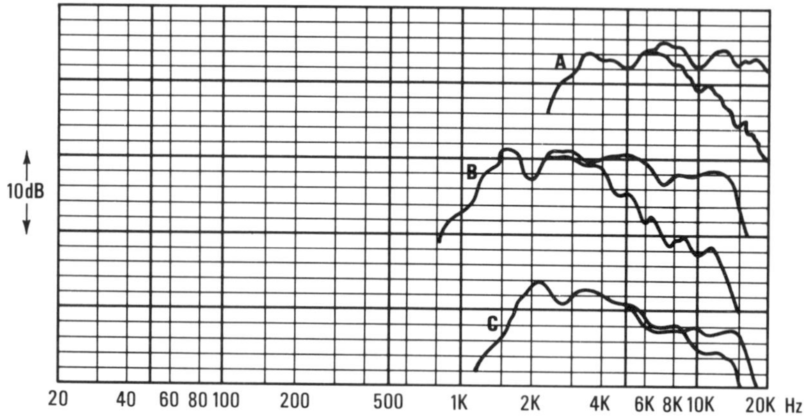

Diagramm 10: Frequenzgang und Abstrahlverhalten unterschiedlicher Hochton-Hornlautsprecher, Meßwinkel 0° und 30°.
A: Trichter mit 3,5 cm ∅ und 3,5 cm Länge
B: Trichter mit 9 cm ∅ und 9 cm Länge
C: Trichter mit 5 cm ∅ und akustischer Linse

abstrahlung nach oben und unten. Der vertikale Abstrahlwinkel ist in vielen Fällen kleiner als der horizontale, von dem bisher die Rede war.
Bei der Aufstellung der Boxen ist darauf zu achten, daß sich vor allem die Hochtöner ungefähr in Ohrhöhe der Zuhörer befinden bzw. auf die Ohrhöhe ausgerichtet werden.
Im Idealfall befinden sich Mittel- und Hochtöner einer Box 70 bis 100 cm über dem Fußboden, wobei die Box leicht gekippt werden sollte, so daß die Lautsprecher etwas schräg nach oben zeigen (vergl. Abbildung 25).

2.6 Interferenzen

Als Interferenzen bezeichnet man *Überlagerungen von Wellenzügen*. Müssen Schallwellen gleicher Frequenz unterschiedlich lange Wegstrecken von der Lautsprechermembran bis zum Hörer zurücklegen, so treffen sie bei ihm mit unterschiedlicher *Phase* und Amplitude ein. Die Schallwellen kommen also z. T. zeitlich verzögert und lauter oder leiser als ursprünglich vorgesehen beim Hörer an.
Zwei Lautsprecher strahlen hier dieselbe Frequenz mit gleicher Amplitude (Lautstärke) ab. Der eine Lautsprecher (L_2) befindet sich näher am Zuhörer

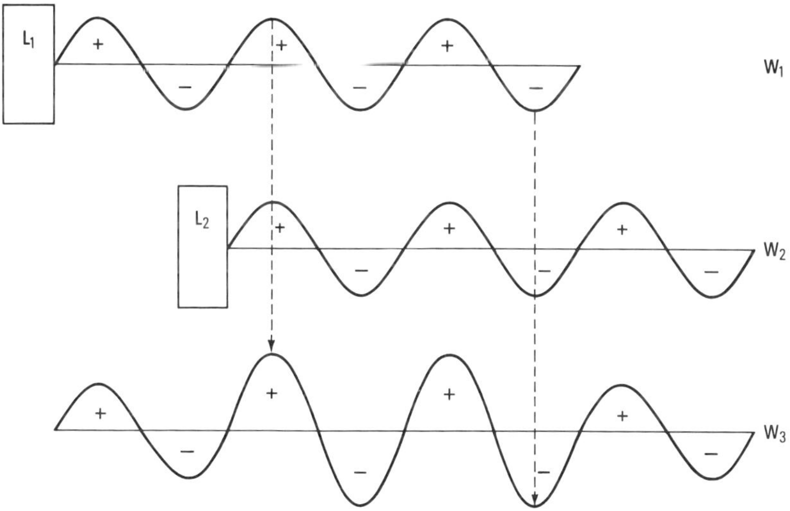

Abbildung 17

als der andere (L_1). Da der Abstand zwischen L_1 und L_2 genau eine Wellenlänge (λ) beträgt, sind die beiden Signale (W_1 und W_2) gleichphasig. Die *Phasenverschiebung* beträgt hier genau 360°. Das vom Hörer schließlich empfangene Signal (W_3) wird dementsprechend verstärkt.
Haben die Signalquellen jedoch einen Abstand von 1/2 λ (oder 3/2 λ, 5/2 λ, 7/2 λ usw.) voneinander, kommt es nicht zu einer Verstärkung des Signals, sondern zu einer Auslöschung. Das veranschaulicht Abb. 18.
Dort ist deutlich zu erkennen, daß kaum Schall hörbar ist (W_3), wenn zwei identische Wellenzüge (W_1 und W_2) den Hörer gleichzeitig aber in entgegengesetzter Phase erreichen. Hier beträgt die Phasenverschiebung genau 180°. In der Praxis können solche Phasenverschiebungen jeden beliebigen Wert annehmen und bestimmte Signale mehr oder weniger verstärken, andere dagegen abschwächen.
Interferenzen, also Überlagerungen von Wellenzügen, treten allerdings nicht nur bei zwei getrennten Signalquellen auf. Beugungen und Reflexionen am Lautsprechergehäuse, an Gegenständen im Raum und vor allem an den Zimmerwänden führen ebenfalls zu solchen Überlagerungen.
Sägezahnähnliche Verformungen des Frequenzgangs (vergl. Diagramm 2), ein schlechteres Impulsverhalten und ein veränderter Abstrahlwinkel sind die bekanntesten Folgen von Interferenzen.

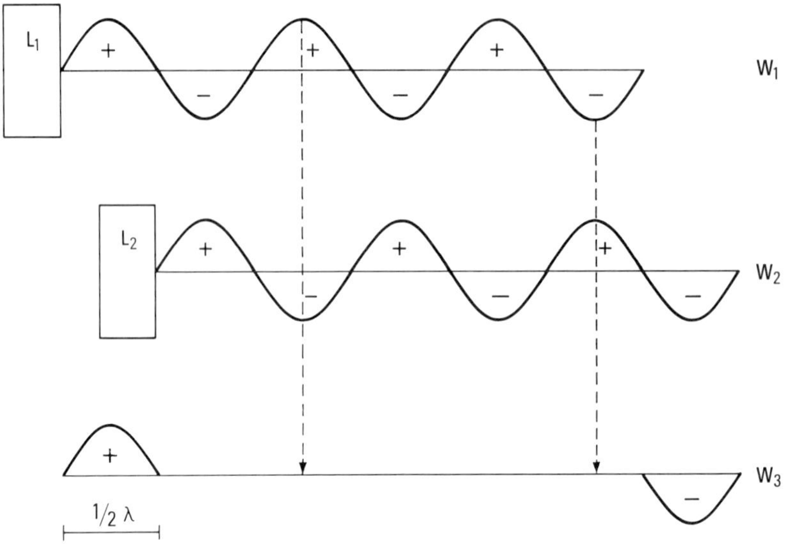

Abbildung 18

Völlig verhindern lassen sich Interferenzen bei der Lautsprecherwiedergabe nicht. Der vom Lautsprecher produzierte Schall ist immer – zumindest in normalen Wohnräumen – zahlreichen Veränderungen unterworfen, die auf Interferenzen zurückzuführen sind. In dieser Hinsicht sind Kopfhörer weitaus unproblematischer.

Die negativen Auswirkungen von Interferenzen lassen sich jedoch in akzeptablen Grenzen halten, wenn man folgende Punkte beachtet:

- Mittel- und Hochtöner sollten grundsätzlich von vorne auf die Gehäusefront bzw. Schallwand montiert werden. Wegen der größeren Wellenlängen niedriger Frequenzen darf der Baßlautsprecher dagegen auch hinter die Schallwand gesetzt werden.
- Die Mittel- und Hochtöner einer Box, die ja immer einen bestimmten Frequenzbereich gemeinsam übertragen, sollten dicht beieinander und vor allem senkrecht übereinander montiert werden. Die durch Interferenzen hervorgerufene Veränderung des Abstrahlwinkels hat dann nur einen geringen Einfluß auf den Frequenzgang bei verschiedenen Sitzpositionen der Zuhörer (horizontale Ebene). Für stehende oder auf dem Boden sitzende Personen (d. h. in der vertikalen Ebene) wird der Einfluß dann allerdings größer.

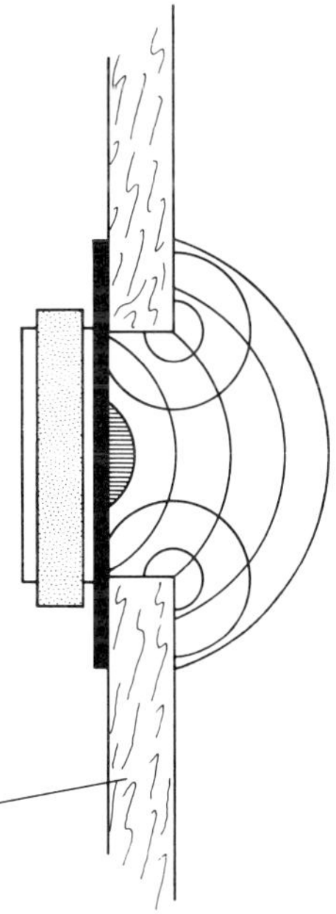

Abbildung 19: Interferenzen von Wellenzügen. Durch einen ungünstig eingebauten Kalottenhochtöner kommt es zur Beugung der Wellen an der Schallwandkante. Folge: Frequenzgang, Impulsverhalten und Abstrahlwinkel werden negativ beeinflußt. Mittel- und Hochtöner sollten immer von vorne auf die Schallwand gesetzt werden.

- Der von Mittelton- und Hochtonlautsprecher gemeinsam abgestrahlte Frequenzbereich (in der Nähe der Übergangsfrequenz) sollte möglichst klein sein. Dies läßt sich durch eine entsprechende Frequenzweiche realisieren (Näheres im Kapitel »Frequenzweichen«).
- Abgeflachte oder abgerundete Gehäusekanten einer Box verringern Probleme mit Interferenzen besonders im Mitteltonbereich.
- Der Hörraum sollte genügend dämpfende Materialien enthalten, die Schallschwingungen absorbieren statt reflektieren. Dazu gehören: Teppiche, Möbel, Vorhänge, Bücherregale, Sessel, Sofas, Wandteppiche etc.
- Aufgrund der großen Wellenlänge niedriger Frequenzen kommt es besonders im Baßbereich zu starken Interferenzproblemen durch Reflexionen an den Zimmerwänden. Da es kaum möglich ist, Wände zu verrücken, bleibt hier meist nichts anderes übrig, als die eigene Sitzposition oder die Aufstellung der Boxen zu verändern. Im Baßbereich (besonders unterhalb 200 Hz) lassen sich Interferenzen, die hier zu besonders ausgeprägten Überhöhungen und Senken des Frequenzgangs und zu einer schlechteren Impulswiedergabe führen, nur schwer vermeiden (Näheres dazu im Kapitel »Wohnraumakustik«).

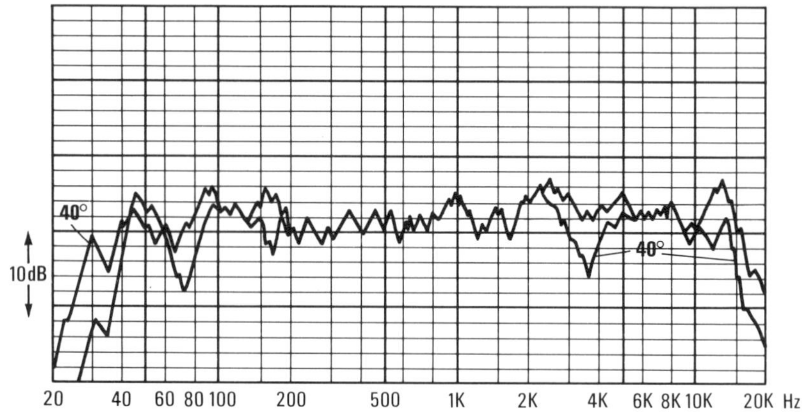

Diagramm 11

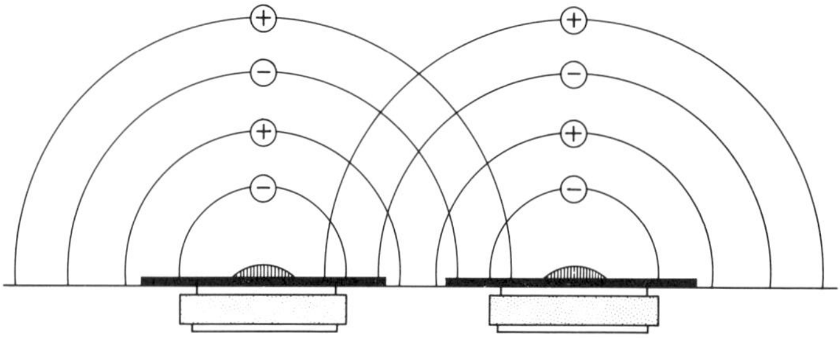

Abbildung 20: Interferenzen bei nebeneinander montierten Hochtönern.

Diagramm 11 zeigt die Auswirkungen von Interferenzen auf den Frequenzgang einer Lautsprecherbox. Besonders unterhalb von etwa 400 Hz führen sie, verursacht durch Reflexionen an den Zimmerwänden, zu einem unausgeglichenen Frequenzverlauf. Die Tiefbaßwiedergabe wird dabei weitgehend von der Hörposition bestimmt. (Hier verdeutlicht durch den Meßwinkel 40°). Wenn Hoch- und Mitteltöner nebeneinander angeordnet werden, sind im Bereich der Übernahmefrequenz (hier ca. 4 kHz) Interferenzen und damit Veränderungen des horizontalen Abstrahlwinkels der Box praktisch unvermeidbar. Oberhalb von 10 kHz weisen die Unregelmäßigkeiten in den Übertragungskurven außerdem auf Partialschwingungen des Hochtöners hin. Nicht alle Frequenzgangmessungen lassen die Auswirkungen des Meßraums so deutlich im Frequenzdiagramm erkennen, wie das hier der Fall ist.

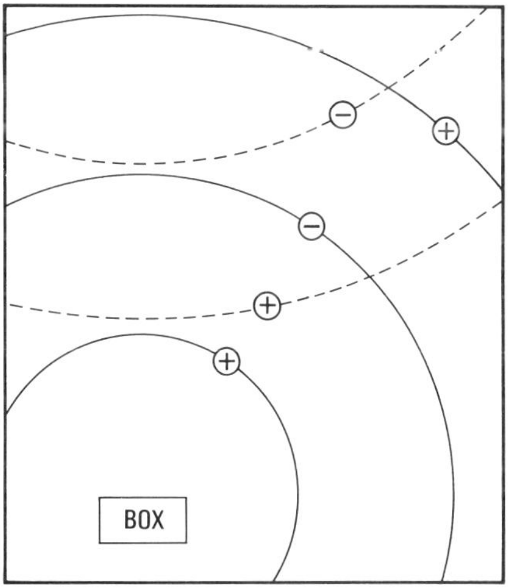

Abbildung 21: Interferenzen bei Frequenzen mit größerer Wellenlänge (Baßbereich). Ursache: Reflexionen an einer Zimmerwand.

2.7 Phasenverzerrungen

2.7.1 Wandreflexionen

Bereits im vorigen Kapitel wurde darauf hingewiesen, daß die von den Lautsprechern abgestrahlten Signale unterschiedlich lange Wegstrecken zurückzulegen haben, bis sie zum Hörer gelangen. Sie kommen daher zu unterschiedlichen Zeitpunkten und in unterschiedlicher Phase am Trommelfell an. Während z. B. mit dem Direktschall des Lautsprechers gerade eine Schwingung mit positiver Amplitude an unser Ohr gelangt ist, folgen nur Sekundenbruchteile später Reflexionen von den Wänden mit negativer Amplitude, im Nulldurchgang (zwischen positiver und negativer Amplitude) oder ebenfalls mit positiver Amplitude und verändern das Klangbild.

Besonders problematisch wird das dann, wenn die Laufzeitdifferenz zwischen direktem und reflektiertem Schall weniger als 0,002 s beträgt, d. h. wenn der Lautsprecher nur 70 cm oder weniger von einer benachbarten Wand entfernt ist. Sehr kurze *Laufzeitunterschiede* zwischen Direktschall und Reflexionen (etwa 70 cm oder weniger) werden vom Ohr nämlich nicht als Nachhall, sondern als Verfremdung des Direktschalls bewertet.

Phasenverschiebungen entstehen aber nicht nur durch Reflexionen und Interferenzen im Hörraum. Lautsprecher produzieren Phasenverschiebungen schon in sich (z. B. bei Partialschwingungen), hinzu kommen noch

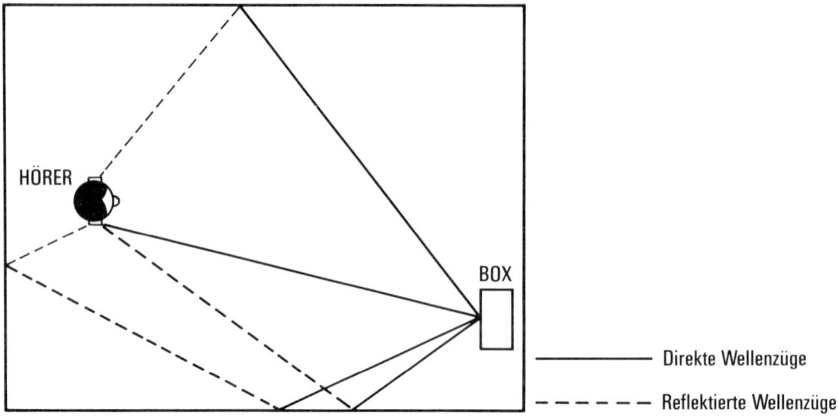

Abbildung 22: Reflexionen an Zimmerwänden.

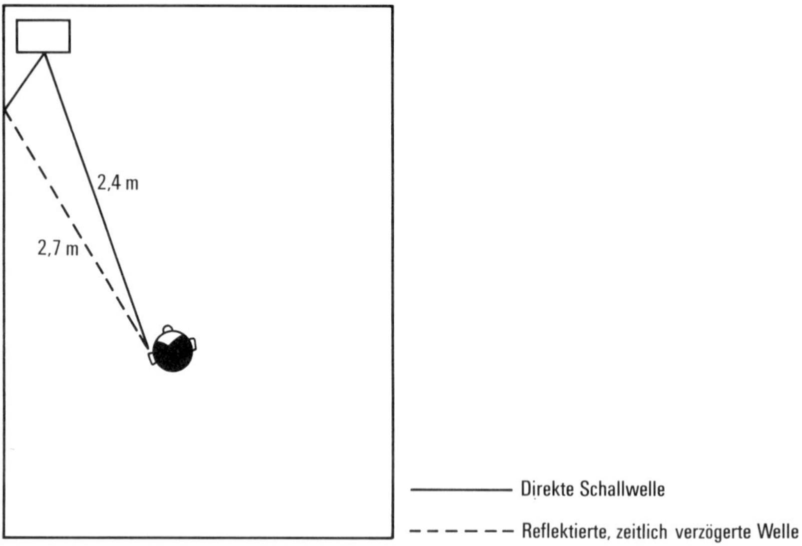

Abbildung 23

Verschiebungen durch Frequenzweichen, Verstärker (Klangregelung), Plattenspieler (Tonabnehmer), Tonbandgeräte (Tonkopf und Frequenzgangkorrekturen) und gegebenenfalls durch die modischen Equalizer. Zum Glück reagiert das Gehör auf solche Phasenveränderungen nicht empfindlich. Auf zwei dieser Ursachen für Phasenverschiebungen oder -drehungen soll hier jedoch näher eingegangen werden, da sie bei Lautsprecherherstellern heftig diskutiert werden.

2.7.2 Frequenzweichen

Frequenzweichen haben u. a. die Aufgabe, für einen ausgeglichenen Frequenzgang einer Lautsprecherbox zu sorgen und eine Aufteilung des gesamten Frequenzbereichs in mehrere Einzelbereiche (Tief-, Mittel-, Hochtonbereich) zu bewirken. Frequenzweichen bestehen aus Reglern und Widerständen und vor allem aus Kupferdraht-Spulen und Kondensatoren, die eine Phasendrehung oder -verschiebung bei den Signalen hervorrufen, die sie den einzelnen Lautsprechern zuleiten. Diese Phasendrehungen führen zu einer mehr oder weniger starken Verzögerung der Signale, je nachdem, welche Frequenz sie haben und welchem der Lautsprecher (Tief-, Mittel-, oder Hochtöner) sie zugeführt werden. Dieser Effekt ist durchaus meßbar, ob er allerdings auch hörbar ist, muß bezweifelt werden, denn das menschliche Gehör reagiert auf solche Phasenverschiebungen glücklicherweise ganz anders als »objektive« Meßapparaturen. Allerdings können die Phasenänderungen einer Frequenzweiche dazu führen, daß Hoch- und Mitteltöner oder Mittel- und Tieftöner nun gegenphasig arbeiten. Das hat eine Senke im Frequenzgang zur Folge, denn zwei Lautsprecher, die bei gleicher Frequenz gegenphasig schwingen, erzeugen theoretisch kaum hörbaren Schall (vergl. Abbildung 18 und Diagr. 12).
Da Unregelmäßigkeiten des Frequenzgangs im Gegensatz zu bloßen Unregelmäßigkeiten des Phasenverlaufs deutlich hörbar sein können, müssen die Zuleitungen von der Frequenzweiche zum Plus- und Minuspol des Mitteltöners oder des Mittelhochtöners bei der Verdrahtung miteinander vertauscht werden. Mehr darüber im Kapitel »Frequenzweichen«.

2.7.3 »Phasenlineare« Lautsprecherboxen und Laufzeitunterschiede

Es wurde bereits darauf hingewiesen, daß Phasendrehungen bei Lautsprecherboxen nicht stören, wenn sie nicht gleichzeitig eine Änderung des Amplitudenfrequenzganges zur Folge haben. Wie steht es nun mit Laufzeitunterschieden, wenn z. B. der Hochtöner und der Tieftöner einer Zweiweg-Box einen unterschiedlichen Abstand vom Hörer haben?

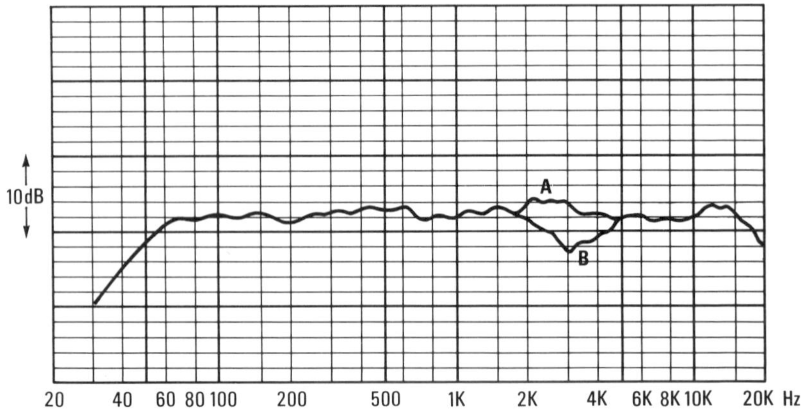

Diagramm 12: Phasenverschiebungen bei einer Lautsprecherbox
A: Plus- und Minuspol wurden beim Mittelhochtöner vertauscht – ausgeglichener Frequenzverlauf.
B: Tief- und Mittelhochtöner schwingen im Bereich der Übergangsfrequenz gegenphasig.

Wird der Ton eines Instruments – z. B. der E-Saite einer Geige – dieser Zweiwegbox zugeführt, teilt ihn die Frequenzweiche zunächst einmal in zwei Teile. Liegt die Übergangsfrequenz zwischen Tieftöner und Hochtöner bei 2 kHz, so bedeutet das, daß Frequenzen unter 2 kHz hauptsächlich dem Tieftöner zugeführt werden. In unserem Beispiel sind das der Grundton der E-Saite (640 Hz) und die 2. und 3. Harmonische (1280 Hz und 1920 Hz). Die Harmonischen 4., 5., 6. . . . Ordnung (2560 Hz, 3200 Hz, 3840 Hz usw.) werden dagegen hauptsächlich dem Hochtöner zugeführt.
Der Grundton und alle Harmonischen sollten den Hörer nun aber gleichzeitig erreichen, damit das Gehör den von der Box zerteilten Ton wieder dem Original entsprechend zusammensetzt. Haben Hoch- und Tieftöner einen unterschiedlichen Abstand vom Hörer, scheint das nicht möglich zu sein. Bei vielen Boxen erreichen einige der Harmonischen, meist die hohen Obertöne eines Instruments, als erste den Hörer. Kleinste Sekundenbruchteile später kommt erst der Schall des weiter entfernten Tieftöners dazu. Erhebliche Verzerrungen des Originaltons müßten die Folge sein.
Seit mehreren Jahren versuchen die Hersteller von Fertigboxen dieses Problem zu bewältigen, indem sie die sogenannten »akustischen Zentren« der Lautsprecherchassis, also die Schwingspulen, senkrecht übereinander

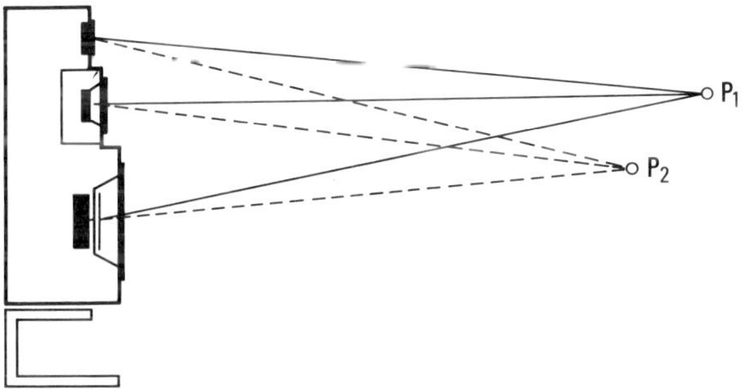

Abbildung 24: Modell einer »phasenlinearen« Box. Nur in der Position P_1 hat der Hörer den gleichen Abstand von allen drei Lautsprecherchassis. Bei P_2 sind die Wegstrecken unterschiedlich lang.

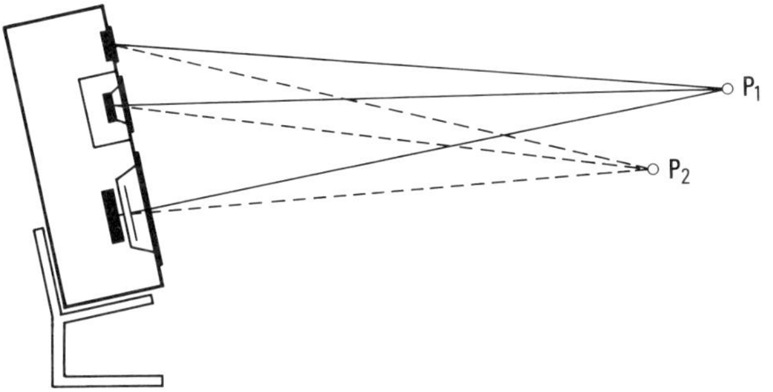

Abbildung 25: Normale, nicht »phasenlineare« Box. Auch bei normalen Lautsprecherboxen hat der Hörer in einer bestimmten Position P_1 den gleichen Abstand von den drei LS-Chassis. Wird die Lautsprecherbox schräg aufgestellt, unterscheidet sie sich kaum noch von einer »phasenlinearen« Box.

anordnen. Solche »phasenlinearen« Boxen sollen bewirken, daß der Hörer von dem Tief-, dem Mittel- und dem Hochtöner den gleichen Abstand hat. Tatsächlich ist das jedoch nur in einem Punkt, in einer bestimmten Hörposition gegeben. Ändert der Hörer diese Position auch nur um wenige Zentimeter, funktioniert das Konzept nicht mehr.
Aber nicht nur der Abstand zu den Lautsprecherchassis einer Box ist entscheidend. Der Hörer müßte ja zu allen Chassis der zweiten Box exakt denselben Abstand haben, um Laufzeitunterschiede zu vermeiden. Schon bei einer leichten Kopfdrehung ist das nicht mehr gewährleistet. Hinzu kommen die Laufzeitdifferenzen der Reflexionen von den Zimmerwänden, und bei Trichter- oder Hornlautsprechern ergeben sich unvermeidliche Unterschiede durch die jeweiligen Trichterlängen.
Nun, es wird deutlich, daß das menschliche Ohr auf Laufzeitunterschiede (die ja ebenfalls zu Phasenverschiebungen führen) weniger empfindlich reagiert als oft angenommen wird. Untersuchungen weisen darauf hin, daß die kritische Grenze für sie bei 1,5 bis 3,5 ms liegt (1 ms = 1/1000 Sekunde). Bei einer Schallgeschwindigkeit von 344 m/s entspricht das einer Wegstrecke von 50 cm bis 1,2 m. Um sicher zu gehen, sollte die Verzögerung jedoch 3 ms nicht überschreiten. Wegstreckenunterschiede von bis zu 1 m

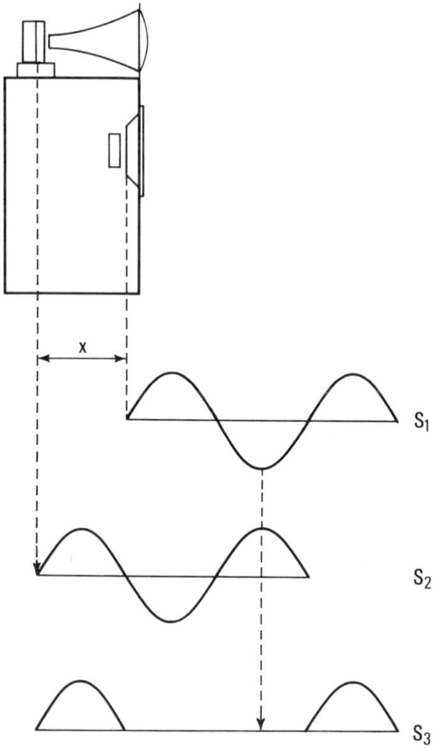

Abbildung 26: Durch die Gegenphasigkeit kommt es zur weitgehenden Auslöschung der Signale – allerdings nur in dem Frequenzbereich, den beide Chassis wiedergeben.

x = Wegstreckendifferenz (hier ½ λ)
S_1 = Signal des Tieftöners
S_2 = Signal des Mitteltonhorns
$S_3 = S_1 + S_2$

sind also noch tolerierbar – zumindest zwischen Mittel- und Tieftönern. Da das menschliche Gehör im Mittelhochtonbereich sehr empfindlich reagiert, sollten sich Mittel- und Hochtöner aber höchstens 35 cm hintereinander befinden, damit die Laufzeitunterschiede zum Hörer auf jeden Fall unproblematisch bleiben.
Allerdings tritt vor allem bei der Verwendung von Horn- oder Trichterlautsprechern wegen der großen Laufzeitunterschiede zwischen den Chassis eine andere Schwierigkeit auf. Beträgt nämlich die Differenz der zurückzulegenden Wegstrecken etwa 1/2, 3/2, 5/2 oder 7/2 Wellenlängen der Übernahmefrequenz, so entsteht in diesem Frequenzbereich eine Gegenphasigkeit zu dem anderen Lautsprecherchassis.
Um deutliche Senken im Frequenzgang zu vermeiden, sind die Kabel zum Plus- und Minuspol bei einem der Lautsprecherchassis gegebenenfalls zu vertauschen. In manchen Fällen hilft nur das Ausprobieren.

Fazit: Eine wirklich phasenlineare Wiedergabe des Originals setzt voraus, daß weder die Aufnahmegeräte (Mikrofone, Tonbandmaschinen, Klangkorrekturschaltungen im Tonstudio) noch die Komponenten der HiFi-Anlage (Plattenspieler, Verstärker etc.) Phasenverschiebungen produzieren. Für die Lautsprecherwiedergabe wäre zu fordern, daß der Zuhörer von allen Lautsprecherchassis *beider* Boxen den gleichen Abstand hat, daß die Boxen mehr als 70 cm von Zimmerwänden, Schränken etc. entfernt sind, daß die Zimmerwände stark gedämpft sind und daß die Boxen keine Phasenverschiebungen in sich selbst produzieren (durch Resonanzen, Partialschwingungen und Frequenzweichen). Werden all diese Bedingungen nicht erfüllt – in der Praxis werden sie es wohl niemals – so ist mit Klangveränderungen und einer ungenaueren räumlichen Ortbarkeit von Instrumenten bei der Stereowiedergabe zu rechnen. Die Anschaffung oder der Selbstbau von sogenannten »phasenlinearen« Boxen stellt keine befriedigende Lösung der genannten Probleme dar. Entsprechendes gilt auch für den Einsatz spezieller (meist recht primitiver) Frequenzweichen, mit deren Hilfe problematische Phasendrehungen verhindert werden sollen.

2.8 Das Impulsverhalten

Wird einem Lautsprecher ein Signal zugeführt, so folgt seine Membran aufgrund ihrer trägen Masse nicht sofort der antreibenden Kraft. Es vergehen stattdessen kleinste Sekundenbruchteile, bis die Membran eingeschwungen ist. Wird das Signal plötzlich abgeschaltet, vergehen wiederum einige Sekundenbruchteile, bis die Membran völlig ausgeschwungen, d. h. in ihren Ruhestand zurückgekehrt ist.

Ein guter Lautsprecher muß kurze *Ein- und Ausschwingzeiten* haben, um Impulse – Musik- und Sprachwiedergabe besteht ja hauptsächlich aus schnell wechselnden Impulsen – möglichst unverfälscht wiederzugeben. Hat ein Lautsprecher ein schlechtes Impulsverhalten, hört sich impulsreiche Musik meist »weich«, »verwaschen« und »unklar« an.

Das Ein- und Ausschwingverhalten oder kurz das Impulsverhalten eines Lautsprechers kann man u. a. mit sogenannten *Tonbursts* messen. Dabei wird dem Lautsprecher ein kurzes Signal abrupt zugeführt und augenblicklich wieder abgeschaltet. Mit speziellen Apparaturen läßt sich gleichzeitig auf einem Bildschirm verfolgen, was der Lautsprecher aus einem impulsartigen Tonburst macht.

Es ist leicht einzusehen, daß eine große, schwere Membran voraussichtlich träger auf Impulse reagiert als eine kleine und leichte.

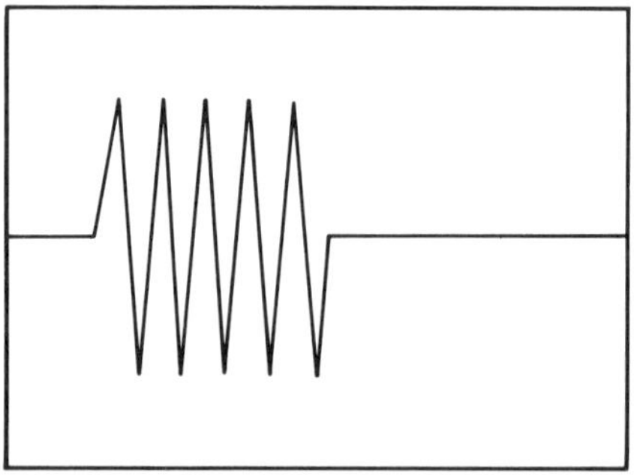

Abbildung 27: Tonburst. Ein »Schwingungspaket«, ein sehr kurzes Signal einer bestimmten Frequenz, wird dem Lautsprecher zugeführt. Im Idealfall würde es der Lautsprecher unverändert reproduzieren.

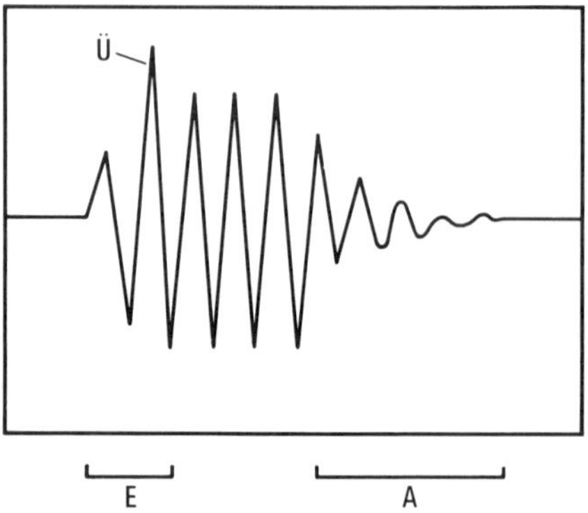

Abbildung 28: Aufgrund von Resonanzen der Membran und ihrer Bestandteile verfälscht jeder Lautsprecher mehr oder weniger das Eingangssignal, hier den Ton-Burst.

E = Einschwingen
Ü = Überschwingen beim Einschwingvorgang
A = Ausschwingen

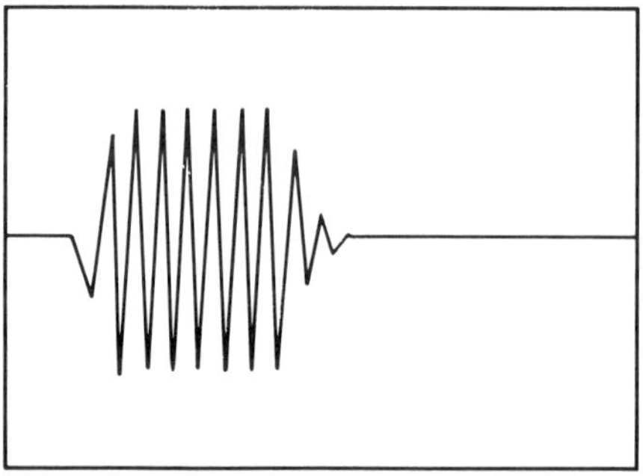

Abbildung 29: Gutes Impulsverhalten eines Lautsprechers bei niedrigen Frequenzen. ($\lambda <$ Membrandurchmesser).

Ein gutes Impulsverhalten, also besonders kurze Ein- und Ausschwingzeiten, sind bei hohen Frequenzen erforderlich. Soll ein Lautsprecher einen Impuls mit der Frequenz 14 kHz übertragen, so muß seine Membran ja 14 000 mal in der Sekunde vor- und zurückschwingen. Die maximale Membranauslenkung (in Abb. 27 die erste Spitze des Tonbursts) würde ein idealer Hochtöner schon nach $\frac{1}{4 \cdot 14000}$; s, also nach 0,0000179 s

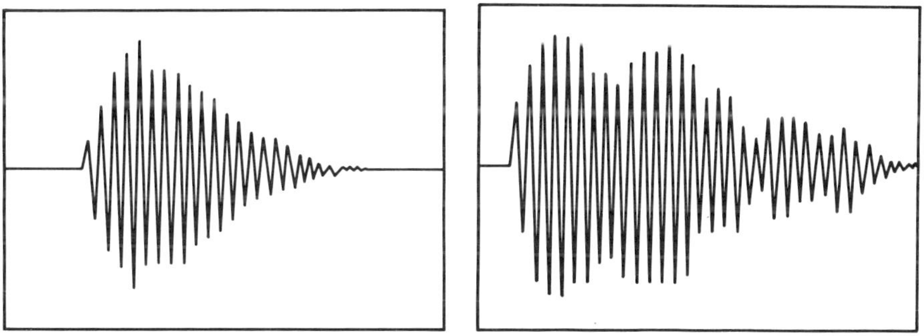

Abbildung 30 und 31: Schlechtes Impulsverhalten von Lautsprechern bei hohen Frequenzen aufgrund von Membranresonanzen. Nicht die Anzahl der Schwingungen ist hier maßgeblich. Vielmehr kommt es auf ein möglichst abruptes Ein- und Aussetzen sowie auf ein gleichmäßiges Schwingen an.

oder ca. 18 µs erreichen. Ein Mitteltonlautsprecher hat bis zu seinem ersten Amplitudenmaximum bei einer Frequenz von 4 kHz immerhin schon $\frac{1}{4 \cdot 4000}$ s, also 0,0000625 s oder 63 µs Zeit. Ein Baßlautsprecher braucht dagegen nur eine Einschwingzeit von ca. 417 µs oder 0,42 ms aufzuweisen, wenn er Frequenzen bis zu 600 Hz ohne Einschwingverzögerungen übertragen soll. Solche Werte für die Einschwingzeiten erreichen Lautsprecher meist nur dann, wenn ihnen ein Gleichspannungssprung oder Rechtecksignal zugeführt wird, statt eines Sinussignals wie in Abb. 27. Die dadurch erhaltenen Meßergebnisse sind normalerweise aber von zweifelhaftem Wert. Darüberhinaus sind die Ausschwingzeiten selbst bei erstklassigen Lautsprechern um ein Vielfaches länger.
Im Mittel- und Hochtonbereich versucht man ein gutes Impulsverhalten zu erzielen, indem man kräftige Magnete und möglichst leichte Membranen verwendet. Einschränkend muß allerdings darauf hingewiesen werden, daß sich das Impulsverhalten eines Lautsprechers drastisch verändern kann, wenn seine Membran Eigenresonanzen aufweist. Bei einem Kalottenhochtöner mit einem Membrandurchmesser von 2,5 cm wird das besonders bei Frequenzen oberhalb 10 kHz der Fall sein. (vergl. Kapitel: »Partialschwingungen«). Das Impulsverhalten eines Lautsprechers ist also stark frequenzabhängig.
Konuslautsprecher sind aufgrund ihrer großen und damit für Partialschwingungen anfälligen Membranen weniger für den Hochtonbereich zu

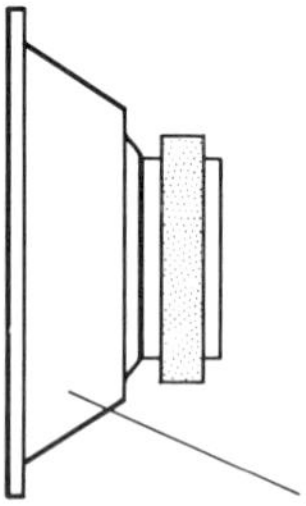

Abbildung 32: Rückwärtig geschlossener Konus-Mitteltöner mit viel zu kleinem Gehäuse (unter 0,1 l).

empfehlen. Für den Baßbereich und den Mitteltonbereich eignen sie sich dagegen sehr gut. Konusmitteltöner müssen allerdings in ein ausreichend großes und mit Dämmaterial versehenes Gehäuse eingebaut werden (ca. 0,5 l bei 11 cm ⌀ Mitteltönern, ca. 1 l bei 13 cm ⌀ Mitteltönern).
Ist das Gehäuse zu klein, muß mit einem unausgeglichenen Frequenzgang und einem schlechten Impulsverhalten gerechnet werden. Das ist bei den meisten der nach hinten geschlossenen Billig-Mitteltönern der Fall.
Kleine ungedämpfte Gehäuse neigen nicht nur zu ausgeprägten *Hohlraumresonanzen*, sie erhöhen und verstärken auch die *Resonanzfrequenz* eines Lautsprechers, d. h. die Resonanz der schwingenden Masse.
Ausgeprägte Resonanzen führen zu langen Ausschwingzeiten, d. h., die Membran schwingt noch einige Zeit weiter, nachdem das Signal abgeschaltet wurde.
Während im Hochtonbereich vor allem Membranresonanzen das Impulsverhalten beeinträchtigen, kommen im Mitteltonbereich noch ein zu großer Abstrahlwinkel (→ starke Reflexionen im Hörraum) und ein zu kleines Gehäuse als mögliche Störfaktoren hinzu.
Aber nicht nur im Mitteltonbereich, sondern auch im Baßbereich spielen Gehäuse und die Resonanz der schwingenden Masse des Lautsprechers eine große Rolle. Auch das Impulsverhalten eines Tieftöners hängt also davon ab, wie stark seine Resonanzfrequenz ausgeprägt ist. Soll das Ausschwingverhalten eines eingebauten Baßlautsprechers im Tiefbaßbereich optimal sein, so muß seine Eigenresonanz stark gedämpft werden. Dies kann mit einem kräftigen Magneten geschehen, mit einer leichten Membran oder mit Hilfe von Dämmaterial (z. B. Mineralwolle), mit dem das Gehäuse gefüllt wird. Dämpft man aber die Eigenresonanz eines Lautsprechers, so wirkt sich das auch auf den Frequenzgang im Bereich der

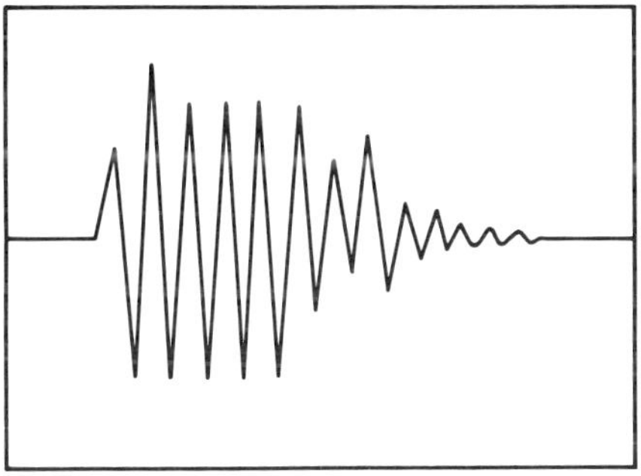

Abbildung 33: Impulsverhalten eines minderwertigen, rückwärtig geschlossenen Billig-Konusmitteltöners.

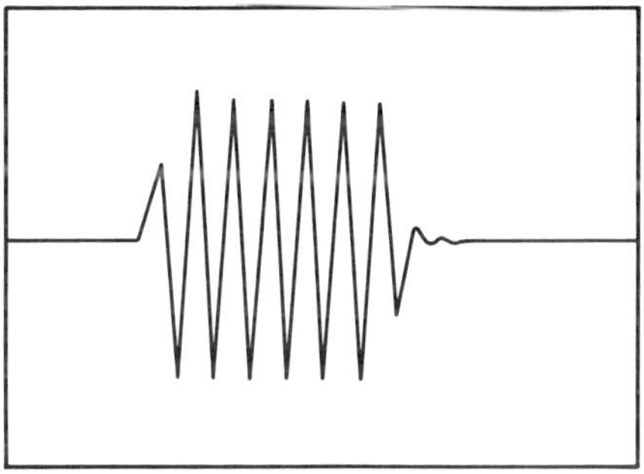

Abbildung 34: Impulsverhalten eines sehr hochwertigen Konusmitteltöners im geschlossenen, mit Dämmaterial gefüllten Kunststoffgehäuse. Gehäusevolumen ca. 0,5 l.

Resonanzfrequenz aus. Im Baßbereich hat das eine deutliche Abschwächung sehr niedriger Frequenzen zur Folge – einen schwachen Tiefbaß. Das hängt damit zusammen, daß die Resonanzfrequenz von HiFi-Tieftönern im geschlossenen Gehäuse zwischen 30 Hz und 70 Hz liegt. Eine Verbesserung des Ausschwingverhaltens hat somit einen verringerten Schalldruck in diesem Frequenzbereich zur Folge.
Wie sich ein möglichst guter Kompromiß zwischen einer kräftigen Tiefbaßwiedergabe und einem guten Impulsverhalten finden läßt, soll in einem späteren Kapitel dargestellt werden. Festzuhalten ist hier lediglich:
Der Einsatz besonders starker Magnete oder leichter Membranen bei Tieftönern führt nicht unbedingt zu einer Klangverbesserung im Baßbereich.
Aber auch im Mittel- und Hochtonbereich sind superstarke Magnete und extraleichte Membranen nicht unbedingt von Vorteil. Viel wichtiger ist die Verwendung von Membranen und Randaufhängungen, die zu möglichst geringen Partialschwingungen und Eigenresonanzen neigen. Ja, leichte Membranen und starke Magnete erhöhen sogar die Gefahr, daß sich die Membranen aufgrund ihrer Trägheit verbiegen.
Bei der Baßwiedergabe treten aber noch weitere Probleme auf.
Frequenzgang und Impulsverhalten im Baßbereich hängen nicht nur von dem verwendeten Lautsprecher und vom Gehäuse ab, sondern ebenso von dem Hörraum.

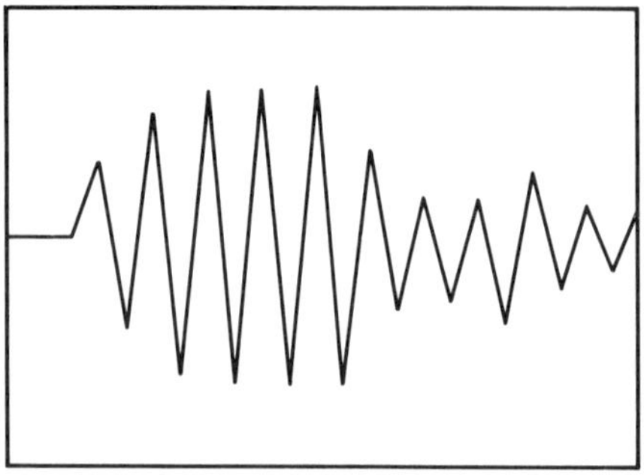

Abbildung 35: Auch Hornlautsprecher für den Baßbereich weisen sehr lange Ausschwingzeiten auf, wenn sie in einer Raumecke plaziert werden.

Selbst wenn Lautsprecher und Gehäuse nahezu optimal sind, kann der Hörraum den Frequenzgang noch so stark beeinflussen, daß sich Abweichungen von ± 12 dB vom Mittelwert ergeben. Die Ein- und Ausschwingzeiten im Baßbereich können ebenfalls durch Reflexionen, durch sogenannte »stehende Wellen« im Hörraum, auf ein Vielfaches ansteigen. Besonders problematisch sind Boxen, die in den Raumecken aufgestellt werden (müssen).

Der Einfluß von Gehäusen und Hörräumen auf die Lautsprecherwiedergabe soll in späteren Kapiteln noch ausführlicher dargestellt werden.

Tonburst-Aufzeichnungen wie die hier aufgeführten Beispiele sind in Fachkreisen allerdings seit geraumer Zeit umstritten. Es wurde ja bereits erwähnt, daß die Impulswiedergabe eines Lautsprechers stark frequenzabhängig ist, ähnlich wie der Klirrfaktor. Um nun eine realistische Einschätzung des Impulsverhaltens eines Lautsprechers zu ermöglichen, sind wenigstens zwei Burst-Messungen pro Oktave erforderlich. In dem gesamten Einsatzbereich von HiFi-Lautsprecherboxen müßten also mehr als 16 Tonburstmessungen bei verschiedenen Frequenzen durchgeführt werden, bevor einigermaßen verläßliche Aussagen über ihr Impulsverhalten getroffen werden können.

Die bestimmenden Faktoren für das Ein- und Ausschwingverhalten sind Reflexionen von Wänden und die verschiedenen Resonanzen der Membran, des Gehäuses und des Hörraums.

Die Lautsprecherresonanzen bewirken, daß die Membranen (oder einzelne Partien davon) später in ihre Ruhelage zurückkehren als sie eigentlich sollten. Ein Lautsprecher ist sozusagen noch dabei, den alten Impuls zu »verdauen«, während er längst einen neuen verarbeiten muß. Die Folge ist

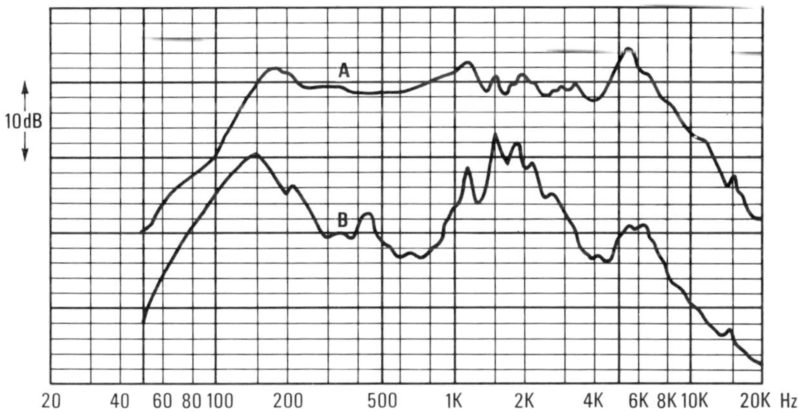

Diagramm 13:
A: Normaler Frequenzgang eines Lautsprechers.
B: Wiedergabe des Lautsprechers 1 ms nachdem das Signal abgeschaltet wurde (nach Fryer).

ein undeutlicher, verwaschener Klang. Wie sehr diese Erscheinungen frequenzanhängig sind, läßt sich mit anderen Meßmethoden besser erfassen als mit dem Tonburstverfahren. Diagramm 13 soll das verdeutlichen.
Am stärksten schwingt ein Lautsprecher im Bereich der Resonanzfrequenz der schwingenden Masse nach und in dem Bereich, wo seine Membran zu unerwünschten Eigenresonanzen neigt. Mit Hilfe der modernen Technik lassen sich solche »delayed resonances«, solche Ausschwingverzögerungen durch Lautsprecherresonanzen, noch viel genauer erfassen.
Diagramm 14 und 15 zeigen den Frequenzgang und das Ausschwingverhalten von zwei verschiedenen Lautsprechern innerhalb der ersten zwei Millisekunden nach einem Impuls (nach Untersuchungen der Fa. KEF).
Diagramm 14 läßt sofort einige Schwächen des getesteten Konusmitteltöners (mit Bextrene-Membran) erkennen. Sein Frequenzgang ist unausgeglichen, und bei etwa 7 kHz schwingt er nur ganz allmählich aus. Je nach Frequenz sind die Eigenresonanz, Gehäuseresonanzen, Membranresonanzen und bei höheren Frequenzen häufig auch Schwingspulenresonanzen Verursacher von Ausschwingverzögerungen, die den Klang erheblich beeinträchtigen können – auch wenn sie bei normalen Lautsprechermessungen nicht einmal in Erscheinung treten.
Bei dem (inzwischen nicht mehr lieferbaren) Kalottenmitteltöner in Dia-

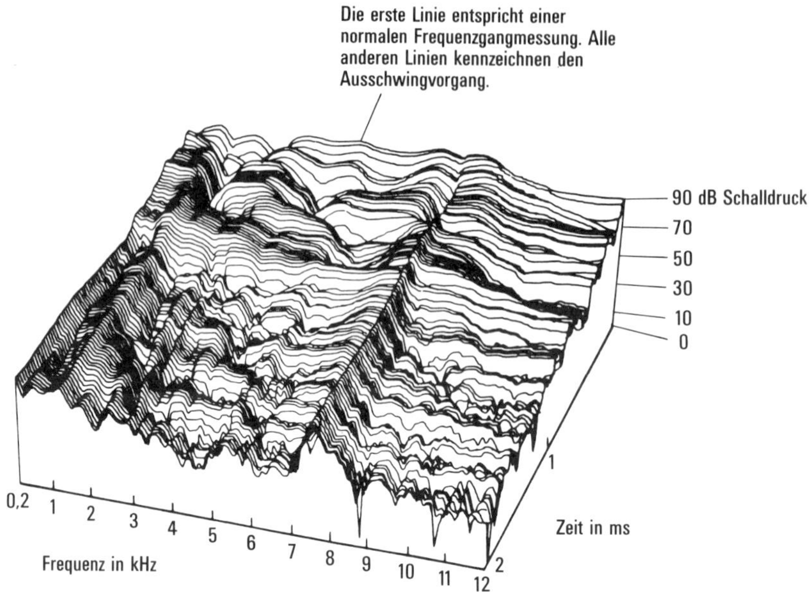

Diagramm 14

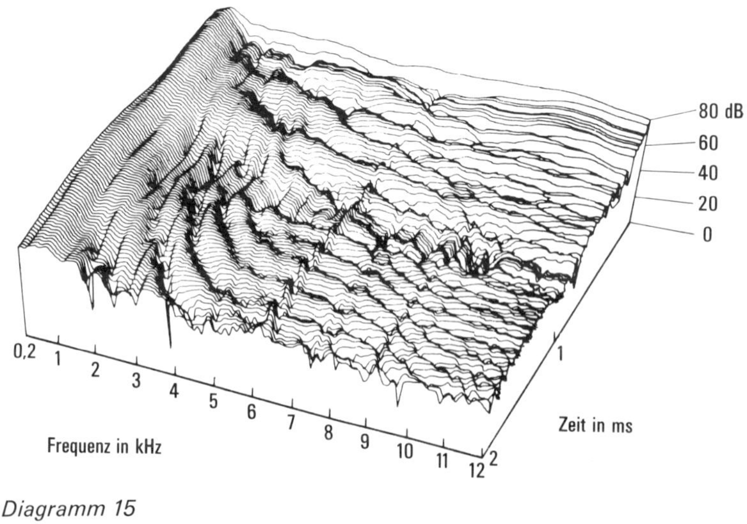

Diagramm 15

gramm 15 führen die Messungen schon zu viel besseren Ergebnissen. Dieser Lautsprecher weist nicht nur einen ausgeglicheneren Frequenzgang auf, sondern auch ein gutes Ausschwingverhalten. Lediglich im Bereich der Resonanzfrequenz der schwingenden Masse (hier ca. 400 Hz) sind die Ausschwingzeiten wie bei fast allen Lautsprechern etwas lang. Auch aus diesem Grunde ist es empfehlenswert, Mittel- und Hochtöner erst eine Oktave oberhalb ihrer Eigenresonanz einzusetzen. Bei diesem Lautsprecher wäre das bei 0,8 kHz bzw. 800 Hz oder höher. Selbst oberhalb f_{max}, hier ca. 5 kHz, ist kein ausgeprägtes Nachschwingen zu erkennen, was auf eine hohe innere Dämpfung des Membranmaterials zurückzuführen ist. Bei höheren Lautstärken können sich die Meßergebnisse dann allerdings deutlich verschlechtern.

Abschließend sei noch ein weiterer Aspekt erwähnt, der die Impulsverarbeitung von Lautsprechern mitbestimmt. Bei Musikwiedergabe geben Verstärker bei kurzen Impulsen manchmal die 50-fache Leistung ab, die für die mittlere Lautstärke benötigt wird. Die Lautsprecher können solche Leistungssprünge elektrisch gut verkraften, ihre Schwingspulen brennen also nicht gleich durch. Aber:

Mechanisch werden Lautsprecher von kräftigen Impulsen leicht überfordert und setzen die ihnen zugeführte elektrische Leistung nicht mehr in entsprechende Membranbewegungen um.

Randaufhängung und Zentrierung bremsen stattdessen die Membran, die ihrerseits nun mit kurzfristigen Verformungen reagiert.

Ist ein bestimmtes Bewegungsmaximum erreicht, nimmt die Wiedergabelautstärke nicht weiter zu *(Dynamikkompression)*. Je kleiner eine Membran ist, desto geringer ist in der Regel der maximale Schalldruck, den sie bei Impulsen verzerrungsarm erzeugen kann, desto eher wird also die Dynamik komprimiert.

Wer auch bei hohen Lautstärken nicht auf eine akzeptable Impulswiedergabe verzichten will, ist auf relativ großflächige Konuslautsprecher oder auf hochwertige Hornlautsprecher angewiesen. Hornlautsprecher produzieren auch schon bei geringen Membranbewegungen hohe Schalldrücke und verkraften kurze Impulsspitzen hörbar besser als die billigeren Kalottenlautsprecher. Bei üblichen Impulsmessungen, die diesen Faktor nicht berücksichtigen, schneiden Hornlautsprecher dagegen oft schlechter ab als andere Konstruktionen. Das liegt daran, daß viele von ihnen prinzipbedingt zu stärkeren Partialschwingungen sowie zu Reflexionen im Trichter neigen, die zu einer kräftigen aber nicht ganz exakten Impulsverarbeitung führen.

2.9 Der Wirkungsgrad

Zu Beginn dieses Buches wurde bereits darauf hingewiesen, daß Lautsprecher die Aufgabe haben, elektrische Energie in mechanische, d. h. in Schall, umzuwandeln. Lautsprechern gelingt dies jedoch nur recht unvollkommen.

Lautsprecher setzen den größten Teil der elektrischen Energie nicht in Schall, sondern in Wärme um.

Das Verhältnis zwischen der eingespeisten elektrischen Energie (elektrische Watt) zur abgegebenen akustischen Energie (akustische Watt) bestimmt den Wirkungsgrad eines Lautsprechers. In einem mittelgroßen Wohnraum entspricht ein akustisches Watt einem Schalldruck von 104 dB. Bei nur einem Meter Abstand vom Lautsprecher muß der Schalldruck dazu allerdings schon bei etwa 112 dB liegen, was einer extrem hohen Lautstärke entspricht. Ein Lautsprecher mit einem Wirkungsgrad von 100% würde diesen Schalldruck bereits bei einer Eingangsleistung von einem elektrischen Watt erzeugen. Kein Lautsprecher ist jedoch dazu in der Lage; meistens sind hierfür Verstärkerleistungen von über 100 Watt erforderlich.

Erzeugt ein Lautsprecher bei einem Watt Eingangsleistung und bei einem Meter Abstand vom Meßmikrofon einen Schalldruck von 102 dB, so hat er einen Wirkungsgrad von 10%. Bei 92 dB ist es nur noch 1%, und Lautsprecher, die bei 1 Watt Eingangsleistung und 1 m Abstand einen Schalldruck von 82 dB erzeugen, haben dementsprechend nur einen Wirkungsgrad von 0,1%.

Bei den meisten heute erhältlichen Lautsprechern liegt der Wirkungsgrad zwischen 0,1% und 1%. Über 99% der elektrischen Eingangsleistung werden demnach in den Schwingspulen der meisten Lautsprecher regelrecht verheizt.

Der Wirkungsgrad einer Lautsprecherbox wird jedoch selten in Prozent angegeben. Meistens wird heute die *Betriebsleistung* angeführt; das ist die elektrische Leistung, die ein Lautsprecher benötigt, um einen Schalldruck von etwa 90 dB (früher nahm man 96 dB) bei einem Meter Abstand zu erzeugen.

Die folgende Tabelle gibt darüber Aufschluß, welcher Wirkungsgrad (in Prozent) welchem Schalldruck (in dB) und welcher Betriebsleistung (in Watt) entspricht. Der Einfluß des Bündelungsgrades (Abstrahlwinkel) auf den Wirkungsgrad bleibt in Tabelle 3 weitgehend unberücksichtigt. Genau genommen gelten die Wirkungsangaben in Prozent nur für Laut-

Tabelle 3

Mittlerer Schalldruck (1 W, Abst. 1 m)	Wirkungsgrad	Betriebsleistung, für 90 dB Schalldruck (Abst. 1 m)	Betriebsleistung, für 96 dB Schalldruck (Abst. 1 m)
112 dB	100 %	0,0063 W	0,025 W
106 dB	25 %	0,025 W	0,1 W
103 dB	12,5 %	0,05 W	0,2 W
100 dB	6,2 %	0,1 W	0,4 W
98 dB	4 %	0,16 W	0,63 W
96 dB	2,5 %	0,25 W	1,0 W
94 dB	1,6 %	0,4 W	1,6 W
92 dB	1 %	0,63 W	2,5 W
90 dB	0,6 %	1 W	4 W
88 dB	0,4 %	1,6 W	6,3 W
86 dB	0,25%	2,5 W	10 W
84 dB	0,16%	4 W	16 W
82 dB	0,1 %	6,3 W	25 W
80 dB	0,06%	10 W	40 W
77 dB	0,03%	20 W	80 W

sprecher, die den erzeugten Schall in keiner Weise bündeln, die ihn also kugelförmig abstrahlen.

In der Praxis gibt der Wirkungsgrad einer Box bzw. ihre Betriebsleistung Auskunft darüber, wie hoch die Ausgangsleistung eines Verstärkers sein muß, um eine bestimmte Lautstärke zu erzeugen.

Hat eine Box eine Betriebsleistung von 0,4 Watt und eine andere 4 Watt, so benötigt die erste Box nur ein Zehntel der Verstärkerleistung, die für die zweite Box aufgebracht werden muß. Mit anderen Worten, die erste Box ist bei 10 Watt Eingangsleistung genauso laut wie die andere bei 100 Watt. Bei der Anschaffung eines geeigneten Verstärkers ist daher auf den Wirkungsgrad bzw. auf die Betriebsleistung einer Lautsprecherbox zu achten.

Um höhere Lautstärken in einem Hörabstand von 4–6 m von den Boxen erzeugen zu können, ist für Impulse mindestens die zehnfache Betriebsleistung der Box (bei 90 dB und 1 m Abstand) erforderlich. Hat eine Box beispielsweise eine Betriebsleistung von 2,5 Watt (für 90 dB/1 m), so muß der daran angeschlossene Verstärker wenigstens 25 Watt pro Endstufe abgeben können, wenn auch mal kräftige Lautstärken in einem Wohnraum realisiert werden sollen. In einer Lautsprecherkombination müssen Tief-, Mittel- und Hochtöner außerdem den gleichen Wirkungsgrad aufweisen oder mit Widerständen aneinander angepaßt werden.

Lautsprecherhersteller geben, wenn überhaupt, meist den Schalldruck an, den ein Lautsprecher bei einer Leistung von 1 Watt bei einem Meter Abstand erzeugt. Dieser Schalldruck ist jedoch abhängig von der Frequenz (s. Kapitel Frequenzgang). Bei sehr tiefen Frequenzen (unterhalb 100 Hz) haben Baßlautsprecher meist einen recht niedrigen Wirkungsgrad. Bei mittleren Frequenzen (oberhalb 400 Hz) verfügen sie dagegen über einen vergleichsweise hohen Wirkungsgrad, der durch Schallbündelung der Membranen bedingt ist (s. Diagramm 5 und 7). Der von den Herstellern genannte Schalldruck bei 1 W/1 m stellt bei Baßlautsprechern meist nur einen Mittelwert dar. Da Baßlautsprecher aber vorwiegend zwischen 40 Hz und 600 Hz eingesetzt werden, empfiehlt es sich, von dem Mittelwert mindestens 3 dB abzuziehen, um einen praxisgerechten Wert zu erhalten. Aufgrund abweichender Meßverfahren vieler Hersteller sind es häufig sogar 6 dB. Eine genauere Aussage ermöglicht der sogenannte Referenzwirkungsgrad (Näheres hierzu am Schluß des Kapitels »Konuslautsprecher«).
Ähnlich verhält es sich im Hochtonbereich. Wegen der starken Schallbündelung von Hochtönern ist es manchmal ratsam, von einem etwas geringeren Schalldruck auszugehen, wenn eine kräftige Hochtonwiedergabe erzielt werden soll. Statt der vom Hersteller vielleicht angegebenen 92 dB bei 1 Watt, 1 m Abstand, können oft nur 90 dB einkalkuliert werden. Bei Trichterhochtönern müssen aus verschiedenen Gründen sogar bis zu 10 dB von dem Wert abgezogen werden, den der Hersteller nennt. Darüber aber an anderer Stelle mehr.
All diese Ausführungen gelten allerdings nur, wenn es sich bei den Herstellerangaben um seriöse Daten handelt. Allzuoft ist dies leider nicht der Fall. Daß ein hoher Wirkungsgrad einige Vorteile mit sich bringt und daß sich Lautsprecher mit hohem Wirkungsgrad besser verkaufen lassen, ist vielen Herstellern und Vertriebsfirmen längst bekannt. Dementsprechend werden die Angaben »frisiert« und mit Meßtricks in die Höhe geschraubt. Die Wirkungsgradangabe für einen Baßlautsprecher gilt dann beispielsweise nur für den Mitteltonbereich, wo der betreffende Lautsprecher sehr laut ist – darüber wird der Käufer jedoch nicht informiert. Manchmal sind die Daten sogar frei erfunden. Auch große und weit bekannte Firmen haben hier nicht immer Hemmungen.
Die folgende Tabelle soll daher eine Übersicht geben, welcher Wirkungsgrad von Lautsprechern einer bestimmten Größe im geschlossenen Gehäuse und in einer gleichgroßen Baßreflexbox maximal erwartet werden kann – vorausgesetzt sie haben einen ausgeglichenen Frequenzgang. Bei

Tabelle 4: Maximaler Wirkungsgrad bzw. Schalldruck von Lautsprechern bei 1W/1m

Außendurchmesser in cm	Membrandurchmesser in cm	Frequenzbereich in Hz (± 3 dB)	Gehäuseinnenvolumen in l	Gehäuseart: geschlossen/Baßreflex	
38–42 30–33 25–28 20–23 17–19 13	30 24 18,5 15,5 12,5 9	40–400 40–500 40–500 40–600 50–800 60–1000	125 80 50 30 15 5	91 dB 89 dB 87 dB 85 dB 85 dB 82 dB	94 dB 92 dB 90 dB 88 dB 88 dB 85 dB
Mittel- und Hochtöner		in kHz	–	mittlere Werte	hohe Werte
17–19 13 11–12	12,5 9 7	0,4–3 0,5–4 0,6–4,5	– – –	92 dB 90 dB 89 dB	98 dB 93 dB 92 dB
Kalottenlautsprecher	5 3,7 2,5 1,9	0,8–5 1,2–7 3 –15 4 –16	– – – –	87 dB 87 dB 88 dB 87 dB	91 dB 91 dB 92 dB 91 dB
Bändchenhochtöner	–	5 –20	–	90 dB	94 dB
Hochtonhörner	2,5	4 –15	–	(x) 93 dB	(x) 98 dB
Mitteltonhörner	5	0,8–5	–	102 dB	106 dB
Ringstrahler	–	ca. 5–16	–	(x) 99 dB	(x) 104 dB

(x): bei linearisiertem Frequenzgang

Tabelle 4 ist zu beachten, daß Baßlautsprecher mit einem ausgeglichenen Frequenzgang bis ca. 35 Hz aufgrund relativ schwerer Membranen um etwa 2 dB niedrigere Werte aufweisen als hier für übliche Tieftöner mit mittelschweren Pappmembranen angegeben werden. Außerdem reduzieren auch Frequenzweichen und nachträgliche Membranbeschichtungen den mittleren Schalldruck jeweils um mindestens 1 dB.

Bei der Verwendung von zwei gleichen Lautsprechern pro Box erhöht sich der Schalldruck theoretisch um 6 dB. Setzt man also z. B. zwei Mitteltöner

mit einem Schalldruck von 90 dB bei 1 W/1 m ein, so erzeugen sie theoretisch einen Schalldruck von 96 dB bei 1 W/1 m. Im Baßbereich ist jedoch dafür eine Vergrößerung des Gehäuses notwendig, und im Mittel- und Hochtonbereich können Probleme mit Interferenzen zwischen den Lautsprechern auftreten. Bei der Verwendung von vier gleichen Lautsprechern erhöht sich der Schalldruck sogar um 12 dB.
Es muß hier allerdings deutlich darauf hingewiesen werden, daß der Wirkungsgrad eines Lautsprechers kein Qualitätskriterium zur Beurteilung seines Klangs darstellt. Wesentlich wichtiger als der Wirkungsgrad sind möglichst geringe Verzerrungen jeglicher Art. Der Vorteil von Lautsprechern mit hohem Wirkungsgrad liegt hauptsächlich darin, daß sie mit kleineren und billigeren Verstärkern auskommen und daß mit ihnen oft höhere Lautstärken erzielt werden können als mit Lautsprechern niedrigen Wirkungsgrades.
Manche Konus- und Kalottenmitteltöner erzeugen einen außergewöhnlichen hohen Schalldruck unter den genannten Meßbedingungen. Der scheinbar hohe Wirkungsgrad hat bei ihnen seine Ursache in besonders stark ausgeprägten Eigenschwingungen der Membran und der Randaufhängung (vergl. Diagramm 8, Kurve 2). In diesen Fällen geht der hohe Wirkungsgrad auf Kosten des Abstrahlwinkels und des Klangs und ist eher als ein Nachteil des Lautsprechers anzusehen. Ähnliche Probleme treten bei Billigst-Hornlautsprechern auf, die meist zu einer lauten, aber verzerrten Mittel- und Mittelhochtonwiedergabe neigen. Fazit: Der ursprüngliche Vorteil von Lautsprechern mit hohem Wirkungsgrad wird unter manchen Umständen von erheblichen Klangverfälschungen überschattet.
Abschließend soll noch der Zusammenhang zwischen Tiefbaßwiedergabe, Gehäusevolumen und Wirkungsgrad gezeigt werden. Wie Tabelle 4 zu entnehmen ist, bestimmen neben dem verwendeten Lautsprecher auch die untere Einsatzfrequenz $f_{(3\,dB)}$ (Schalldruckabweichung – 3 dB vom Mittelwert) sowie Gehäusevolumen und -verluste den maximalen Wirkungsgrad (W_{max}) einer Baßbox. Bei geschlossenen Gehäusen ist der Zusammenhang annäherungsweise wie folgt (nach Small):

$$W_{max} = \frac{f_{(3\,dB)}^{3} \cdot Vol}{10\,000\,000}; \quad \%$$

und für Baßreflexboxen gilt

$$W_{max} = \frac{f_{(3\,dB)}^{3} \cdot Vol}{5\,000\,000}; \quad \%$$

Beispiel: Die untere Einsatzfrequenz einer geschlossenen Box ist 50 Hz, das Gehäusevolumen beträgt 40 l. Daraus ergibt sich:

$$W_{max} = \frac{50 \cdot 50 \cdot 50 \cdot 40}{10\,000\,000} \%$$
$$= 0{,}5\%$$

Aus Tabelle 3 ist zu entnehmen, daß einem Wirkungsgrad von 0,5% ein Schalldruck von 89 dB bei 1 W/1 m entspricht.

2.10 Die Belastbarkeit und die maximal erzielbare Lautstärke

2.10.1 Die elektrische Belastbarkeit

Schon vor vielen Jahren hat sich die Tendenz eingeschlichen, die Belastbarkeit eines Lautsprechers als ein Qualitätskriterium anzusehen.
Tatsächlich sagt die Angabe der elektrischen Belastbarkeit kaum etwas über den Lautsprecher aus.
Weist eine Box eine Belastbarkeit von 50 Watt auf, so besagt das lediglich, daß die ihr zugeführte elektrische Leistung 50 Watt nicht überschreiten sollte.
Es ist darüberhinaus üblich, zwischen der *Dauerleistung* und der *Musik- oder Impulsleistung* zu unterscheiden, die Lautsprechern zugeführt werden darf, wobei die Impulsleistung nur Bruchteile von Sekunden verkraftet wird.
Entgegen landläufiger Vorstellungen sagt die Belastbarkeit nichts aus:

- über die maximale Lautstärke, die die Box erzeugen kann (diese hängt wesentlich vom Wirkungsgrad und von mechanischen Faktoren ab) und nichts
- über den Klang oder die Verzerrungsfreiheit eines Lautsprechers oder einer Box im Normalbetrieb.

Auch über die minimale und die maximale Leistung, die der jeweilige Verstärker haben sollte, herrscht vielerorts Unsicherheit.
Zu beachten ist: Die Gefahr, mit einem 25 Watt Verstärker eine 50 Watt Box zu zerstören, ist sogar größer als mit einem 100 Watt Verstärker.
Das liegt daran, daß der kleine Verstärker bei höheren Lautstärken leichter überlastet wird, was zu zerstörerischen Hochfrequenzschwingungen und Gleichspannungssprüngen führen kann. Diesen Vorgang bezeichnet man als *»Clipping«*. Die Gleichspannung des Netzteils eines 25 Watt Verstär-

kers wird dabei direkt den Lautsprechern zugeführt, was die für Wechselstrom konstruierten Tieftöner zerstören kann. Außerdem können unkontrollierte Hochfrequenzschwingungen und Klirrverzerrungen gleichzeitig den Hochtönern ein Ende bereiten.
Wird der 100 Watt Verstärker dagegen genauso laut aufgedreht, erzeugt er noch kein Clipping. Beträgt seine Ausgangsleistung bei Impulsen auch bis zu 100 Watt, so wird die 50 Watt Lautsprecherbox zwar überlastet, da es sich hier jedoch um normale Tonfrequenzspannungen handelt, reagiert sie nur mit höheren Verzerrungen bei der Wiedergabe von lauten Impulsen. Erst bei längerer Überlastung würde sie u. U. ebenfalls zerstört.
In der Praxis hat es sich als günstig erwiesen, die Sinus- oder Dauerleistung eines Verstärkers so zu wählen, daß sie mindestens genauso groß ist wie die Dauerbelastbarkeit der Lautsprecherbox.
Aber noch andere Fehlschlüsse können aus der Belastbarkeitsangabe einer LS-Box gezogen werden. Wird für die 50 Watt Box noch ein Frequenzumfang von 30–20 000 Hz angegeben, so bedeutet das keinesfalls, daß die Box bei jeder Frequenz zwischen 30 Hz und 20 kHz mit 50 Watt belastet werden darf. Allein der Versuch könnte die Lautsprecher innerhalb von Sekunden zerstören. Die Belastbarkeit bezieht sich nämlich nicht auf einzelne Frequenzen, sondern auf Rauschen. Jedem musikalischen Intervall wird dabei eine große Menge von Signalen verschiedener Frequenzen zugeführt. Die Summe aller tieffrequenten, mittleren und hochfrequenten Signale des Rauschens darf bei der erwähnten Box eine Leistung von 50 Watt betragen, nicht aber eine einzelne Frequenz. Diese Summe wird von der Frequenzweiche aufgeteilt, z. B. in tiefe, mittlere und hohe Frequenzen bei einer Dreiweg-Box. Jeder Lautsprecher der 50 Watt Box muß also nur einen bestimmten Prozentanteil verarbeiten können. Die Prozentanteile von Tief-, Mittel- und Hochtönern zusammen ergeben erst 100%, hier 50 Watt. Schickt man diese 100%, also 50 Watt, ausschließlich in den Hochtöner, wird er sofort zerstört. Das geschieht z. B. auch bei hoher Lautstärke und aufgedrehtem Hochtonregler am Verstärker (oder Equalizer).
Sind die Anteile des Rauschens gleichmäßig auf jedes Intervall verteilt, sind also die Signale zwischen 50 Hz und 100 Hz genauso stark vertreten wie die zwischen 500 Hz und 1000 Hz oder zwischen 4 kHz und 8 kHz usw., so spricht man vom *»rosa Rauschen«*. *»Weißes Rauschen«* oder Tunerrauschen enthält dagegen wesentlich mehr Energie bei höheren Frequenzen und klingt daher »heller«.
Mit rosa Rauschen läßt sich Belastbarkeit ermitteln, die die einzelnen Tief-, Mittel- und Hochtonlautsprecher in einer Kombination aufweisen müssen.

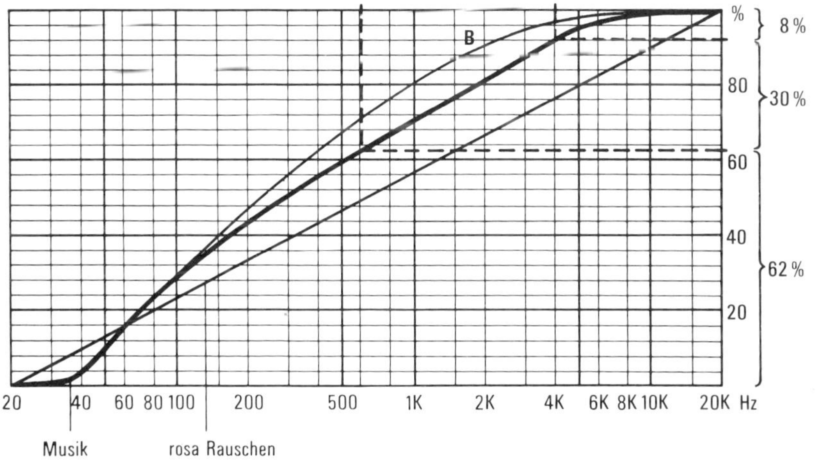

Diagramm 16: Anteilige Belastbarkeit von Lautsprecherchassis in einer Mehrwege-Kombination

In der Praxis, d. h. bei der Musikwiedergabe, ergibt sich allerdings eine etwas andere Verteilung der Leistung als bei rosa Rauschen. Das Diagramm 16 soll diese Verhältnisse verdeutlichen.

Ist die gesamte zugeführte Energie gleich 100%, und ist der Frequenzbereich einer Box in drei bestimmte Teile aufgeteilt, z. B. Tiefton von 40–600 Hz, Mittelton von 600–4 kHz, Hochton von 4 kHz bis 20 kHz, so beträgt der prozentuale Anteil der Leistung

62% für den Tieftöner
30% für den Mitteltöner
8% für den Hochtöner.

Diese Aufteilung entspricht nicht der praxisfernen DIN (ähnl. Kurve B). Sie basiert stattdessen auf zahlreichen Frequenzspektrumsanalysen an neueren Schallplatten (U-Musik).

Soll die Box eine Belastbarkeit von 80 Watt aufweisen, so muß der Tieftöner dementsprechend mit 50 Watt belastbar sein, der Mitteltöner mit 24 Watt und der Hochtöner mit 6 Watt. Da allerdings auch in den Frequenzweichen Energie verlorengeht, sind Abweichungen von den errechneten Werten (z. B. ein Hochtöner mit 5 Watt Belastbarkeit) in der Praxis meist unkritisch.

Die Kurve in Diagramm 16 bezieht sich übrigens auf Unterhaltungsmusik,

Pop und Rock. Wird ausschließlich klassische Musik gehört, spielt die Belastbarkeit des Hochtöners keine Rolle mehr. Die Energie verteilt sich dann fast vollkommen auf Tief- und Mitteltöner, da bei klassischer Musik Frequenzen oberhalb von 5 kHz nur mit sehr geringer Intensität auftreten. Dem entspricht Kurve B.

Leider ist es nicht bei allen LS-Herstellern üblich, die Einzelbelastbarkeit von LS-Chassis zu nennen. Meistens wird heute die Kombinationsbelastbarkeit aufgeführt – jedoch ohne Hinweis auf die Übergangsfrequenz. D. h. ein Hochtöner wird z. B. mit einer Belastbarkeit von 100 Watt angegeben. Diese 100 Watt beziehen sich aber bereits auf die ganze Kombination, also auf die fertige Box mit Tieftöner und Mitteltöner. Dabei bleibt unerwähnt, ob der Hochtöner dazu erst oberhalb von 6 kHz (entspricht dann einer Einzelbelastbarkeit von 4 Watt) eingesetzt werden darf, oder bereits ab 4 kHz (entspricht 8% der Gesamtleistung, hier also 8 Watt).

Die elektrische Belastbarkeit eines Lautsprechers hängt hauptsächlich vom Durchmesser seiner Schwingspule ab, aber auch von deren Drahtstärke und den verwendeten Isolier- und Klebstoffen.

Alle hochwertigen Mitteltöner haben heute eine Einzelbelastbarkeit von mindestens 20 Watt, so daß in Kombinationen mit Hoch- und Tieftönern Leistungen von rund 100 Watt verkraftet werden können.

Im Hochtonbereich können etwa folgende Belastbarkeiten zugrunde gelegt werden: Kalottenhochtöner und Hochtonhörner mit Schwingspulen von 19 mm Durchmesser sowie Konushochtöner können oft nur 5 Watt vertragen. Elektrodynamische Bändchenhochtöner und Hochtöner mit 25 mm Schwingspulen vertragen oberhalb 4 kHz rund 10 Watt, Ringstrahler mit sehr großen Schwingspulen mindestens 20 Watt.

Vorsicht ist bei Lautsprechern mit extrem hoher Belastbarkeitsangabe geboten. Diese wurde meist mit völlig praxisfernen Meßmethoden ermittelt, sofern es sich nicht ohnehin um reine Phantasiedaten handelt.

Für HiFi-Tieftöner mit ihren relativ großen und oft aus Spezialdraht gewickelten Schwingspulen spielt die elektrische Belastbarkeit eine geringere Rolle. Ihnen sind dafür bei sehr niedrigen Frequenzen (unterhalb 100 Hz) enge Grenzen durch ihre Mechanik gesteckt.

2.10.2 Die mechanische Belastbarkeit und der maximale Schalldruck von Tieftönern

Bisher war lediglich von der elektrischen, genauer von der thermischen Belastbarkeit die Rede. Die elektrische Belastbarkeit eines Lautsprechers gibt darüber Auskunft, welche elektrische Leistung (Watt) einem Lautspre-

cher höchstens zugeführt werden darf, damit seine Schwingspule nicht überhitzt wird und durchbrennt. Die maximale Lautstärke, die ein Baßlautsprecher produzieren kann, hangt aber nicht nur von seinem Wirkungsgrad und von seiner elektrischen Belastbarkeit ab, sondern auch von seinem Vermögen, große Schwingungen oder Amplituden auszuführen.
Bei sehr niedrigen Frequenzen (unter 100 Hz) spielt die mechanische Belastbarkeit eines Lautsprechers eine größere Rolle als die elektrische.
Zwei Faktoren sind für die mechanische Belastbarkeit eines Tieftöners entscheidend. Das sind zunächst die *Rückstellkräfte*, d. h. die Randaufhängung und die Zentriermembran. Die Rückstellkräfte bewirken, daß die Membran genau im Zentrum des Lautsprechers sitzt, daß sie nur vor- und zurückschwingt und nicht seitlich und daß die Membran immer wieder in ihre Ruhelage zurückkehrt. Relativ steife Zentriermembranen und Randaufhängungen erfüllen diese Bedingungen zwar besser als extrem nachgiebige, sie »bremsen« die Membran jedoch zu sehr beim Schwingen und erschweren dadurch große Auslenkungen. In der Praxis dürfen die Rückstellkräfte von Baßlautsprechern also nicht zu stark sein, da deren Membranen bei tiefen Frequenzen relativ große Amplituden ausführen müssen.
Der zweite Faktor ergibt sich aus der Differenz zwischen der *Wickelbreite der Schwingspule* und der *Höhe des Luftspalts*.
Hat eine Schwingspule mit beliebigem Durchmesser eine Höhe oder besser eine Wickelbreite von 16 mm und hat der Luftspalt des verwendeten Lautsprechers eine Höhe von 8 mm, so darf die maximale Auslenkung der Schwingspule und der Membran $\pm$ 4 mm nicht nennenswert überschreiten.
Andernfalls kommt es zu extrem hohen Verzerrungen jeglicher Art (Klirr, Intermodulationen, Impulsverhalten etc.). Abbildung 36a und b sollen diese Zusammenhänge veranschaulichen.
Um die Verzerrungen bei höheren Lautstärken gering zu halten, muß die Differenz zwischen der Wickelbreite der Schwingspule und der Höhe des Luftspalts groß genug sein. Bei hochwertigen Baßlautsprechern beträgt sie zwischen 6 mm und 10 mm, selten mehr. Theoretisch könnten dementsprechend Membranauslenkungen von $\pm$ 3 mm bis $\pm$ 5 mm realisiert werden. Leider lassen übliche Zentriermembranen aber kaum mehr als $\pm$ 2,5 mm bis $\pm$ 4 mm zu. Außerdem beginnen sie spätestens ab $\pm$ 2 mm, die Membranbewegungen kräftig abzubremsen. Aus diesem Grunde weisen die meisten Baßlautsprecher schon bei mittleren Lautstärken recht hohe Verzerrungen im Tiefbaßbereich auf. Auch ist die maximale Auslen-

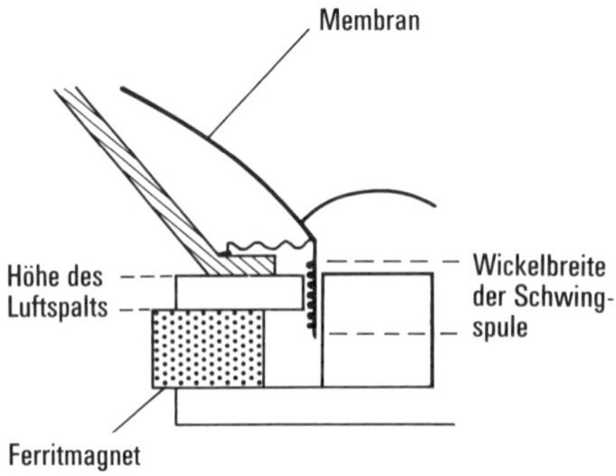

Abbildung 36a: Beträgt die Wickelbreite einer Schwingspule 16 mm und die Höhe des Luftspalts 8 mm, so sind Membranauslenkungen von etwa ± 4 mm zulässig.

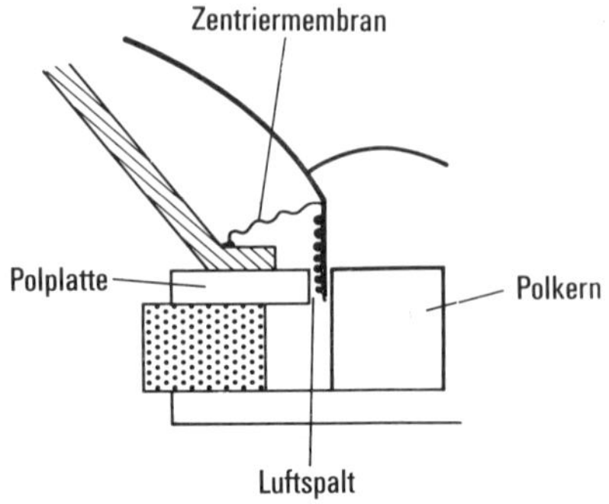

Abbildung 36b: Bei größeren Membranauslenkungen (z. B. ± 5 mm) verläßt die Schwingspule teilweise das homogene Magnetfeld im Luftspalt. Extrem hohe Verzerrungen können die Folge sein.

kung oftmals nicht symmetrisch, d. h., eine Membran kann sich z. B. 3 mm nach hinten, aber nur 2 mm nach vorne bewegen.
Oberhalb von etwa 100 Hz sind dann vornehmlich Nichtlinearitäten des Magnetfelds Ursache hoher Verzerrungen von Tieftönern, und oberhalb von etwa 400 Hz spielen Randaufhängung und Membran eine wesentliche Rolle.
Diagramm 17 zeigt, welchen Schalldruck hochwertige Baßlautsprecher unterschiedlicher Größe noch verzerrungsarm erzeugen können. Bei den Angaben über die maximale Amplitude (A_{max}), den Schalldruck bei 200 Hz und 1 W/1 m (SPL) und bei der elektrischen Belastbarkeit handelt es sich um Überschlagswerte, die von fast allen guten HiFi-Tieftönern mit mittelschwerer Membran erreicht werden. Extrem langhubige Tieftöner (z. B. der HP 12 B von Richard Allen) sind natürlich in der Lage, noch weit höhere Schalldrücke im Tiefbaßbereich zu erzeugen. Trotzdem gilt: In der Regel können große Lautsprecher höhere Lautstärken produzieren als kleine.
Unterhalb von 80–100 Hz entscheiden nicht mehr der Wirkungsgrad und die maximale elektrische Belastbarkeit über den höchstmöglichen Schalldruck, sondern mechanische Faktoren. Bei Lautsprechern mit einem Durchmesser von 13 cm ist das bereits bei Frequenzen unterhalb etwa 110 Hz der Fall. Solch kleine Lautsprecher eignen sich nicht zur Wiedergabe sehr niedriger Frequenzen. Um extrem hohe Verzerrungen zu vermeiden, sollten sie nur oberhalb 80 Hz eingesetzt werden.

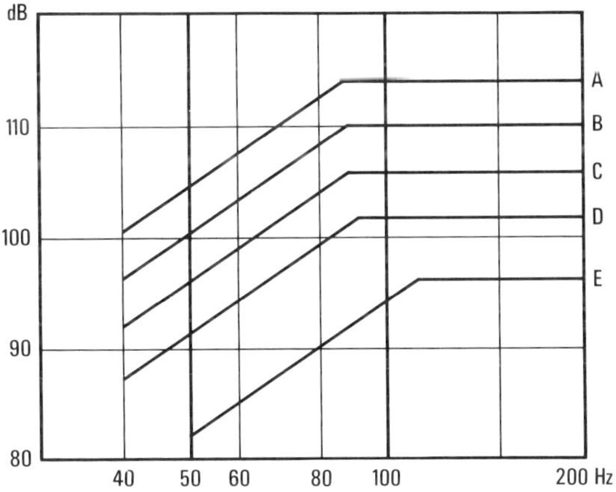

Diagramm 17:

Außendurchmesser	A_{max}	*SPL (200 Hz)*	*elektrische Belastbarkeit*
A: 38 cm ∅	*± 3 mm*	*92,5 dB*	*150 Watt*
B: 31 cm ∅	*± 3 mm*	*90,5 dB*	*90 Watt*
C: 26 cm ∅	*± 3 mm*	*88,5 dB*	*55 Watt*
D: 21 cm ∅	*± 2,5 mm*	*86,5 dB*	*35 Watt*
E: 13 cm ∅	*± 2,5 mm*	*83,5 dB*	*20 Watt*

Die Schalldruckangaben in Diagramm 17 beziehen sich auf einen Meßabstand von einem Meter. Verdoppelt man die Entfernung zur Schallquelle, so nimmt der Schalldruck im Freifeld (draußen) um 6 dB ab. Bei einem Hörabstand von 4 Metern wären die Lautsprecher dann schon um 12 dB leiser. Aufgrund des Nachhalls sind es in einem Wohnraum jedoch nur etwa 8 dB, die bei einem Hörabstand von 4–6 m abgezogen werden müssen. Um unter diesen Bedingungen (– 8 dB bei normalem Hörabstand) auch bei 60 Hz noch kräftige Impulse (Schalldruck mind. 90 dB) wiedergeben zu können, ist schon ein Tieftöner mit wenigstens 25 cm ∅ erforderlich. Aber:

Mit Hilfe spezieller Lautsprechergehäuse läßt sich der maximale Schalldruck bei sehr tiefen Frequenzen um 4 dB und mehr erhöhen.

Auch die Aufstellung der Box im Hörraum hat jedoch einen entscheidenden Einfluß auf die Tiefbaßwiedergabe, wie später noch gezeigt werden soll.

Diejenigen mit einem Hang zur Mathematik können sich den maximalen Schalldruck eines Lautsprechers im Tiefbaßbereich auch selbst ausrechnen:

$$P_{max} = 112 \text{ dB} + 10 \log P_{ak} \quad \text{(max. Schalldruck bei 1 m Abstand)}$$

$$P_{ak} = Z_s \cdot v^2 \quad \text{(akustische Leistung in Watt)}$$

$$Z_s = \frac{\pi^3 \cdot p_o}{c} \cdot r^4 \cdot f^2 \quad \text{(Strahlungswiderstand)}$$

v = $H \cdot f \cdot \pi$ (Membranschnelle)
H = max. Hub der Membran in Metern
p_o = 1,18 (Luftdichte in kg/m^3)
c = 344 (Schallgeschwindigkeit in Metern pro Sekunde)
r = effektiver Membranradius in Metern
f = Frequenz in Hertz

Beispiel: Ein Lautsprecher hat einen Membrandurchmesser von 18,5 cm. Da die Randaufhängung zum Teil mitschwingt, beträgt der effektive Membrandurchmesser ca. 20,5 cm, der effektive Membranradius ist also 10,25 cm ~ 0,102 m. Die maximale Amplitude seiner Membran beträgt ± 3 mm (H = 0,006 m). Der maximale Schalldruck, den dieser Lautsprecher bei 60 Hz produzieren kann, soll errechnet werden.

$$v = 0{,}006 \cdot 60 \cdot 3{,}14 = 1{,}13 \text{ m/s}$$
$$r = 0{,}102 \text{ m}$$
$$f = 60 \text{ Hz}$$

daraus erhält man für den Strahlungswiderstand:

$$Z_s = \frac{3{,}14^3 \cdot 1{,}18}{344} \cdot 0{,}102^4 \cdot 60^2$$

$$= \frac{36{,}6}{344} \cdot 0{,}000108 \cdot 3600$$

$$= 0{,}041$$

und für die akustische Leistung:

$$P_{ak} = 0{,}041 \cdot 1{,}28 = 0{,}052 \text{ akustische Watt}$$

und für den max. Schalldruck bei 60 Hz

$$P_{max} = 112 + 10 \log 0{,}052 \text{ ; dB}$$
$$= 112 + (-12{,}8) \text{ ; dB}$$
$$= 99{,}2 \text{ dB}$$

Der maximale Schalldruck, den ein guter 25 cm ⌀ Baßlautsprecher in einem Meter Abstand bei 60 Hz erzeugen kann, beträgt also knapp 100 dB. Erzeugt derselbe Lautsprecher bei 60 Hz, einem Watt Eingangsleistung und bei einem Meter Abstand einen Schalldruck von 88 dB, so erreicht er seinen maximalen Schalldruck hier schon bei knapp 12 dB mehr Eingangsleistung. Das entspricht einer Verstärkerleistung von etwa 15 Watt (vergl. Tabelle 5 im nächsten Kapitel).

Mit anderen Worten: dieser Lautsprecher hat bei einer Frequenz 60 Hz nur eine effektive Belastbarkeit von 15 Watt. Dabei ist es gleichgültig, ob seine Schwingspule 50 Watt oder 100 Watt vertragen kann, bevor sie durchbrennt. Werden dem Lautsprecher bei 60 Hz mehr als 15 Watt zugeführt, so erhöht sich sein Schalldruck praktisch nicht mehr (Dynamikkompression). Lediglich die Verzerrungen steigen drastisch an. Aber:

Durch den Einbau in geeignete Gehäuse läßt sich die effektive Belastbarkeit von Lautsprechern im Tiefbaßbereich mehr als verdoppeln.

Darüberhinaus läßt sich der maximal mögliche Schalldruck durch den Einsatz von zwei gleichen Lautsprecherchassis pro Box um 6 dB erhöhen. Bei der Verwendung von vier gleichen Lautsprechern sind es sogar 12 dB.

2.10.3 Der maximale Schalldruck von Mittel- und Hochtönern

Wie sieht es nun mit dem maximalen Schalldruck oberhalb 100 Hz aus? Sind die Einzelbelastbarkeit und der Wirkungsgrad der jeweiligen Lautsprecher bekannt, so kann man mit Hilfe von Tab. 5 annähernd den maximalen Schalldruck ermitteln, der mit ihnen möglich ist.

Einschränkend ist allerdings zu beachten, daß Lautsprecher bei ihrer maximalen Lautstärke u. U. recht hohe Verzerrungen produzieren.

Tabelle 5 zeigt auch, daß eine gut hörbare Erhöhung der Wiedergabelautstärke (+ 3 dB Schalldruck) immerhin schon die doppelte Verstärkerleistung erforderlich macht. Für eine Verdoppelung der Lautstärke (+ 10 dB Schalldruck) ist sogar die zehnfache Verstärkerleistung erforderlich, also z. B. 50 Watt statt 5 Watt oder 400 Watt statt 40 Watt.

Tab. 6 ist der maximale Schalldruck zu entnehmen, den verschiedene Lautsprecherarten auf Achse und bei 1 m Abstand erzeugen können.

Es darf aber nicht vergessen werden, daß der Schalldruck im Wohnraum bei einem Hörabstand von 4–6 m um etwa 8 dB niedriger ist als bei einem Abstand von 1 m. Der Lautsprecher ist dann also kaum mehr als halb so laut. Mit den meisten Lautsprechern lassen sich dementsprechend nur mittelhohe Lautstärken realisieren. Zur Erzeugung besonders hoher Lautstärken sind nur große Konuslautsprecher und Hornlautsprecher geeignet.

1 Watt	→ SPL +	0	dB =	90 dB	
2 Watt	→ SPL +	3	dB =	93 dB	
3 Watt	→ SPL +	4,8	dB ~	95 dB	
4 Watt	→ SPL +	6	dB =	96 dB	
5 Watt	→ SPL +	7	dB =	97 dB	
6 Watt	→ SPL +	8	dB =	98 dB	
8 Watt	→ SPL +	9	dB =	99 dB	
10 Watt	→ SPL +	10	dB =	100 dB	
15 Watt	→ SPL +	12	dB =	102 dB	
20 Watt	→ SPL +	13	dB =	103 dB	
30 Watt	→ SPL +	15	dB =	105 dB	
50 Watt	→ SPL +	17	dB =	107 dB	
100 Watt	→ SPL +	20	dB =	110 dB	

◁ *Tabelle 5: Einfluß der elektrischen Belastbarkeit auf den maximalen Schalldruck eines Lautsprechers. Als mittlerer Schalldruck (SPL) bei 1W/1m wurde 90 dB angenommen (s. a. Tabelle 4, S. 63)*

▽ *Tabelle 6: Maximaler Schalldruck verschiedener Mittel- und Hochtöner in 1 Meter Abstand*

18 cm	Konusmitteltöner	max. 107–114 dB	400 Hz– 3 kHz
13 cm	Konusmitteltöner	max. 103–107 dB	500 Hz– 4 kHz
11 cm	Konusmitteltöner	max. 100–105 dB	600 Hz– 4,5 kHz
5 cm	Kalottenmitteltöner	max. 100–105 dB	800 Hz– 5 kHz
3,7 cm	Kalottenmitteltöner	max. 99–104 dB	1,2 kHz– 7 kHz
2,5 cm	Kalottenhochtöner	max. 98–102 dB	4 kHz–15 kHz
1,9 cm	Kalottenhochtöner	max. 94– 98 dB	6 kHz–17 kHz
elektrodyn. Bändchenhocht.		max. 97–104 dB	5 kHz–20 kHz
Schwing-spule ∅	Hornlautsprecher (bei linearisiertem Frequenzgang)		
2,5 cm	Hochtöner	max. 103–108 dB	4 kHz–15 kHz
2 cm	Ringstrahler	max. 107–115 dB	6 kHz–17 kHz
4,4 cm	Ringstrahler	max. 115–123 dB	4 kHz–16 kHz
5 cm	Mitteltöner	max. 115–123 dB	800 Hz – 5 kHz

Außerdem bezieht sich der hier angegebene maximale Schalldruck auf die lautesten Passagen bei der Musikwiedergabe. Der durchschnittliche Schalldruck ist also wesentlich niedriger.
Trotzdem kann unter üblichen Wohnbedingungen selbst der von Kalottenlautsprechern und mittelgroßen Konustieftönern erreichbare Schalldruck nur selten voll ausgenutzt werden – sonst gibt's Ärger mit den Nachbarn.

2.11 Die Impedanz

Lautsprecherboxen und Einzelchassis haben einen bestimmten *Wechselstromwiderstand* oder eine Impedanz, die, ähnlich wie ihre Belastbarkeit, eine Anpassung an den Verstärker gewährleisten soll. Bei den meisten Lautsprechern wird die Impedanz mit 4 Ohm oder mit 8 Ohm (= 8 Ω) angegeben. Fast alle modernen Verstärker lassen sich mit solchen Lautsprechern betreiben.
Allerdings ist die Impedanz einer Box oder eines Lautsprecherchassis selten im gesamten Frequenzbereich konstant. D. h., die meisten Lautsprecher weisen je nach Frequenz mehr oder weniger starke Abweichungen vom Normwert auf. Im Extremfall ist dadurch eine Anpassung an den Verstärker nicht mehr gewährleistet.
Um Leistungsverluste, eine Überlastung oder erhöhte Verzerrungen des Verstärkers auszuschließen, sollte die Impedanz einer Box 4 Ω nicht unterschreiten. Bei Verstärkern, deren minimale Anschlußimpedanz 8 Ω beträgt, sollten 8 Ω nicht unterschritten werden.
Nur wenige Hersteller informieren die Käufer jedoch über die Impedanzschwankungen ihrer Lautsprecher. Besonders beim Selbstbau von Boxen ist es wichtig, wenigstens ungefähr zu wissen, welche Impedanz ein Lautsprecher bei einer bestimmten Frequenz aufweist. Andernfalls wird die Berechnung einer Frequenzweiche zum Glücksspiel, und der Frequenzgang der Box wird u. U. recht unausgeglichen.
Ein Impedanzmaximum entsteht normalerweise bei der Resonanzfrequenz eines Lautsprechers. Das liegt daran, daß Lautsprecher bei ihrer Eigenresonanz zu besonders starken Schwingungen neigen. Hierbei erzeugt das Magnetfeld des Permanentmagneten Spannungen in der Schwingspule, die den vom Verstärker zugeführten Spannungen entgegengesetzt sind *(elektromagnetische Gegeninduktion)*. Diese Gegenspannungen bewirken eine Erhöhung des Schwingspulenwiderstands.
Je kräftiger der Magnet ist, desto stärker ist die Gegeninduktion und desto höher ist auch der Impedanzanstieg im Bereich der Resonanzfrequenz.

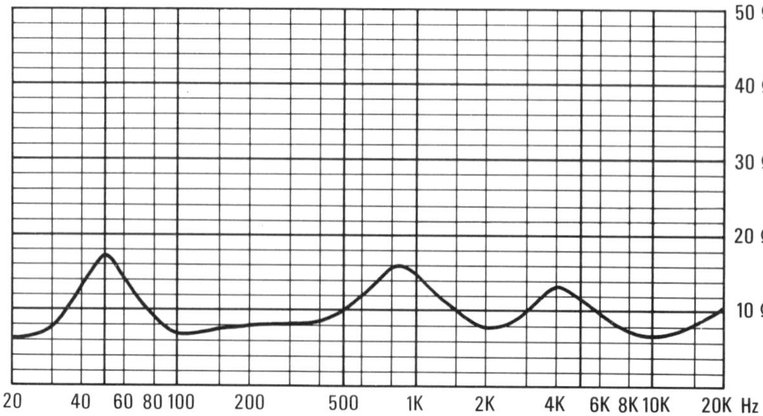

Diagramm 18: Impedanzverlauf einer Fertigbox. Herstellerangabe: 8 Ω Geringe Schwankungen wie hier (6 Ω–17 Ω) sind unproblematisch.

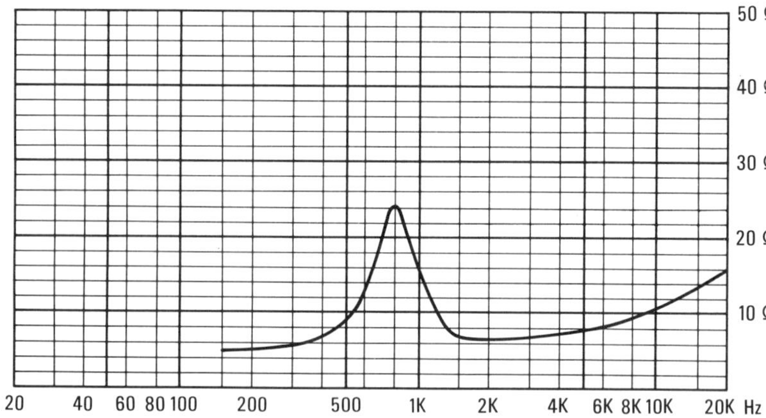

Diagramm 19: Impedanzverlauf eines Kalottenmitteltöners. Herstellerangabe: 8 Ω

In manchen Fällen beträgt die Lautsprecherimpedanz dann mehr als 50 Ohm.

Eine starke Gegeninduktion erschwert allerdings große Membranbewegungen und dämpft damit die Schallwiedergabe im Bereich der Resonanzfrequenz. Tieftöner mit superstarken Magneten weisen daher eine schwache Tiefbaßwiedergabe auf.

Der Impedanzanstieg bei höheren Frequenzen ist auf die *Induktivität der Schwingspule* zurückzuführen. Je mehr Windungen eine Spule aufweist und je höher die Frequenz des eingespeisten Signals ist, desto höher wird auch der induktive Widerstand der Spule. Das ständige Auf- und Abbauen des Magnetfeldes – je nach Frequenz bis zu 20000 mal pro Sekunde – erzeugt Gegenkräfte in der Schwingspule, die einen Anstieg des Wechselstromwiderstandes (Impedanz) herbeiführen.
Bei fertigen Boxen bestimmen dann allerdings die Gehäusekonstruktion und die Frequenzweiche den endgültigen Impedanzverlauf.
Haben die Boxen im gesamten Frequenzbereich eine Impedanz von 8 Ohm oder mehr, so können an einem Stereoverstärker mit 4 Ω Ausgangsimpedanz auch zwei Lautsprecherboxen parallel pro Endstufe angeschlossen werden, insgesamt also vier Boxen.

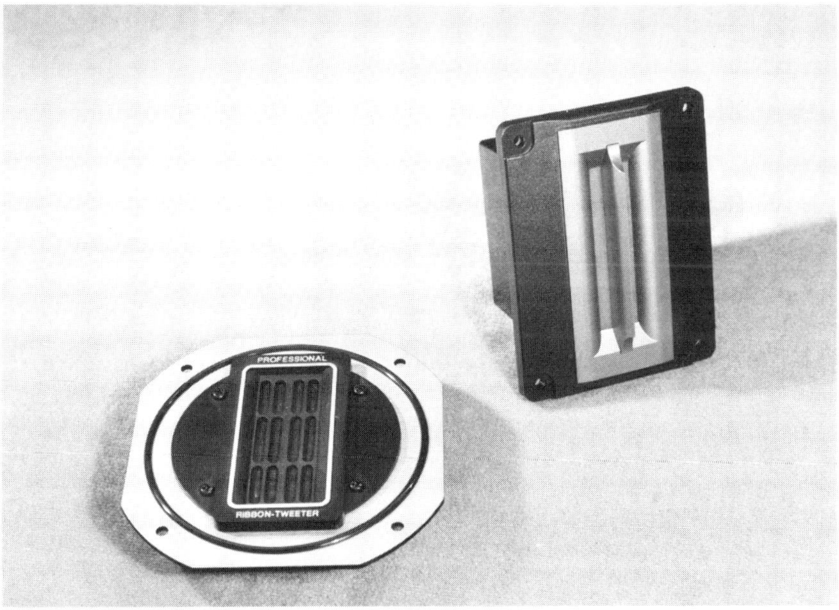

Einen geradezu linealglatten Impedanzverlauf haben Elektrodynamische Bändchenhochtöner, die im nächsten Kapitel beschrieben werden. Das Foto zeigt den Visaton RHT 13 AW und den Technics TH 400.

Ebenfalls gut für den Hochtonbereich geeignet sind Kalottenlautsprecher. Hier: Titaniumkalotte MCD 25 M von MB-Elektronic, Textilkalotte HD 9 × 8 D 25 und Minikalotte mit Magnetofluid TW 74 A von Audax, unten: VA 0140 von Philips.

Empfehlenswert, aber teuer: Ringstrahler-Hochtöner. Hier: FT 90 H und FT 65 H von Fostex.

3 Aufbau und Eigenschaften verschiedener Lautsprecherarten

3.1 Elektrodynamische Bändchenhochtöner

Isodynamische bzw. elektrodynamische Bändchenhochtöner unterscheiden sich von konventionellen Bändchenlautsprechern insofern, als daß bei den letztgenannten lediglich ein Aluminiumbändchen (ohne Schwingspule) vom Wechselstrom des Verstärkerausgangs durchflossen wird. Dementsprechend gering sind der Wirkungsgrad und die bewegliche Masse (max. 10 mg oder 0,01 gr.) der reinen Bändchenhochtöner. Wenn sie mit anderen modernen Lautsprechern kombiniert werden sollen, benötigen sie einen speziellen (meist schon eingebauten) Übertrager sowie ein stark bündelndes, großes Horn vor der Membran. Wegen ihres ungünstigen Preis-Leistungs-Verhältnisses konnten sich solche Bändchenhochtöner bisher nicht auf dem Markt durchsetzen.
Sehr beliebt sind seit mehreren Jahren dagegen die isodynamischen oder elektrodynamischen Bändchenlautsprecher (s. Abbildung 37). Sie sind kleiner, billiger und in mancher Hinsicht sogar besser als ihre Vorläufer. Sie verfügen über eine hauchdünne Kunststoffmembran, auf der eine leiterbahnähnliche Schwingspule angebracht ist. Gute Erfahrungen wurden mit folgenden Modellen gemacht:

- Technics TH-400 und TH-800,
- HSW-110 der Firma JVC (= Multicell Ribbon),
- Visaton RHT 13 AW und RHT 12 S,
- Fostex FTR 3P, der über einen flachen, starken Magneten verfügt,
- Valvo/Philips AD 21600 RT.

Diese Modelle werden mit einer Impedanz von etwa 5,5 Ω (Technics) bzw. 8 Ω (alle übrigen) angegeben und erzeugen einen Schalldruck von etwa 91 dB (93 dB beim TH 800 und FTR 3P) bei 1 W Eingangsleistung und 1 m Abstand. Wegen der starken Schallbündelung in vertikaler Richtung empfiehlt es sich allerdings, etwa 2 dB weniger Schalldruck einzukalkulieren. Außerdem sind die elektrodynamischen Bändchenhochtöner wegen der Schallbündelung unbedingt senkrecht einzubauen (d. h. die Längsseite

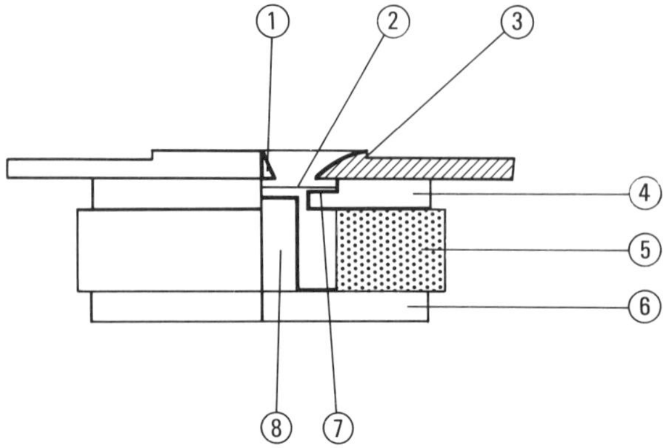

Abbildung 37:
① Diffusor *zur besseren horizontalen Schallverteilung (größerer Abstrahlwinkel).*
② Membran *aus extrem dünner und leichter Folie mit ausgeätzter oder aufgedampfter, leiterbahnähnlicher Schwingspule.*
③ Frontplatte *mit Minitrichter für einen höheren Schalldruck.*
④ *u.* ⑥ Polplatten *aus Stahl. Sie leiten die magnetische Energie zur Schwingspule.*
⑤ *Extrem starker* Permanentmagnet *aus besonderen Metallen.*
⑦ Randaufhängung *der Membran.*
⑧ Polkern *aus Stahl.*

der Membran verläuft von oben nach unten) und auf Ohrhöhe auszurichten. Geschieht das nicht, so muß mit einem unterdurchschnittlichen Klang gerechnet werden.
Der horizontale Abstrahlwinkel von elektrodynamischen Bändchenlautsprechern ist größer als der vertikale; er ist mit dem von 25 mm ⌀ Kalottenhochtönern vergleichbar. Das Membrangewicht liegt bei allen Modellen weit unter 100 mg (zum Vergleich: übliche Kalottenhochtöner haben eine schwingende Masse von 200–500 mg, bzw. 0,2 bis 0,5 gr.).
Die Bändchenhochtöner eignen sich für Lautsprecherboxen bis zu 200 Watt, wenn sie ab 7 kHz eingesetzt werden, bzw. bis zu 120 Watt, wenn sie ab 5 kHz übertragen sollen. Der Technics TH 400 und der Visaton RHT 13 AW können sogar schon ab 4 kHz betrieben werden.
Der Vorteil von elektrodynamischen Bändchenhochtönern liegt in der sehr geringen beweglichen Masse (Membran- plus Schwingspulengewicht) gegenüber anderen Hochtönern. Mit Hilfe ihrer kräftigen Magnete und großflächigen, leiterbahnähnlichen Schwingspulen können diese Lautsprecher ein recht gutes Impulsverhalten erreichen. In Bezug auf Membranverformungen und -resonanzen sind sie mit Kalottenhochtönern zu

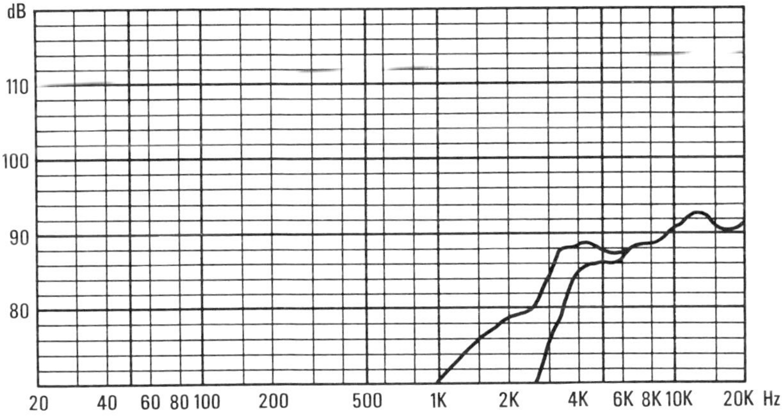

Diagramm 20: Optimaler Einsatzbereich und Frequenzgang des Technics TH 400.
A: Schalldruck bei 1W/1m
B: mit geeigneter Frequenzweiche; Übergangsfrequenz 4 kHz. Wie solche Frequenzweichen zu berechnen und auszuführen sind, wird in einem späteren Kapitel erläutert.

vergleichen und haben ein durchaus akzeptables *Auflösungsvermögen*. Elektrodynamische Bändchenhochtöner (und auch andere Flächenstrahler wie Elektrostaten und Magnetostaten) sind also keinesfalls immun gegen Partialschwingungen, was gelegentlich behauptet wird.
Der Nachteil dieser Lautsprecher liegt vornehmlich in der starken vertikalen Schallbündelung. In diesem Punkt sind sie sogar manchen Horn- oder Trichterlautsprechern unterlegen. Ob sich die Anschaffung eines elektrodynamischen Bändchenhochtöners rentiert oder ob stattdessen ein hochwertiger und oftmals billigerer Kalottenhochtöner zu bevorzugen ist, muß von Fall zu Fall entschieden werden.
Auch elektrodynamische Bändchenhochtöner sollten übrigens immer von vorne auf die Schallwand gesetzt werden, um Verzerrungen durch Interferenzen zu vermeiden (vergl. Abbildung 19).

3.2 Kalottenlautsprecher

Kalottenlautsprecher zeichnen sich durch ihre kuppelartige Membran aus, die meist aus Kunststoff geformt ist. Schwingspulen- und Membrandurchmesser sind bei Kalottenlautsprechern identisch. Die gebräuchlichsten Durchmesser liegen bei 50 mm und 37 mm für Mitteltöner und 25 mm und

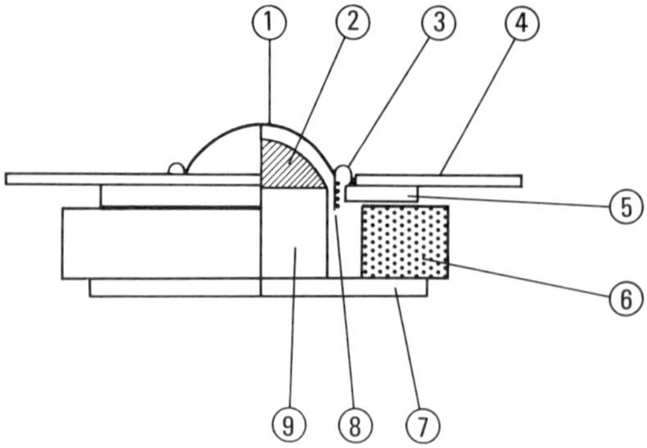

Abbildung 38:
① Membran *aus weichem Kunststoffgewebe (→ »soft dome«), aus etwas steiferem Kunststoff (z. B. Polycarbonat), aus Metall (Aluminium, Titanium, Beryllium) und manchmal auch aus speziellem Pappgemisch.*
② *Schalldämpfendes Material.*
③ Randaufhängung, *meist aus Kunststoff.*
④ Frontplatte *aus Metall oder Kunststoff.*
⑤ Polplatte *aus Stahl.*
⑥ Ferritmagnet.
⑦ Bodenplatte *aus Stahl.*
⑧ Schwingspulenträger *(meist aus Aluminium) mit* Schwingspule *im* Luftspalt *zwischen Polkern und Polplatte. Bei einigen Modellen ist der Luftspalt mit einer magnetischen Kühlflüssigkeit (Ferro- oder Magnetofluid) gefüllt.*
⑨ Polkern *aus Stahl. Bei einigen Modellen ist der Polkern durchbohrt, um das Luftvolumen hinter der Membran zu vergrößern.*

19 mm für Hochtöner. Kalottenmitteltöner mit mehr als 50 mm Membrandurchmesser können sich qualitativ und vor allem preislich kaum gegenüber hochwertigen Konusmitteltönern behaupten.
Die Besonderheit üblicher Kalottenlautsprecher liegt in den großen, starken Magneten und demgegenüber leichten Membranen. Viele hochwertige Kalottenhochtöner haben eine gesamte schwingende Masse von nur 0,3 gr. und weniger. Bei ordentlicher Konstruktion weisen sie geringe Verzerrungen und ein gutes Impulsverhalten auf – vorausgesetzt, die Übergangsfrequenzen zu den anderen Lautsprechern einer Kombination werden richtig gewählt.
Der optimale Einsatzbereich von Kalottenlautsprechern beginnt eine Oktave oberhalb ihrer Resonanzfrequenz und endet bei f_{max}. Effektiv liegt er etwa zwischen 800 Hz und 5 kHz bei Kalotten mit 50 mm Membrandurchmesser, zwischen 1,2 kHz und 7 kHz bei 37 mm Durchmesser, zwi-

schen 2 kHz und 10 kHz bei 25 mm Durchmesser und zwischen 3,5 und 14 kHz bei 19 mm Membrandurchmesser. Auch bei der Verwendung von Kalottenhochtönern lassen sich starke Partialschwingungen oberhalb 10 kHz kaum vermeiden, aber das Gehör reagiert auf Verzerrungen bei solch hohen Frequenzen glücklicherweise nicht sonderlich empfindlich.
Eine kleine Schwäche von Kalottenlautsprechern liegt darin, daß ihre Membranen im Gegensatz zu anderen Konstruktionen nur einfach aufgehängt sind. Randaufhängung und Zentriermembran sind hier nämlich identisch, was vor allem im Bereich der Resonanzfrequenzen zum »Taumeln« der Membranen und damit zu erhöhten Verzerrungen führen kann. Auch deshalb sollten sie erst eine Oktave oberhalb ihrer Resonanzfrequenz eingesetzt werden. Durch den Einsatz von Magnetofluid, einer magnetischen Flüssigkeit im Luftspalt, läßt sich diese Gefahr ebenfalls verringern, wobei sich gleichzeitig die elektrische Kurzzeitbelastung erhöht – solange die Flüssigkeit nicht überhitzt wird. Wie lange die Eigenschaften von Magnetofluid im Luftspalt unverändert bleiben, ist bisher allerdings nicht ausreichend geklärt.
Die Vorteile von Kalottenlautsprechern liegen u. a. in einem günstigen Kaufpreis, zumindest für Hochtöner. Außerdem neigen sie weniger zu einem aggressiven oder »quäkenden« Klang als minderwertige Konus- und Hornlautsprecher. Das liegt daran, daß ihre Membranen meist eine hohe innere Dämpfung aufweisen. Textilmembranen von Kalottenlautsprechern werden dafür häufig mit einem klebrigen Dämpfungsmittel eingestrichen. Partialschwingungen lassen sich dadurch zwar nicht verhindern, ihre Auswirkungen auf den Klang sind dann aber nicht so stark wie bei Lautsprechern mit steifer, aber schwach gedämpfter Membran. Optimal wären natürlich extrem leichte und steife Membranen mit hoher innerer Dämpfung.
Zwar gibt es auch unter Kalottenlautsprechern viele »schwarze Schafe«, die Anzahl HiFi-tüchtiger Exemplare ist jedoch so groß, daß hier auf besondere Empfehlungen verzichtet werden soll. Bleibt noch hinzuzufügen, daß sich die meisten Kalottenlautsprecher für Dreiwegkombinationen bis zu 120 Watt Gesamtbelastbarkeit eignen, bzw. bis zu 70 Watt bei Zweiwegboxen.

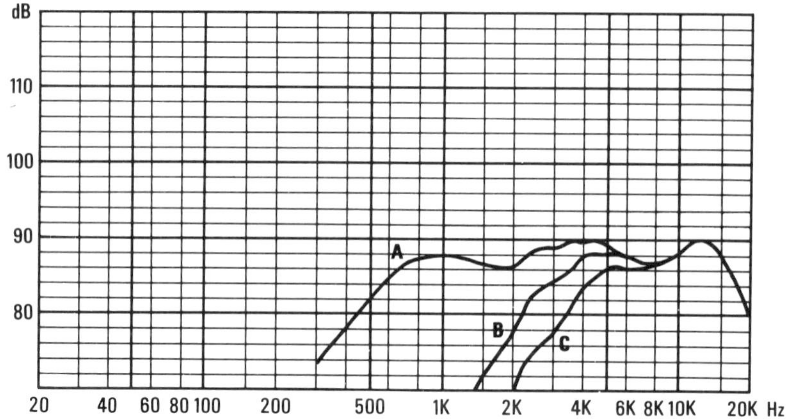

Diagramm 21: Frequenzgang und optimaler Einsatzbereich einer 25 mm ∅ Hochtonkalotte (Audax HD 100 D 25).
A: Schalldruck bei 1W/1m
B: mit geeigneter Frequenzweiche; Übergangsfrequenz: 2,5 kHz
C: mit geeigneter Frequenzweiche; Übergangsfrequenz: 4 kHz

3.3 Druckkammer-Hornlautsprecher

3.3.1 Mitteltonhörner

Bevor von den Eigenschaften der Druckkammer-Hornlautsprecher die Rede ist, soll ihr Wirkungsprinzip zunächst einmal erläutert werden.
Die meisten dieser Lautsprecher verfügen über eine kuppelförmige Membran (Kalottenmembran), deren Schwingungen in einer *Druckkammer* komprimiert werden, bevor der Schall über einen Trichter in den Hörraum gelangt. Abbildung 40 soll das veranschaulichen.
Die Druckkammer, die die Membranauslenkungen reduzieren soll, wird durch die Trichterwände und durch ein oder mehrere phasenkorrigierende Elemente gebildet. Diese Elemente bewirken gleichzeitig, daß der Schall von allen Punkten der Membran etwa die gleiche Wegstrecke durchläuft, bevor er in den Trichter gelangt. Diese Maßnahme ist notwendig, um auch bei höheren Frequenzen (→ kleinere Wellenlängen) Auslöschungen durch Phasenverschiebungen bzw. Laufzeitunterschiede innerhalb des Lautsprechers gering zu halten. Einfachere Phasenkorrektur-Elemente werden manchmal auch bei Kalottenhochtönern eingesetzt und dienen dann gleichzeitig zur Schallstreuung (größerer Abstrahlwinkel).

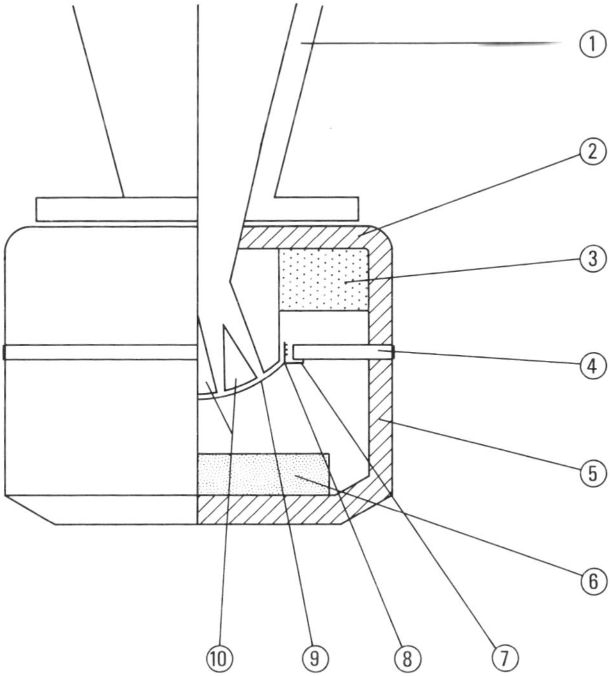

Abbildung 39:
① Exponentialhorn *(Trichter) aus Aluminium, Kunststoff oder Holz.*
② Magnetkapsel *aus Eisen.*
③ Magnet *(Ferrit- oder Alnicomaterial).*
④ Polplatte *aus Stahl. Sie leitet das magnetische Feld zum Luftspalt.*
⑤ Gehäuse, *meist aus Aluminium.*
⑥ *Schalldämpfendes Material.*
⑦ Randaufhängung, *meist aus Kunststoff.*
⑧ Schwingspulenträger *mit Schwingspule.*
⑨ Membran *aus Aluminium oder Kunststoff.*
⑩ phasenkorrigierende Elemente *aus Druckguß. Sie bilden gleichzeitig die Druckkammer vor der Membran.*

Das Horn oder der Trichter schließt an die Druckkammer an und wirkt durch die Schallbündelung ähnlich wie der Reflektor eines Scheinwerfers. Durch seine Formgebung können u. a. der Wirkungsgrad und der Abstrahlwinkel des Lautsprechers bestimmt werden.

Die grundsätzlichen Vorteile des Druckkammer-Prinzips liegen darin, daß mit den Membranauslenkungen auch die Intermodulationsverzerrungen

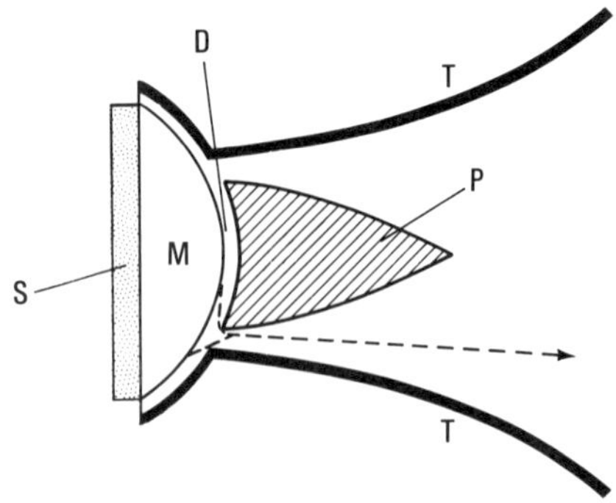

Abbildung 40:
S = Schwingspule
M = Membran
D = Druckkammer
P = Phasenkorrektur-Element
T = Trichter oder Horn

erheblich gesenkt werden. Mit Hilfe des schallbündelnden Trichters lassen sich darüberhinaus extrem hohe Lautstärken realisieren.
Ein wesentlicher Nachteil von Trichtern oder Hörnern ist allerdings, daß sie zu Resonanzen neigen, wie sie auch bei ähnlich geformten Blasinstrumenten auftreten. Je nach Formgebung des Trichters beeinflussen diese Resonanzen mehr oder weniger den Frequenzgang und die Ausschwingzeiten, die bei bestimmten Frequenzen sehr lang sein können. Ein weiterer Nachteil des Druckkammer-Hornprinzips liegt darin, daß durch den extrem hohen Schalldruck in der Druckkammer und im daran anschließenden Trichterhals die Luft völlig überlastet werden kann und nicht mehr linear arbeitet. Sehr kleine Druckkammern und enge Trichterhalsöffnungen (19 mm ∅) bei großem Membrandurchmesser (52 mm) verstärken diese Nebenwirkung. Die Folge der genannten Nachteile sind überhöhte Verzerrungen, die bei schlecht konstruierten Trichterlautsprechern den berüchtigten, metallisch harten und trompetenähnlichen »Hornklang« hervorrufen.
Oft sind dafür auch Membranverformungen mitverantwortlich, wenn die Membran nämlich den extrem hohen mechanischen Belastungen in der Druckkammer nicht standhält. Für Druckkammer-Mittel- und Hochtöner kommen ohnehin nur extrem steife Membranen aus Metall oder Spezial-Kunststoff in Betracht.
Da Druckkammer-Hornlautsprecher sehr präzise aufgebaut werden müssen, fallen ihre Preise – bei ordentlicher Konstruktion – relativ hoch aus. Im Mitteltonbereich führen Konstruktionen ähnlich Abbildung 39 zu den besten Ergebnissen.
Die *Treiber*, d. h. die Lautsprecher, die an ein Horn bzw. an einen Trichter anzuschließen sind, haben in der Regel eine Schallöffnung von 1 Zoll, also

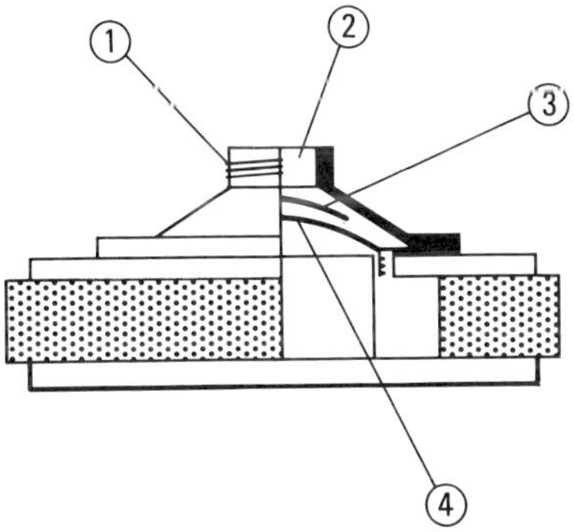

Abbildung 41:
① Schraubgewinde 38 mm ⌀
② Schallöffnung
③ phasenkorrigierendes Element
④ Membran

2,54 cm Durchmesser. Die Hörner sind je nach Hersteller unterschiedlich an den Treibern zu befestigen, mal mit zwei, mal mit drei und bei einigen Typen mit vier Schrauben. Hier empfiehlt es sich, vor der Anschaffung eines Horns nachzufragen, ob es an den gewünschten Treiber ohne weiteres angeschraubt werden kann, ob eventuell ein Adapter notwendig ist oder ob eine Kombination aufgrund verschiedener Öffnungsdurchmesser oder Schraubefestigungen nicht möglich ist. Es gibt aber noch anders aufgebaute Mitteltontreiber, die mit einem Schraubgewinde von 38 mm Durchmesser versehen und direkt an ein entsprechendes Horn anschraubbar sind. Abbildung 41 zeigt ihren prinzipiellen Aufbau.
Bei derart aufgebauten Mitteltontreibern ist zu beachten, daß ihre Schallöffnungen je nach Hersteller zwischen 19 mm und 25 mm ⌀ variieren. Trotz des gleichen Schraubgewindes sollten diese Lautsprecher nur mit Hörnern gleichen Öffnungsdurchmessers kombiniert werden.
Allerdings werden Mitteltöner dieser Bauart ohnehin nur selten für den Einsatz von HiFi-Boxen empfohlen. Viele von ihnen (auch die HiFi-Ausführungen z. B. von Klipsch oder von Electrovoice) weisen eine starke Senke im Frequenzgang zwischen 4 kHz und 6 kHz auf. Die Ursache hierfür dürfte in der eher provisorischen, manchmal fehlenden Phasenkorrektur solcher Mitteltöner liegen. Störende Interferenzen von Schallwellen im Trichterhals werden dann nicht ausreichend verhindert. Viele Treiber mit Schraubgewinde können deshalb höchstens bis 3,5 kHz eingesetzt werden. Nur bei ausreichender Phasenkorrektur entscheidet der Membrandurchmesser über die höchste Frequenz, bis zu der der Lautsprecher in einer HiFi-Box eingesetzt werden darf. Diese liegt bei 5 kHz für Membranen mit 5 cm Durchmesser und bei 7 kHz für Membranen mit 4 cm Durchmesser. (vergl. Kapitel »Partialschwingungen«)

Neben dem Treiber hat aber auch das Horn einen wesentlichen Einfluß auf die Meßwerte und den Klang eines Druckkammer-Lautsprechers. Größe und Form des Trichters sind für den optimalen Einsatzbereich, den Abstrahlwinkel, für die Verzerrungen durch Luftüberlastung und auch für das Auftreten von Resonanzen entscheidend. Die stärkste Resonanz haben Trichter in der Nähe ihrer unteren Übertragungsgrenze. Bei Mitteltönern ist das dementsprechend, je nach Abmessungen, zwischen 400 Hz und 800 Hz der Fall. Die Übergangsfrequenz zwischen einem Tieftöner und einem Mitteltonhorn sollte deshalb wenigstens eine halbe Oktave über der *unteren Grenzfrequenz* des Mitteltonhorns liegen.
Dazu muß man wissen, daß die untere Grenzfrequenz eines Mitteltonhorns eine Wellenlänge hat, die dem effektiven Umfang des Trichterausgangs, der sogenannten *Mundöffnung*, entspricht. Bei einer rechteckigen Mundöffnung beträgt der akustisch effektive Öffnungsumfang:

$$U_{eff} = \sqrt{\frac{B \cdot H}{\pi}} \cdot 2\,\pi.$$

Hat ein Mitteltonhorn eine Mundöffnung von 30 cm Breite und 9 cm Höhe, so beträgt der effektive (nicht der reale!) Umfang 58 cm. Der Wellenlänge von 58 cm entspricht die Frequenz $f_{gr} = \frac{344}{0{,}58}$ Hz = 590 Hz.

Das Mitteltonhorn sollte dementsprechend frühestens ab 900 Hz eingesetzt werden, da es sonst zu erhöhten Verzerrungen neigt. Deren Ursache sind die sich schlagartig verändernden Druckverhältnisse für den Schall, der den Trichter verläßt. Je nach Trichterverlauf verringert sich der Druck zunächst kontinuierlich und im geringem Maße. Sobald eine Schallwelle aber den Trichter verläßt, kann sie sich nahezu uneingeschränkt nach allen Seiten ausdehnen. Der plötzliche Druckabfall in der Nähe der Mundöffnung beeinflußt leider auch die Geschwindigkeit und den Druck der nachfolgenden Schallwellen im Horn. Effektiv wirkt der Übergang zwischen dem Trichter und dem freien Raum wie eine »negative Wand«, die einen Teil des Schalls zurück in den Trichter reflektiert. Wie stark dieser Effekt ausgeprägt ist, hängt von der näheren Umgebung der Trichtermundöffnung ab. Wird der Trichter in eine Schallwand eingebaut, so sind die Druckänderungen in der Nähe des Trichtermundes geringer. Die Folge ist ein ausgeglichener Frequenzgang. Diagramm 22 soll den Einfluß eines Exponentialhorns (unabhängig vom Lautsprecher) veranschaulichen. Voraussetzung dafür ist allerdings, daß die Trichtermundöffnung und die Trichter-

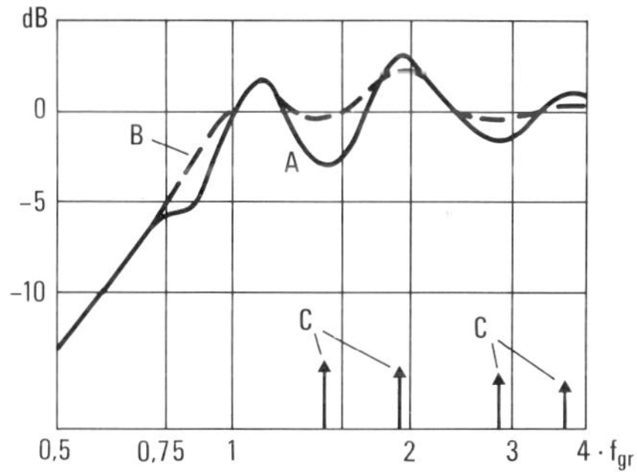

Diagramm 22:
f_{gr}: Untere Grenzfrequenz.
A : Typischer Frequenzgang ohne Schallwand.
B : Frequenzgang mit Schallwand.
C : Frequenzen, bei denen gleich- oder gegenphasige Reflexionen am Trichtermund auftreten.

krümmung *(Trichterkonstante)* die gleiche untere Grenzfrequenz aufweisen, was nicht bei allen Hornlautsprechern der Fall ist.
Die wesentlichen Eigenschaften verschiedener Trichterausführungen sollen auf nachfolgenden Seiten kurz zusammengefaßt werden.
Schließlich soll noch erwähnt werden, daß alle HiFi Druckkammer-Trichter-Mitteltöner oder kurz Mitteltonhörner bei einer Eingangsleistung von 1 Watt bei 1 m Meßabstand einen Schalldruck von über 100 dB (meist sind es 104 dB) liefern. In Kombinationen mit Tief- und Hochtönern müssen sie zur Anpassung des Wirkungsgrades unbedingt mit entsprechenden Widerständen oder mit einem 30–100 Watt Lautstärkeregler versehen werden. Die elektrische Belastbarkeit von Mitteltontreibern ist hoch genug, um Kombinationen bis zu 100 Watt (ohne Widerstände und Regler) bzw. bis zu 500 Watt (mit Widerständen oder Regler) aufzubauen. Bei der Aufstellung von HiFi-Boxen mit Hornlautsprechern ist außerdem darauf zu achten, daß diese auf die Hörposition ausgerichtet werden. Die meisten Hornlautsprecher haben nämlich einen relativ geringen vertikalen Abstrahlwinkel, ähnlich wie auch die Bändchenhochtöner. Die noch folgende Tabelle gibt einen Überblick über Treiber-Hornkombinationen, die sich durch ein günstiges Preis-Leistungsverhältnis auszeichnen und die in Deutschland leicht erhältlich sind. Weitere qualitativ hochwertige, aber auch deutlich teurere Mitteltonhörner gibt es u. a. von den Firmen DAS, Fostex, Renkus-Heinz, JBL, Elimar und Coral.

Ansicht von oben **Ansicht von der Seite**

Typ A

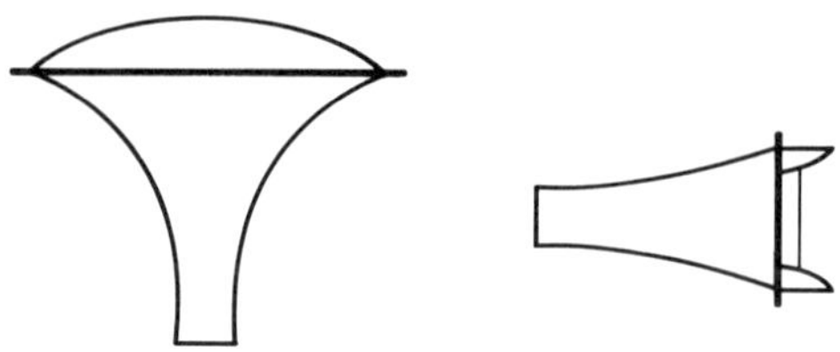

Abbildung 42: Exponentialhorn. Bei HiFi-Ausführungen sollte die Eingangs- oder Halsöffnung des Horns möglichst groß sein (25 mm ⌀). Mittlere Schallbündelung in horizontaler Ebene. Der Abstrahlwinkel beträgt meist 60° bzw. ± 30° bei einer Frequenzgangabweichung von −3 dB vom Mittelwert. Die empfohlene Übergangsfrequenz liegt je nach Trichterabmessungen zwischen 600 Hz und 1 kHz.

Typ B

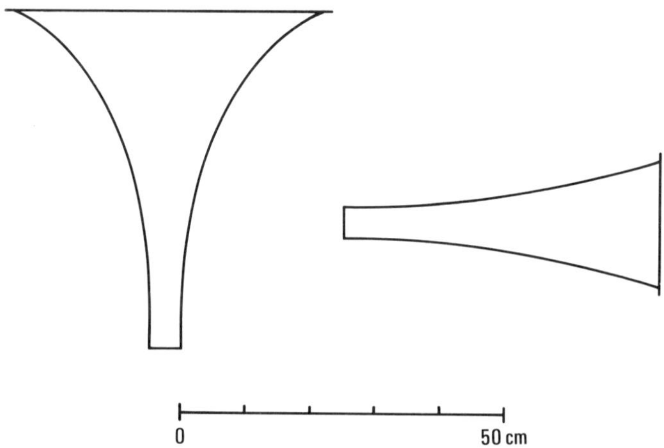

Abbildung 43: Exponentialhorn. Etwas höhere klangliche Verfärbungen aufgrund von Luftüberlastung. Starke horizontale Schallbündelung (Abstrahlwinkel ca. 50° bei −3 dB). Vorteil: niedrige Übergangsfrequenz möglich (450 Hz).

Ansicht von oben **Ansicht von der Seite**

Typ C

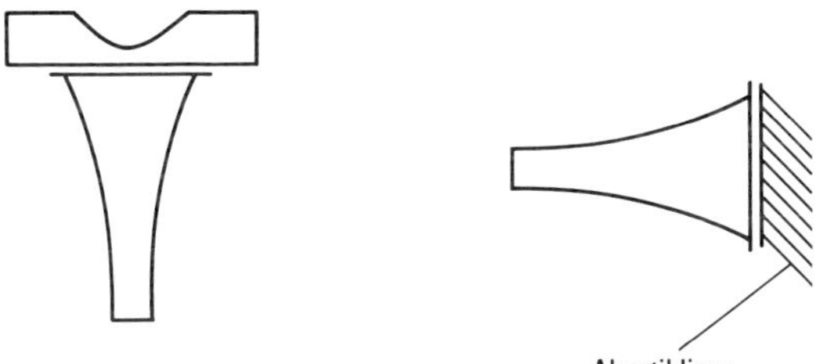

Abbildung 44: Exponentialhorn mit Akustiklinse. Auch hier sollte der Halsdurchmesser möglichst 25 mm betragen. Der horizontale Abstrahlwinkel beträgt im optimalen Einsatzbereich meist 80° bei Frequenzgangabweichungen von 3 dB vom Mittelwert. Übergangsfrequenz meist 800 Hz.

Typ D

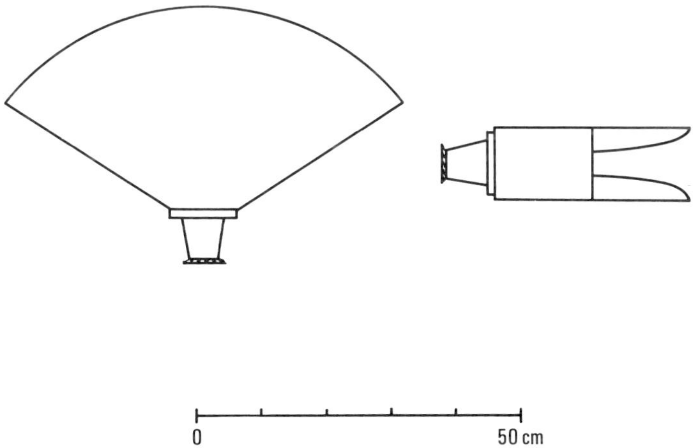

Abbildung 45: Radialhorn aus Holz oder Kunststoff mit etwas geringeren Klangverfärbungen aufgrund der schnellen Hornverbreiterung. Großer horizontaler Abstrahlwinkel 80° bis 120° (–3 dB) im optimalen Einsatzbereich. Übergangsfrequenz je nach Abmessungen zwischen 400 Hz und 800 Hz.

Tabelle 7: HiFi-Mitteltonhörner

Typ	Abmessungen in cm (B · H · L)	Marken-bezeichnung	passende Treiber	optimaler Einsatz-bereich in kHz	Befestigung
A	39 · 14,5 · 22	DAS, D 100	DAS, M 100	0,8 –5	4 Schrauben
A	33 · 12 · 23	Fostex H 550	Fostex FD 600	0,9 –7	3 Schrauben
B	48 · 18 · 51	ACR-Horn (Klipsch-Nachbau)	ACR K 100	0,45–3	38 mm ∅ Gewinde
C	16 cm ∅ 23 cm lang	Visaton MHH 16.22 plus Linse AL 9.25	Visaton DR 45	0,8 –7	38 mm ∅ Gewinde bzw. Adapter mit 3 Schrauben
D	57 · 17 · 42	Beyma TD 580	Beyma CP 40	0,6 –5	38 mm ∅ Gewinde bzw. Adapter mit 3 Schrauben
D	46,5 · 20 · 22	Visaton MH 20.46	Visaton DR 45 Fostex FD 600 Beyma CP 300	0,8 –6	38 mm ∅ Gewinde bzw. Adapter mit 3 Schrauben
D	60 · 12 · 38	Fostex H 325	Fostex D 232 Fostex D 221 Fostex D 266	0,6 –5	mit Adapter, 3 Schrauben

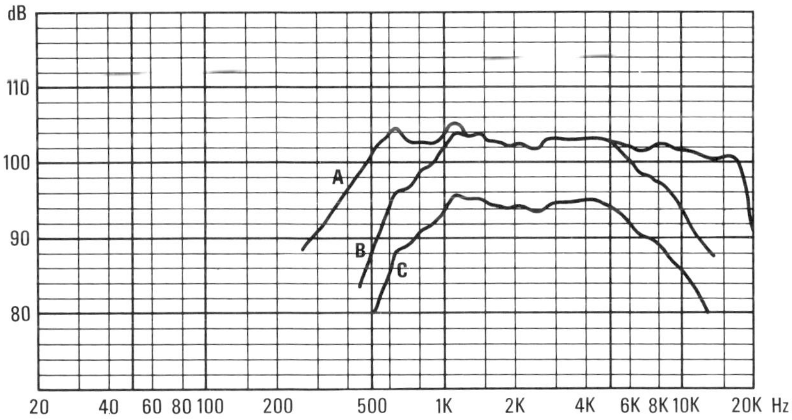

Diagramm 23: Optimaler Einsatzbereich und Frequenzgang des Mitteltontreibers Fostex FD 600 mit Exponentialhorn H 550.
A: Schalldruck bei 1W/1m
B: mit geeigneter Frequenzweiche; Übergangsfrequenzen 900 Hz und 7 kHz
C: mit Frequenzweiche und Lautstärkeregler auf Stellung –8 dB

3.3.2 Hochtonhörner

Selbstverständlich läßt sich das Druckkammerprinzip auch im Hochtonbereich anwenden. Aufgrund der kleineren Membranen von Hochtönern ist die Phasenkorrektur hier weniger aufwendig als bei Mitteltönern. Dem prinzipiellen Aufbau von Druckkammer-Hochtönern entspricht Abbildung 40. Auch bei Druckkammer-Hochtönern spielen Größe und Form des Horns eine wesentliche Rolle. Treiber und Horn werden bei ihnen allerdings immer komplett geliefert und sind nicht an andere Treiber bzw. Hörner anschraubbar.

Die niedrigste Frequenz, die ein Horn noch problemlos reproduzieren kann, hat eine Wellenlänge, die dem Umfang des Trichtermundes entspricht. Hat ein Horn einen Trichtermund von 9 cm Durchmesser und damit einen Umfang von $9 \cdot \pi = 28$ cm bzw. 0,28 m, so liegt die untere Grenzfrequenz bei $\frac{344}{0{,}28}$ Hz = 1,2 kHz.

Die Voraussetzung dafür ist allerdings, daß die Rückstellkräfte der Membran oder die Trichterkrümmung, die sogenannte Trichterkonstante, nicht schon bei 3 kHz bis 5 kHz eine Grenze ziehen, wie das häufig der Fall ist.

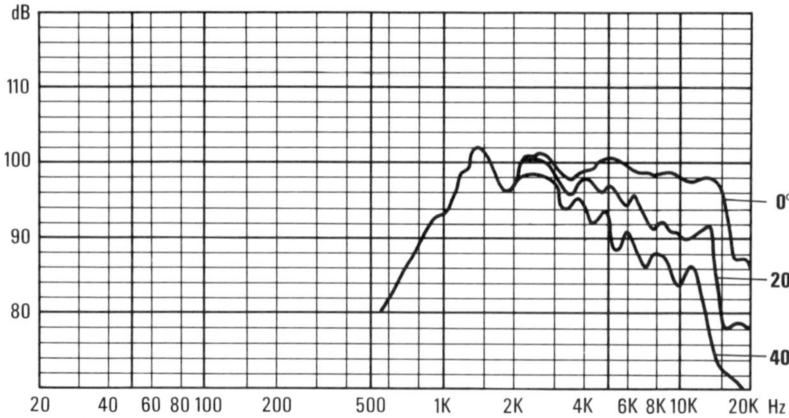

Diagramm 24a

Die Frequenz, bei der das Horn übermäßig zu bündeln beginnt, hat eine Wellenlänge, die etwa dem Horndurchmesser entspricht. Bei 9 cm Durchmesser ist das ab 3,8 kHz der Fall. Oberhalb 15 kHz fällt der Frequenzgang von Hornlautsprechern mit Kalottenmembran prinzipbedingt steil ab.
Diagramm 24 zeigt den Frequenzgang eines entsprechenden Hornlautsprechers (Isophon DKT 11 C 110) bei 1 W/1 m im Winkel von 0°, 20° und 40°. Es ist deutlich zu erkennen, daß der Frequenzgang unterhalb 1,2 kHz und oberhalb 15 kHz stark abfällt.
Es wurde bereits erwähnt, daß Lautsprecher einen Winkel von etwa ± 30° ohne nennenswerte Frequenzgangabweichungen erfassen sollten. Bei Hochtonhörnern ist das nur mit Hilfe einer besonderen Formgebung des Trichters oder mit Hilfe einer Akustiklinse zu erreichen. Wie sich eine geeignete Linse auf den Frequenzgang auswirkt, zeigt Diagramm 24b.
Der Hochtöner weist mit Akustiklinse einen größeren Abstrahlwinkel auf als ohne Linse. Der Frequenzgang muß nun aber mit Hilfe einer geeigneten Frequenzweiche linearisiert werden (vergl. Kurve B). Näheres hierzu im Kapitel »Frequenzweichen«.
In Diagramm 24b wird darüberhinaus deutlich, daß Akustiklinsen den effektiven Horndurchmesser vergrößern und den Frequenzumfang eines Lautsprechers nach niedrigen Frequenzen erweitern.
Hochtonhörner mit Kalottenmembran können meist in Kombinationen von 150 Watt Belastbarkeit und mehr eingesetzt werden. Voraussetzung dafür

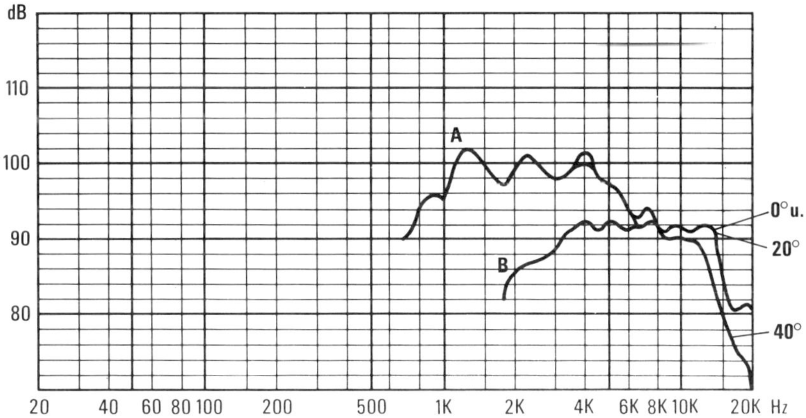

Diagramm 24b

ist, daß ihr Frequenzgang linearisiert wird, weil sich dadurch ihre Belastbarkeit etwa verdoppelt. Bei einer günstigeren Formgebung des Hochtonhorns kann zwar auf eine Akustiklinse verzichtet werden, auf die Frequenzgangkorrektur dagegen kaum. Mit Linse und Frequenzgangkorrektur versehen, liegt der mittlere Schalldruck von Hochtonhörnern nicht selten um 10 dB unter der Herstellerangabe. Druckkammer-Hochtonhörner erzeugen dann je nach Trichterform oder Akustiklinse einen Schalldruck von 92 dB bis 98 dB bei 1 Watt Eingangsleistung und 1 m Abstand. Je nach Meßverfahren geben die Hersteller für Druckkammer-Hochtonhörner zwar einen mittleren Schalldruck von bis zu 108 dB bei 1 W/1 m an. Der Einsatz einer Akustik-Linse und einer Frequenzgangkorrektur, der für HiFi-Boxen meist unerläßlich ist, führt aber dazu, daß der tatsächliche Schalldruck letztendlich um bis zu 10 dB unter der Herstellerangabe liegt.

Der eigentliche Vorteil von üblichen Hochtonhörnern liegt in ihrer Fähigkeit, hohe Schalldrücke bei noch akzeptablen Verzerrungen zu erzeugen. Ausdrücklich gewarnt werden muß allerdings vor Billighörnern, auch wenn sie sich seit Jahren gut verkaufen lassen. Sie sind in fast jeder Beziehung guten Kalottenhochtönern unterlegen.

Gute Erfahrungen wurden mit folgenden noch recht preiswerten Hochtonhörnern gemacht: Coral H 24 und H 60, Beyma CP 10 und CP 12 (Beyma CP 10 = Cone H 20), Isophon DKT 11/C 110/8.

a)

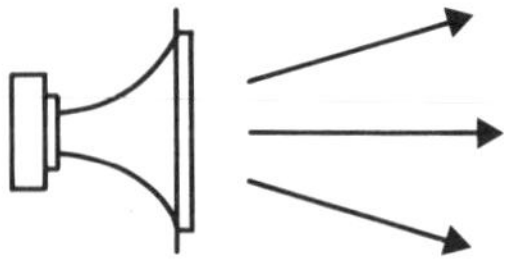

Abbildung 46:
a) Stark gebündelte Abstrahlung bei Frequenzen, deren Wellenlänge kleiner als der Horndurchmesser ist.

b)

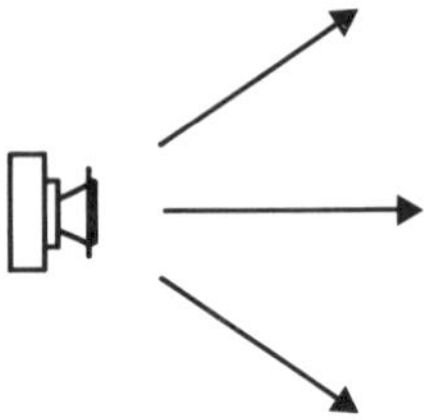

b) Erste Lösungsmöglichkeit: Man macht den Horndurchmesser sehr klein und setzt den Hochtöner erst oberhalb 6 kHz ein (wie z. B. beim Fostex FT 90H oder beim Audax PR 130 P).

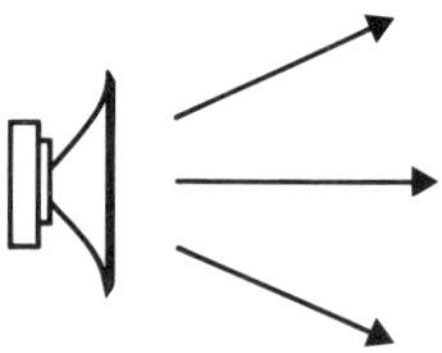

von der Seite gesehen

c) Zweite Möglichkeit: Man vergrößert den Abstrahlwinkel durch eine günstige Formgebung des Horns, wie z. B. bei den Elektro-Voice Hochtönern, oder durch eine spaltförmige Hornöffnung.

c)

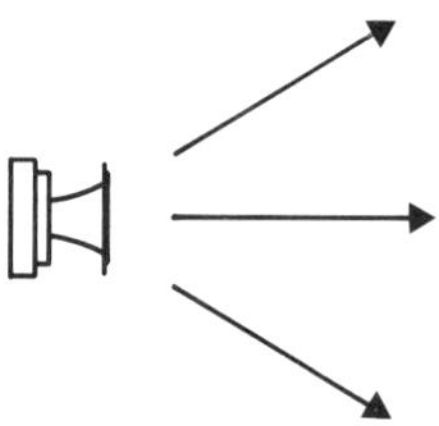

von oben gesehen

d)

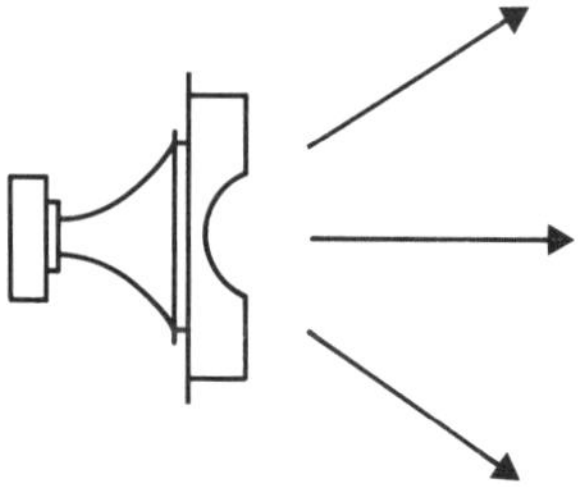

d) Dritte Möglichkeit: Man verwendet eine Lamellenlinse.

Von oben betrachtet

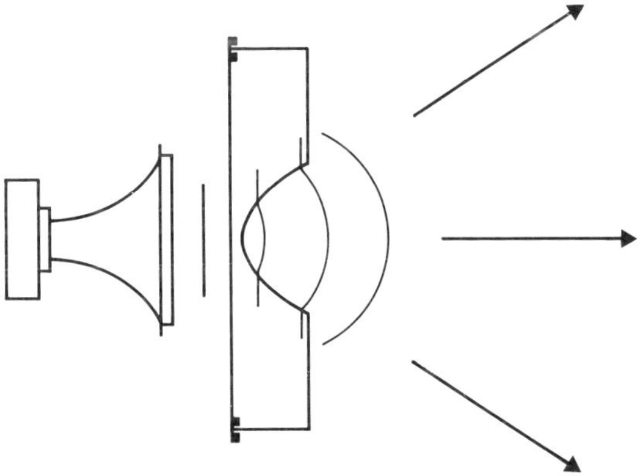

Abbildung 47: Gekrümmte Wellenfront (in der Praxis muß die Linse direkt vor den Trichter gesetzt werden!).

3.3.2.1 Akustiklinsen

Trichter bzw. Hörner wirken ähnlich wie ein Scheinwerfer-Reflektor, d. h., sie bündeln den Schall, was einen unterschiedlichen Klang bei verschiedenen Hörpositionen zur Folge hat (s. Abbildung 16). Kritisch wird das vor allem bei hohen Frequenzen. Mit Hilfe technischer »Tricks« läßt sich dieses Problem lösen. Abbildung 46, 47 sollen das veranschaulichen (s. a. Diagramm 10).

Akustiklinsen aus Lamellen verzögern einen Teil der vom Lautsprecher kommenden Schallwellen. Diese Verzögerung nimmt wegen der Einbuchtung der Lamellen zur Trichtermitte hin ab. Da die in der Mitte abgestrahlten Schallwellen sich somit schneller vom Lautsprecher fortbewegen, entsteht eine gekrümmte Wellenfront und damit ein größerer Abstrahlwinkel. Die Länge der Lamellen, ihr Öffnungswinkel (die Form der Einbuchtung in ihrer Mitte) und der Horndurchmesser des verwendeten Lautsprechers entscheiden darüber, bei welcher Frequenz eine Schallstreuung einsetzt und wie stark sie ist.

Linsen mit großer Lamellenlänge und spitzem Öffnungswinkel (z. B. der Isophon-Schallverteiler oder die Visatonlinse AL 9.25) führen zu einem großen Abstrahlwinkel (ca. 90° bei Frequenzgangabweichungen von −3 dB). Dementsprechend groß ist aber auch ihr Einfluß auf den Frequenz-

Von der Seite betrachtet

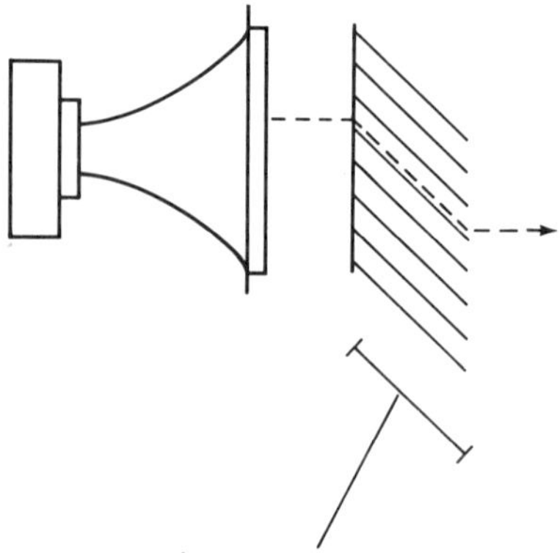

Abbildung 48: Verzögerung des seitlich austretenden Schalls durch schräg angebrachte Lamellen.

gang (ca. 6 dB geringerer nutzbarer Schalldruck auf Achse gemessen). Linsen mit kleiner Lamellenlänge und stark abgerundetem Öffnungswinkel (z. B. MEAB L 5015, Visaton AL 8.15) vergrößern den horizontalen Abstrahlwinkel dagegen weniger stark (ca. 50° bei Frequenzgangabweichungen von −3 dB). Dafür ist ihr Einfluß auf den Frequenzgang des Hochtöners aber auch wesentlich geringer (ca. 3 dB Schalldruckverlust auf Achse).

Welche Wirkung vorzuziehen ist, muß von Fall zu Fall entschieden werden: ein höherer Schalldruck auf Achse bei kleinerem Abstrahlwinkel oder ein geringerer Schalldruck auf Achse und eine stärkere Frequenzgangkorrektur, dafür aber ein sehr großer horizontaler Abstrahlwinkel.

Auf den vertikalen Abstrahlwinkel haben Akustiklinsen übrigens nur einen unwesentlichen Einfluß. Es ist daher darauf zu achten, daß Hornhochtöner auch dann auf die Sitzhöhe bzw. Ohrhöhe ausgerichtet sind, wenn sie mit einer Linse betrieben werden.

Akustiklinsen müssen in jedem Fall direkt an den Trichterrand anschließen. Sie dürfen nicht verkantet angebracht werden und ihre Höhe (meist 8 cm oder 9 cm) sollte nicht kleiner sein als der Durchmesser der Trichteröffnung.

3.3.3 Ringstrahler-Hochtöner

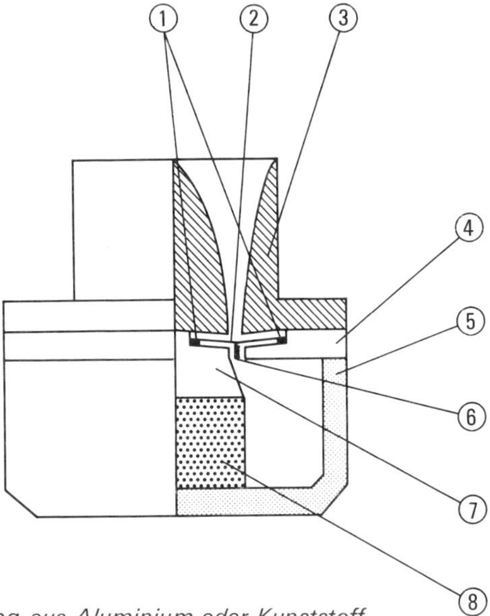

Abbildung 49:
① Randaufhängung *aus Aluminium oder Kunststoff.*
② Membran *aus Aluminium oder Kunststoff.*
③ Trichterwand, *meist aus Aluminium.*
④ Polplatte, *meist aus Stahl.*
⑤ Gehäuse *aus Eisen.*
⑥ Schwingspulenträger *mit* Schwingspule *im Luftspalt, Material meist Aluminium.*
⑦ *Oberer* Polkern *aus Stahl.*
⑧ Magnet *aus Alnico oder Ferritmagnetkonstruktion.*

Auch Ringstrahler arbeiten nach dem Druckkammerprinzip und sind mit Trichtern oder Hörnern ausgerüstet. Ihr wesentlicher Unterschied zu konventionellen Hochtonhörnern besteht darin, daß ihre Membran nicht kuppelförmig ist, sondern, wie ihr Name sagt, ringförmig, wie eine Scheibe mit einem großen Loch in der Mitte.
Da die Membran üblicher Ringstrahler max. 1 cm breit ist – ihr Durchmesser ist natürlich größer – entstehen keine wesentlichen Probleme mit Partialschwingungen, falls die Randaufhängung nicht zu steif ist. Die geringe Masse der Membran ermöglicht darüberhinaus ein gutes Impulsverhalten. Ein weiterer Vorteil von Ringstrahlern ist, daß die Formgebung ihrer Mem-

Tabelle 8: Ringstrahler

Typ	Schwingspulen-durchmesser	Optimaler Einsatz-bereich	Empfohlene Akustik-linse	Schalldruck bei 1W/1m mit Linse und Frequenzgang-korrektur
Celestion, HF 50	37 mm	3–16 kHz	Isophon Schall-verteiler oder Visaton AL 9.25	95 dB
Beyma, CP 20	37 mm	4–17 kHz	Linse wie oben	102 dB
DAS, K 2 (ähnlich dem JBL 2405)	44 mm	8–20 kHz	entfällt	102 dB keine Linse, aber spezielle Fre-quenzgangkorr. erf.
H/H Acoustics, HF 200 (Baugleich mit Multicell T 200)	37 mm	4–17 kHz	Linse wie oben	99 dB (spezielle Frequenzgangkor-rektur erforderlich)
Fostex, FT 65 H	20 mm	4–17 kHz	Linse wie oben	102 dB
Fostex, FT 90 H	20 mm	6–20 kHz	entfällt	106 dB (keine Linse und Frequenzgang-korrektur erforderl.)

Weitere hochwertige Ringstrahler gibt es u. a. von den Firmen Audax, Fane, Coral, Fostex und JBL.

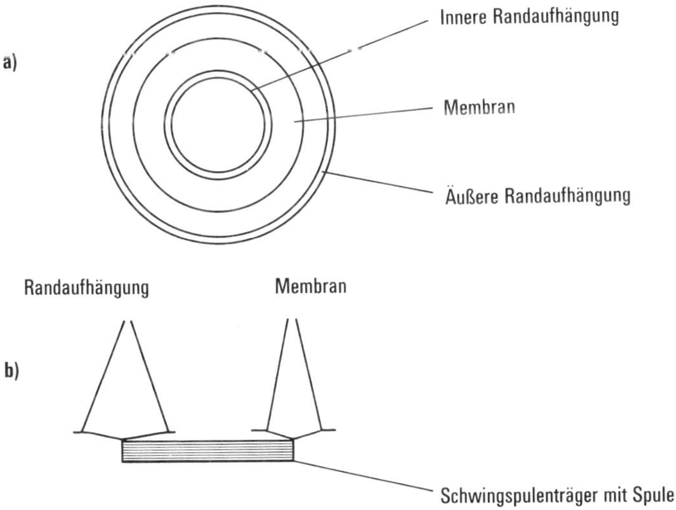

Abbildung 50

bran die Verwendung von extrem kleinen Druckkammern erlaubt, die mit konventionellen Hochtönern kaum möglich sind. Ringstrahler-Hochtöner können daher schon bei kleinen Eingangsleistungen sehr hohe Schalldrücke liefern (bis zu 112 dB bei 1 W/1 m). Selbst bei vorgesetzter Akustiklinse und entsprechender Frequenzgangkorrektur erzeugen fast alle noch einen mittleren Schalldruck von 100 dB bei 1 W/1 m und sind daher mit Hilfe eines Lautstärkereglers an den geringeren Wirkungsgrad von Tief- und Mitteltönern anzupassen.
Ihre elektrische Belastbarkeit hängt weitgehend vom Schwingspulendurchmesser und vom jeweiligen Einsatzbereich ab. Wird ihr Frequenzgang linearisiert und wird der mittlere Schalldruck bei 1 W/1 m mit Hilfe eines Reglers auf 100 dB gedrosselt, so sind Ringstrahler in ihrem Einsatzbereich für Kombinationen von 150 Watt und mehr geeignet.
Ringstrahler können im Hochtonbereich extrem hohe Schalldrücke ohne übermäßige Verzerrungen produzieren. Aber auch schon bei geringen Lautstärken bestechen viele durch ein hohes Auflösungsvermögen (gutes Impulsverhalten, geringe Partialschwingungen, klare Wiedergabe).
Ein Nachteil liegt allerdings in den nicht ganz niedrigen Preisen für solche Hochtöner (150–500 DM). Es gibt zwar auch preisgünstigere Versionen (Beyma CP 12 und CP 10, Cone H 20), von ihren Eigenschaften her sind

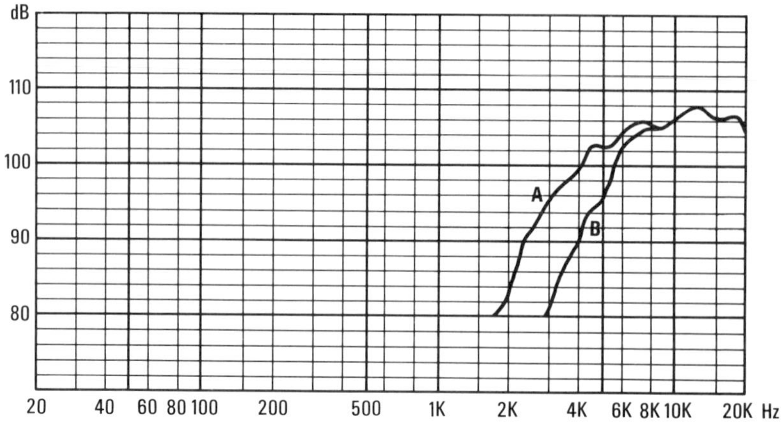

Diagramm 25: Frequenzgang und maximaler Einsatzbereich des Ringstrahlers Fostex FT 90 H.
A: Schalldruck bei 1W/1m
B: mit geeigneter Frequenzweiche; Übergangsfrequenz 6 kHz

diese aber eher mit guten Hochtonhörnern mit Kalottenmembran zu vergleichen. In Tab. 8 wurden einige noch relativ preiswerte Ringstrahler für den Hochtonbereich aufgeführt.

3.4 Konuslautsprecher

Vergleicht man Konuslautsprecher mit anderen Konstruktionen, z. B. mit Kalottenlautsprechern, so wird deutlich, daß sie über relativ große und dementsprechend schwere Membranen verfügen. Solch träge Membranen eignen sich weniger zur Wiedergabe hoher Frequenzen. Selbst wenn ein Konuslautsprecher mit einer extra leichten Membran ausgerüstet wird, ist die elektrische Belastbarkeit seiner kleinen Schwingspule recht gering, und seine große Membran produziert starke Partialschwingungen bei hohen Frequenzen. Allerdings klingt ein guter Konushochtöner (z. B. Peerless MT 24 CT) immer noch weitaus besser als ein minderwertiger Kalottenhochtöner. Der optimale Einsatzbereich von Konuslautsprechern liegt aber im Tiefton- und Mitteltonbereich.
Die höchste Frequenz, die einem Konuslautsprecher zugeführt werden sollte, hat eine Wellenlänge, die ungefähr dem Membrandurchmesser entspricht (vergl. Kapitel »Partialschwingungen«). Die niedrigste Frequenz,

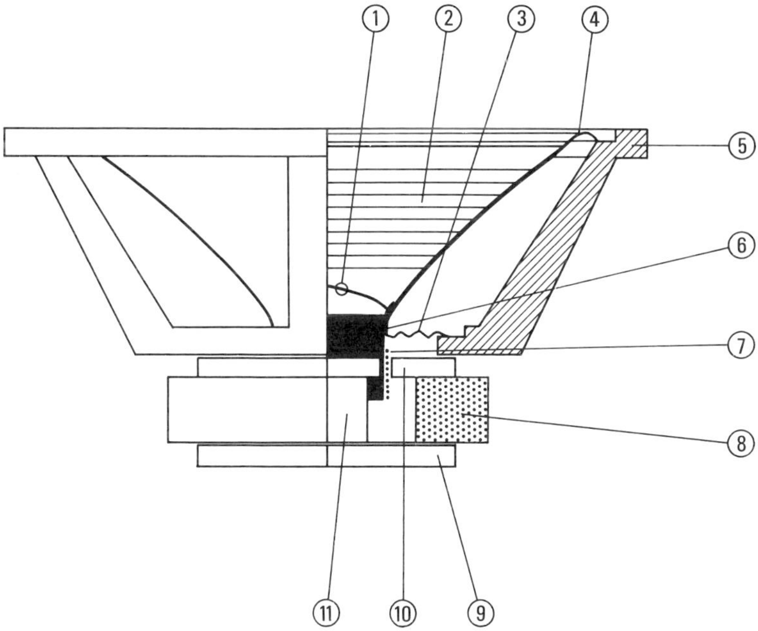

Abbildung 51:
① Staubschutzkalotte *aus Pappe, Kunststoff, Textilgewebe oder Aluminium.*
② Membran, *meist aus Spezialpappe oder Kunststoff (Bextrene, Polypropylen etc.). Seltener aus Metall oder Styropor.*
③ Zentriermembran *(Zentrierspinne) aus getränktem, gefaltetem Textilgewebe.*
④ Randaufhängung *aus Schaumstoff, Gummi, Kunststoff, getränktem Textilgewebe oder Pappgemisch.*
⑤ Rahmen *und* Korb *aus Stahlblech, Aluminium oder Magnesium.*
⑥ + ⑦ Schwingspulenträger, *meist aus Aluminium mit* Schwingspule *aus lackiertem Kupferdraht.*
⑧ Ferritmagnet.
⑨ Bodenplatte *aus Stahl.*
⑩ obere Polplatte *aus Stahl.*
⑪ Polkern *aus Stahl.*

die ein Konuslautsprecher problemlos reproduzieren kann, hängt dagegen nicht nur von seinen Membranabmessungen ab, sondern noch von ganz anderen Faktoren.

Einer dieser Faktoren ist die Resonanzfrequenz des Lautsprechers. Alle schwingungsfähigen Gegenstände und Hohlräume haben eine Resonanzfrequenz, bei der sie u. a. zu wesentlich stärkeren Schwingungen neigen als bei allen anderen Frequenzen. Wohl ein jeder hat schon mal die Erfahrung

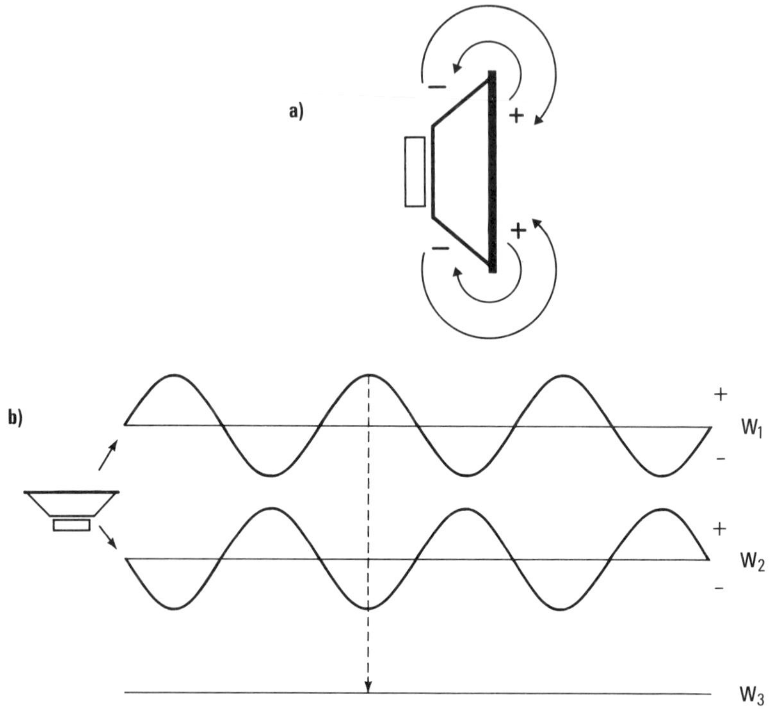

Abbildung 52: Akustischer Kurzschluß.

gemacht, daß Schrank- und Zimmertüren, aber auch Fenster bei lauter Musik oder bei einem vorbeifahrenden Auto plötzlich anfangen, besonders stark zu vibrieren, wenn ein bestimmter Ton, eine bestimmte Frequenz – nämlich die Resonanzfrequenz des betreffenden Gegenstandes – getroffen bzw. angeregt wird. Ähnlich verhält es sich bei dem berühmten Weinglas, dessen Resonanzfrequenz so stark angeregt wird, daß es schließlich zerspringt.

Auch Lautsprechermembranen haben eine Resonanzfrequenz. Diese Resonanzfrequenz macht sich u. a. in einem starken Anstieg des Wechselstromwiderstands, also der Impedanz, bemerkbar (vergl. Diagramm 19). Darüberhinaus hat sie einen entscheidenden Einfluß auf die Impulswiedergabe und den Frequenzgang bei niedrigen Frequenzen.

Bei HiFi-Tieftönern liegt die Resonanzfrequenz meist unter 40 Hz, solange sie nicht in ein Gehäuse eingebaut sind. Sie ist von der schwingenden

Masse (Membran- und Schwingspulengewicht etc.) sowie von der Steifheit der Rückstellkräfte (Zentriermembran und Randaufhängung) abhängig. Schwere Membranen und geringe Rückstellkräfte (weiche Membranaufhängungen) führen zu einer niedrigen Resonanzfrequenz. Leichte Membranen sowie starke Rückstellkräfte (harte Membranaufhängungen) bewirken eine hohe Resonanzfrequenz bei Lautsprechern.
Aber die Zusammenhänge sind noch etwas komplizierter. Um einen *»akustischen Kurzschluß«* zu vermeiden, sind Konuslautsprecher nämlich in ein Gehäuse einzubauen. Abbildung 52 soll das verdeutlichen.
Der von der Membranrückseite abgestrahlte Schall (W_2) ist gegenphasig zu dem nach vorne abgestrahlten Schall (W_1). Beide Wellenzüge löschen einander aus. Trotz heftiger Membranbewegungen entsteht bei niedrigen Frequenzen kein hörbarer Schall (W_3). Im Normalfall wird daher W_2, d. h. der rückwärtig abgestrahlte Schall in einem Gehäuse, in der Lautsprecherbox, eliminiert, und nur W_1 gelangt in den Hörraum.
Die im Gehäuse eingeschlossene Luft hat allerdings eine bestimmte Federkraft, die die Rückstellkräfte des Lautsprechers verstärkt. Je kleiner das Gehäuse ist, desto stärker ist die Federkraft des eingeschlossenen Volumens. Das Gehäuse erhält somit einen enormen Einfluß auf die Resonanzfrequenz eines Lautsprechers und damit auch auf dessen Klang. Hinzu kommen noch die beträchtlichen Einflüsse des Hörraums, die ebenfalls in späteren Kapiteln noch ausführlich dargestellt werden sollen.
Aber zurück zu den Konuslautsprechern. Lautsprecher haben keinesfalls nur eine einzige Resonanz. Die eben erwähnte Resonanzfrequenz bezieht sich lediglich auf die Resonanz der gesamten schwingenden Masse. Hinzu kommen aber noch mehr oder weniger ausgeprägte Eigenresonanzen der Membran, der Randaufhängung, der Staubschutzkalotte, des Schwingspulenträgers und in besonders ungünstigen Fällen des Lautsprecherkorbs, der die Einzelteile zusammenhält. Am problematischten sind die Eigenresonanzen der Membran und der Randaufhängung. Auch die leicht gewölbten Randaufhängungen, die recht massiven Membranen aus Spezialkunststoff (z. B. Bextrene oder Polypropylen) sowie die ebenfalls meist schweren Flachmembranen sind gegen Eigenresonanzen keinesfalls immun, wie häufig angenommen wird. Hier befinden sich die Hersteller noch mehr oder weniger im Versuchsstadium, so daß eindeutige Empfehlungen nicht möglich sind.
Weitere Ursachen für Klangverfärbungen besonders im Mitteltonbereich liegen im Verhalten der einzelnen Fasern und Moleküle, aus denen sich das Membranmaterial zusammensetzt. Selbst die kleinsten Partikel einer

Membran können ein unerwünschtes Eigenleben führen. Verschiedene Membranmaterialien reagieren dementsprechend auch unterschiedlich auf mechanische Beanspruchungen, die während des Schwingens auftreten. Einen guten Lautsprecher zu bauen, setzt also ein beträchtliches »know how« sowie zahlreiche Versuche, Messungen und Korrekturen des Herstellers voraus. Besonders gewarnt werden muß vor fernöstlichen Billiglautsprechern, die mit ihren schönen Zierringen und Membranen und ihren großen Magneten oft nur optisch überzeugen können. Ihre akustischen Eigenschaften lassen nicht selten alle Wünsche offen. Sind Lautsprecher jedoch erst einmal in ein Gehäuse eingebaut und verlötet, sind sie vom Umtausch ausgeschlossen.
Wer wenig Geld für »schöne« Lautsprecher ausgeben wollte, muß dann einen unterdurchschnittlichen Klang in Kauf nehmen. Für Billiglautsprecher, die auch noch »edel« aussehen sollen, steht in der Regel wenig Geld für deren Entwicklung zur Verfügung. Sie entstehen nach dem Versuch-und-Irrtum-Prinzip ohne langwierige Berechnungen und Überprüfungen. Sie werden vorschnell für serienreif erklärt und gleich in großen Mengen hergestellt.
Aber auch manche bekannte Hersteller in Europa haben da ihre Schwierigkeiten. Werden Lautsprecher nicht sorgfältig genug konstruiert und mit hochwertigen Materialien ebenso sorgfältig zusammengesetzt, so sind starke *Fertigungsstreuungen* (Abweichungen vom Original-Muster) und erhöhte Verzerrungen die Folge.
Leider gibt es kein Patent-Rezept für den Käufer, das ihn vor der Anschaffung solcher Lautsprecher bewahrt. Zwar sind gute Lautsprecher in der Regel teurer, besonders dann, wenn sie auch noch »edel« aussehen sollen, aber hohe Preise und eine geschickte, technisch »frisierte« Werbung garantieren noch lange keine hochwertigen Produkte.
Zum Glück ist die Qualität von Lautsprecherchassis jedoch in den letzten Jahren gestiegen, und immer mehr Chassis können sich trotz etwas höherer Preise aufgrund ihrer besseren Klangeigenschaften auf dem Markt durchsetzen.
Leider gibt es in Deutschland noch niemanden, der die Herstellerangaben für Lautsprecherchassis überprüft und ergänzt und somit einen realistischen Vergleich zwischen verschiedenen Chassis noch vor dem Kauf ermöglicht. Auch auf die Qualität der Lautsprecher hätte das auf Dauer gesehen einen positiven Einfluß.*

---

* Die Fa. »hifisound« in Münster arbeitet allerdings an einem entsprechenden Datenbuch.

Tabelle 9

	Technische Daten	Scan Speak 28 W 4208
1	Außendurchmesser	28 cm
2	effektive Membranfläche; S_D	330 cm^2
3	obere Frequenzgrenze; f_{max}	1,7 kHz
4	Freiluftresonanzfrequenz; f_o	31 Hz
5	Compliance der Aufhängung; C_{MS}	$0{,}75 \cdot 10^{-3}$ m/N
6	gesamte schwingende Masse; M_{MS}	35 gr.
7	totaler Q-Faktor; Q_t	0,38
	elektrischer Q-Faktor; Q_e	0,42
8	äquivalentes Volumen; V_{AS}	115 l
9	Durchmesser der Schwingspule; d_c	4,2 cm ●
10	Breite der Spulenwicklung; h	1,7 cm ●
11	Luftspalthöhe; H_e	0,6 cm
12	Gleichstromwiderstand; R_e	5,8 Ohm
13	Impedanz; Z	8 Ohm
14	Luftspaltinduktion; B	1,1 Tesla (= 11 000 Gauß) ●
15	magnetischer Fluß	0,87 Milliweber (= 87 000 Maxwell)
16	Kraftfaktor; BL	9,7 T · m
17	Magnetdurchmesser	12 cm
18	Schalldruck bei 1W/1m; SPL	94 dB ●
19	Referenzwirkungsgrad; η_o	0,8 %
20	elektrische Belastbarkeit	120 Watt ●
21	Frequenzgang	– –

● = Herstellerangabe

Im Folgenden sollen anhand eines Beispiels einige der technischen Daten vorgestellt und erläutert werden, die für den Anwendungsbereich und die Qualität von Konuslautsprechern mitausschlaggebend sind. Konusmitteltöner sind nicht extra aufgeführt, vor allem, weil bei ihnen die Partialschwingungsarmut und die Verarbeitungsqualität absolut im Vordergrund stehen, die sich aber nicht so leicht erfassen lassen.

Zu den technischen Daten von Tab. 9:

1. Der Außendurchmesser bezieht sich auf die maximale Abmessung des Lautsprechers (einschließlich Zierring). Auch bei Lautsprechern mit gleichgroßer Membran kann der Außendurchmesser unterschiedlich sein, z. B. 28 cm oder 25 cm.
2. Die effektive Membranfläche ist durch den Membranradius und etwa 50% der (mitschwingenden) Randaufhängung festgelegt. Bei einem Membrandurchmesser von 18,5 cm und einer 2 cm breiten Randaufhängung beträgt die effektive Membranfläche daher $(9{,}25 + 1)^2 \cdot \pi$; $cm^2 = 330\ cm^2$.
3. Die höchste noch relativ partialschwingungsarm reproduzierbare Frequenz (f_{max}) hängt vom Durchmesser der Membran ab (s. hierzu Kapitel »Partialschwingungen«).
4. Die Bedeutung der Resonanzfrequenz eines nicht eingebauten Lautsprechers ist an sich gering. Sie muß allerdings bekannt sein, um die Resonanzfrequenz des Lautsprechers in einem geschlossenen Gehäuse errechnen zu können, die ja für die Tiefbaßwiedergabe der Lautsprecherbox entscheidend ist.
5. Die Compliance oder Nachgiebigkeit einer Membranaufhängung gibt über die Stärke der Rückstellkräfte Auskunft. Werte unter $0{,}5 \cdot 10^{-3}$ bzw. $5 \cdot 10^{-4}$ lassen auf eine härtere Aufhängung (starke Rückstellkräfte) schließen. Werte über $1{,}5 \cdot 10^{-3}$ bzw. $15 \cdot 10^{-4}$ weisen auf eine sehr weiche Aufhängung der Membran hin, die zumindest kleinere Schwingungen weniger »bremst«.
6. Die schwingende Masse setzt sich aus dem Membran- und Schwingspulengewicht, der Luftmasse in der Nähe der Membran sowie aus Einflüssen der Rückstellkräfte zusammen. Bei Baßlautsprechern mit 38–42 cm Außendurchmesser können für die schwingende Masse 75 gr. bis 100 gr. als Durchschnitt betrachtet werden. Bei Lautsprechern mit 30–33 cm Außendurchmesser sind es 45–55 gr., bei 25–28 cm ∅ sind es 28–36 gr. und bei 20–23 cm Außendurchmesser sind es 14–18 gr.

7. Die Angabe des gesamten Q-Faktors (Q_t) des nichteingebauten Lautsprechers ist praktisch nur wichtig, um den totalen Q Faktor des Lautsprechers in einem beliebigen Gehäuse errechnen zu können. Dieser gibt dann u. a. Aufschluß über den zu erwartenden Frequenzgang in der Nähe der Resonanzfrequenz. Bei Baßlautsprechern entscheidet er somit über die voraussichtliche Tiefbaßwiedergabe. Mittels des elektrischen Q-Faktors (Q_e) läßt sich der Referenzwirkungsgrad und der Kraftfaktor des Lautsprechers errechnen.
8. Die Angabe des äquivalenten Volumens eines Lautsprechers ermöglicht, dessen Resonanzfrequenz und dessen Q-Faktor in einem geschlossenen Gehäuse zu errechnen. Wie das geschieht, soll noch gezeigt werden. Das äquivalente Volumen ist übrigens das Luftvolumen (eines geschlossenen Gehäuses), das die gleiche Federwirkung hat wie die Rückstellkräfte des Lautsprecherchassis.
9. Der Durchmesser der Schwingspule gibt Auskunft über den Antrieb der Membran und über die voraussichtliche maximale elektrische Belastbarkeit. Eine große Schwingspule hat die Membranbewegungen besser »im Griff« und verringert u. U. unkontrollierte Partialschwingungen. Außerdem wird eine große Schwingspule nicht so leicht heiß, sie erhöht also auch die elektrische Belastbarkeit des Lautsprechers. Eine weitere Möglichkeit, die Belastbarkeit – wenn auch nur geringfügig – zu erhöhen, besteht darin, anstelle von rundem Kupferdraht für die Schwingspule quadratischen, sechseckigen oder flachen Draht zu verwenden. Ob sich der hierfür erforderliche Aufwand rentiert, ist jedoch fraglich.

10. und 11. Das Verhältnis zwischen der Wickelbreite der Schwingspule und der Luftspalthöhe entscheidet, welche Membranauslenkungen den Tieftönern maximal möglich sind. Größere Membranauslenkungen könnten bei ihnen zu extrem hohen Verzerrungen führen. In der Praxis bestimmen allerdings oft die Rückstellkräfte, welche maximale Amplitude noch zugelassen wird. Trotz der großen Wickelbreite der Schwingspule läßt die Zentriermembran des Scan Speak 28 W kaum mehr als $\pm$ 3 mm Bewegungsfreiheit zu, bevor sie der Lautsprechermembran eine »Vollbremsung« aufzwingt.

12. Der Gleichstromwiderstand der Schwingspule liegt meist 20% bis 30% unter der Impedanz. Er muß bekannt sein, wenn der Q-Faktor ermittelt werden soll.
13. Der Nennscheinwiderstand oder die Impedanz eines Lautsprechers gibt den durchschnittlichen Wechselstromwiderstand an, den dieser

aufweist. Die meisten HiFi-Lautsprecher haben eine Impedanz von 4 Ohm oder 8 Ohm. Die Höhe der Impedanz ist zur Berechnung einer Frequenzweiche für den Lautsprecher von Bedeutung.

14. Die Luftspaltinduktion gibt über die Stärke des Magneten, über die Dichte der magnetischen Kräfte, der sogenannten Feldlinien, Auskunft. Moderne Baßlautsprecher haben in ihrem Lufspalt, in dem die Schwingspule sitzt, eine durchschnittliche Induktion von 0,8 Tesla (= 8 000 Gauß) bis 1,2 Tesla (= 12 000 Gauß). Besonders kräftige Magnete bringen es auf 1,5 Tesla (= 15 000 Gauß) und mehr.
15. Der magnetische Fluß bezeichnet die Menge der Feldlinien im Luftspalt. Er wird in Maxwell oder in Milliweber angegeben (1 mWb = 100 000 Maxwell). Der magnetische Fluß ist das Produkt aus der Luftspaltfläche und der Induktion. Kleine Magnete weisen einen Fluß von 0,3 mWb und weniger auf; besonders große erreichen einen magnetischen Fluß von mehr als 3 mWb (300 000 Maxwell). Statt des magnetischen Flusses ließe sich auch die gesamte magnetische Energie angeben, die im Luftspalt vorherrscht. Diese setzt sich aus der Induktion und aus dem Luftspaltvolumen zusammen. Die Angabe der gesamten Luftspaltenergie in mWs ist bisher jedoch kaum üblich.
16. Nicht nur die Stärke und die Größe des Permanentmagneten bestimmt die Kraft, die die Membran schließlich antreibt. Um eine Membran zum Schwingen zu bringen, ist nämlich noch ein zweiter, ein Elektromagnet erforderlich, die Schwingspule. Fast alle Lautsprecherkonstruktionen basieren auf der Tatsache, daß elektrischer Strom ein magnetisches Feld erzeugt. Erst die Wechselwirkung zwischen dem Permanentmagneten und der stromdurchflossenen Schwingspule bringt die Membran zum Schwingen. Die Stärke des Elektromagneten hängt dabei von der Länge des Schwingspulendrahts im Luftspalt ab. Je länger der Schwingspulendraht ist, desto größer ist auch die magnetische Kraft. Nicht der magnetische Fluß des Permanentmagneten, sondern das Produkt aus der Induktion des Permanentmagneten und der Länge der Schwingspule im Luftspalt bestimmen daher den Kraftfaktor, der auf die Membran einwirkt. Kleinere Baßlautsprecher mit relativ leichten Membranen weisen einen Kraftfaktor von weniger als 7 T · m auf. Bei sehr großen Baßlautsprechern kann das BL-Produkt dagegen Werte von 20 T · m und mehr erreichen.
17. Einige Hersteller geben auch den Durchmesser oder das Gewicht des Permanentmagneten eines Lautsprechers an. Daraus lassen sich

jedoch nur vage Rückschlüsse auf die Stärke des Magneten ziehen. Starke Magnete sind normalerweise natürlich größer und schwerer als schwache. Liegen keine Daten über ein Lautsprecherchassis vor, so kann man daher von der Größe seines Magneten auch ungefähr auf dessen Stärke schließen; unterschiedliche Zusammensetzungen der Magnetmaterialien sowie unterschiedliche Magnetisierungsverfahren lassen diese Vorgehensweise jedoch bedenklich erscheinen. Für Lautsprecher mit »exotischen« Magnetkonstruktionen (z. B. aus Alnico oder Kobalt) oder mit vierfacher Schwingspulenwicklung gelten ohnehin ganz andere Maßstäbe.

18. Die Angabe des mittleren Schalldrucks (SPL = Sound Pressure Level) bei 1 W/1 m bezieht sich in der Regel auf den gesamten Frequenzumfang eines Lautsprechers. Bei Tieftönern empfiehlt es sich, rund 3 dB von der Herstellerangabe abzuziehen, da sie bei mittleren Frequenzen lauter sind als im Baßbereich, in dem sie letztendlich eingesetzt werden sollen. Voraussetzung ist ohnehin, daß es sich bei den Schalldruckdaten um seriöse Angaben handelt, was leider nicht immer der Fall ist (vergl. Kapitel »Der Wirkungsgrad«).
19. Der Referenzwirkungsgrad kennzeichnet den wirklichen Schalldruck eines Tieftöners im Baßbereich schon recht genau. Wie er rechnerisch ermittelt werden kann, ist einer der folgenden Seiten zu entnehmen. Tabelle 3 zeigt das Verhältnis zwischen dem Wirkungsgrad (in %) und dem Schalldruck bei 1 W/1 m (in dB).
20. Auch bei Angaben über die maximale elektrische Belastbarkeit ist Vorsicht geboten. Sie läßt sich mit völlig unterschiedlichen Meßmethoden ermitteln, die zu ebenso unterschiedlichen Ergebnissen führen. Je nach Meßverfahren ergibt sich für den Scan Speak 28 W eine Belastbarkeit von 80 Watt (Einzelbelastbarkeit mit Sinus-Dauerton gemessen) oder 600 Watt (für eine Zeitspanne von nur 10 ms, also 0,01 Sekunden!). Selbstverständlich lassen sich auch beliebige Zwischenwerte für diesen Lautsprecher ermitteln: z. B. 120 Watt Nennbelastbarkeit als Tieftöner bis 600 Hz in einer Dreiwegbox oder 150 Watt mit rosa Rauschen bis 1 kHz. Die mechanische Belastbarkeit des Lautsprechers unterhalb 80 Hz ist jedoch wesentlich geringer (vergl. Kap. »Die mechanische Belastbarkeit . . .«). Obwohl die elektrische Belastbarkeit von vielen Lautsprecherverkäufern als ein wichtiges Qualitätskriterium angeführt wird, sagt sie kaum etwas über den Lautsprecher aus.

21. Der Frequenzgang ermöglicht eine ungefähre Einschätzung, wie ausgeprägt die Partialschwingungen und Eigenresonanzen eines Lautsprechers sein werden (Zum Scan Speak 28 W s. Diagr. 28). Allerdings bietet ein ausgeglichener Frequenzgang noch keine Gewähr für die Resonanzarmut einer Membran (s. Diagr. 13). In vielen Fällen erleichtert ein Frequenzdiagramm aber die Abstimmung der Lautsprecherchassis einer Box aufeinander.
Andererseits stimmen die ausgeglichenen Frequenzgänge in manchen Werbeprospekten nicht mit den Tatsachen überein. Bei Prospektfrequenzgängen ist u. a. zu beachten, daß Tieftöner in der Praxis einen bis zu 6 dB niedrigeren Schalldruck unterhalb 200 Hz aufweisen, wenn sie nämlich in einem Gehäuse, statt in einer unendlichen Schallwand gemessen werden.
Abschließend sollen noch einige Gleichungen angeführt werden, mit denen sich technische Angaben aus bekannten Daten errechnen lassen. Die meisten Hersteller veröffentlichen nämlich nur einen Teil der technischen Daten ihrer Produkte. Außerdem sind die Herstellerangaben oftmals fehlerhaft.

(1) *Effektive Membranfläche:*

Bei Konustieftönern gilt annäherungsweise
$S_D = (r + 1)^2 \cdot \pi$; cm^2
Bei Konusmitteltönern gilt annäherungsweise
$S_D = (r + 0{,}5)^2 \cdot \pi$; cm^2
wobei r = Membranradius in cm
$\pi = 3{,}14$

(2) *Obere Frequenzgrenze:*

Bei Konuslautsprechern gilt annäherungsweise

$$f_{max} = \frac{c \cdot 10^2}{r \cdot 2{,}2}\ ;\ \text{Hz}$$

wobei c = Schallgeschwindigkeit = 344 m/s

$$\text{daraus wird } f_{max} \sim \frac{16\,000}{r}\ ;\ \text{Hz}$$

(3) *Resonanzfrequenz:*

$$f_o = \frac{10^3}{2 \cdot \pi \cdot \sqrt{M_{MS} \cdot C_{MS}}} \text{ ; Hz}$$

daraus wird

$$f_o = \frac{159}{\sqrt{M_{MS} \cdot C_{MS}}} \text{ ; Hz}$$

wobei M_{MS} = gesamte bewegliche Masse in Gramm
und C_{MS} = Compliance mal 10^{-3} m/N.

(4) *Compliance:*

$$C_{MS} = \frac{10^6}{4 \cdot \pi^2 \cdot f_o^2 \cdot M_{MS}} \cdot 10^{-3} \text{ m/N}$$

daraus wird

$$C_{MS} = \frac{25\,330}{f_o^2 \cdot M_{MS}} \cdot 10^{-3} \text{ m/N}$$

(5) *Schwingende Masse:*
Um die schwingende Masse zu bestimmen, muß zunächst die Resonanzfrequenz (f_o) des nicht eingebauten Lautsprechers bekannt sein. Eine zusätzliche, genau bekannte Masse (m') wird an der Membran befestigt.
Bei Tieftönern sollte die Masse je nach Membrangröße 5–50 gr. betragen. Nun weist der Lautsprecher eine niedrigere Resonanzfrequenz (f') auf, die mit Hilfe eines Frequenzgenerators und eines Voltmeters ermittelt werden muß (Impedanz- bzw. Spannungsmaximum der Schwingspule). Die schwingende Masse des Tieftöners errechnet sich dann zu

$$M_{MS} = \frac{m'}{\left(\frac{f_o}{f'}\right)^2 - 1} \text{ ; Gramm}$$

(6) Auch der Q-Faktor eines Lautsprechers läßt sich rechnerisch erfassen. Dazu müssen allerdings folgende Parameter bekannt sein bzw. mit Hilfe eines Frequenzgenerators, eines Voltmeters und eines Ohmmeters gemessen werden:

R_e = Gleichstromwiderstand der Schwingspule in Ohm,
f = Resonanzfrequenz des Lautsprechers in Hz,
Z_{max} = Impedanzmaximum des Lautsprechers bei seiner Resonanzfrequenz in Ohm.

Um den Impedanzverlauf messen zu können, muß der Sinusgenerator an den Verstärker angeschlossen werden. An den Verstärkerausgang wird dann ein Vorwiderstand (ca. 150 Ohm) und ein Meßwiderstand (z. B. 8,2 Ohm) statt der Lautsprecherbox gelegt. Dann wird eine beliebige Ausgangsspannung eingestellt und gemessen (vergl. Abb. 60). Als nächstes wird der Meßwiderstand durch andere Widerstände ersetzt (3,3 Ω, 4,7 Ω, 6,8 Ω, 10 Ω, 15 Ω usw.). Dabei wird der jeweilige Ausschlag des Voltmeters genau notiert. Das Verhältnis zwischen Widerstand und Instrumentenausschlag läßt sich in einer Kurve darstellen. Wird schließlich der Lautsprecher anstelle ohmscher Widerstände angeschlossen, so läßt sich dessen frequenzabhängiger Widerstand, je nach Instrumentenausschlag, anhand der ermittelten Kurve relativ genau angeben. Voraussetzung ist natürlich, daß die Meßgeräte keine allzu große Toleranz aufweisen.
Außerdem müssen Klangregler, Loudnesstaste und Subsonic-Filter zuvor ausgeschaltet sein bzw. in Nullstellung stehen, und der Lautstärkeregler darf während der Messungen nicht mehr verstellt werden.
Die Rechenschritte sind dann wie folgt:

$$r_o = \frac{Z_{max}}{R_e}$$

dann,

$$Z' = \sqrt{r_o} \cdot R_e; \quad \text{Ohm}$$

Jetzt müssen anhand der Impedanzkurve die beiden Frequenzen f_a und f_b gefunden werden, bei denen die Lautsprecherimpedanz von Z_{max} auf Z' gesunken ist.

Nun kann der mechanische Q-Faktor (Q_m) errechnet werden,

$$Q_m = \frac{\sqrt{f_a \cdot f_b \cdot r_o}}{f_a - f_b}$$

daraus ergibt sich der elektrische Q-Faktor (Q_e),

$$Q_e = \frac{Q_m}{r_o - 1}$$

und dann der totale Q-Faktor (Q_t),

$$Q_t = \frac{Q_e \cdot Q_m}{Q_e + Q_m}$$

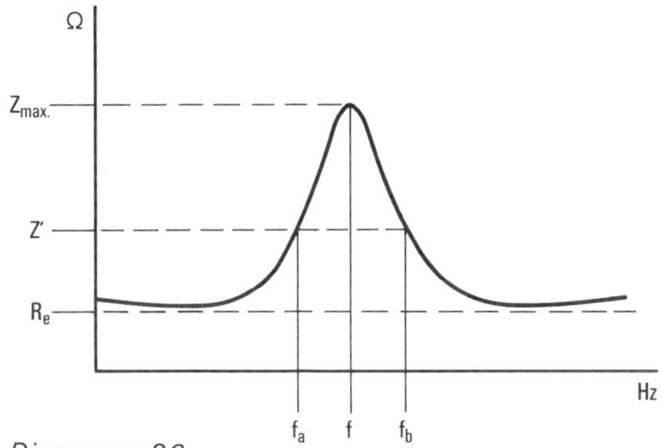

Diagramm 26

Für den elektrischen Q-Faktor gilt außerdem:

$$Q_e = \frac{2\pi \cdot f_o \cdot R_e \cdot M_{MS}}{B^2\,L^2 \cdot 1000} \quad ; \quad \text{wobei BL = Kraftfaktor}$$

(7) *Äquivalentes Volumen:*

$$V_{AS} = p_o \cdot c^2 \cdot C_{MS} \cdot S_D{}^2 \cdot 10^{-9} \text{ ; l}$$

wobei p_o = 1,18 = Luftdichte in kg/m³
c = 344 = Schallgeschwindigkeit in m/s
C_{MS} = Compliance der Aufhängung mal 10^{-3} m/N.
S_D = effektive Membranfläche in cm²

daraus wird

$$V_{AS} = 0{,}0014 \cdot C_{MS} \cdot S_D^2 \;;\; \text{Liter}$$

(8) *Magnetischer Fluß:*

$$\frac{B \cdot d_c \cdot \pi \cdot H_e}{10} \quad ; \quad \text{mW}$$

wobei B = Induktion in Tesla
d_c = Schwingspulendurchmesser in cm
H_e = Luftspalthöhe in cm

(9) *Luftspaltvolumen:*

$$V_e = d_c \cdot \pi \cdot B_e \cdot H_e \quad ; \quad \text{cm}^3$$

wobei B_e = Luftspaltbreite

(10) *Luftspaltenergie:*

$$W = \frac{B^2 \cdot V_e \cdot 10^3}{2^3 \cdot \pi} \quad ; \quad \text{mWs}$$

daraus wird

$$W = B^2 \cdot V_e \cdot 39{,}8 \quad ; \quad \text{mWs}$$

(11) *Kraftfaktor:*

$$BL = \sqrt{\frac{2\pi \cdot f_o \cdot R_e \cdot M_{MS}}{Q_e \cdot 1000}} \quad ; \quad T \cdot m$$

wobei f_o = Freiluftresonanzfrequenz
R_e = Gleichstromwiderstand der Schwingspule
M_{MS} = gesamte schwingende Masse in Gramm
Q_e = elektrischer Q-Faktor

(12) *Referenzwirkungsgrad:*

$$\eta_o = 10^{-6} \cdot \frac{4\,\pi^2}{c^3} \cdot \frac{f_o^3\, V_{AS}}{Q_e} \quad ; \quad \%$$

daraus wird

$$\eta_o = \frac{0.96 \cdot f_o^3 \cdot \frac{V_{AS}}{1000}}{Q_e \cdot 10\,000} \quad ; \quad \%$$

wobei V_{AS} = äquivalentes Volumen in l, f_o = Freiluftresonanzfrequenz in Hz, Q_e = elektrischer Q-Faktor.

Tabelle 3 ist der Zusammenhang zwischen dem Wirkungsgrad in % und dem Schalldruck bei 1 Watt/1 Meter zu entnehmen.

Der Referenzwirkungsgrad berücksichtigt weder die Schallbündelung noch Eigenresonanzen des Lautsprechers. Er liegt daher um rund 3 dB (manchmal auch 6 dB) unter den üblichen Herstellerangaben, stellt bei Baßlautsprechern aber den realistischeren Wert dar. Bei partialschwingungsarmen Mittel- und Hochtönern darf der tatsächliche Schalldruck nur um ± 2 dB vom errechneten Wert abweichen.

Bei Hornlautsprechern ist der Referenzwirkungsgrad dagegen ohne Belang, da er die jeweils unterschiedliche Trichterwirkung nicht erfaßt.

Zu beachten ist, daß nach den Messungen aufgetragene Dämpfungsanstriche die Membranmasse und den Q-Faktor erhöhen und dadurch die Resonanzfrequenz und den Wirkungsgrad (um 1 bis 3 dB) verringern können.

Tieftöner müssen in ein Gehäuse eingebaut werden. Das Foto zeigt den Visaton WS 22 AW, den Peerless KO 825 WFX-S und den KEF B 200 G SP 1075 mit schwarzglänzender Kunststoffmembran.

Im Gegensatz zu Kalottenmitteltönern benötigen auch Konusmitteltöner ein zusätzliches Gehäuse. Das Foto zeigt den Peerless KO 40 MRF (mit integriertem Gehäuse), den Peerless KA 20 DMR (Textilkalotte) und unten den Audax MHD 17 HR 37 und den SEAS 11 F-M.

4 Lautsprechergehäuse

4.1 Allgemeines

Bereits im vorhergehenden Kapitel wurde darauf hingewiesen, daß Lautsprecher, insbesondere Baßlautsprecher, in ein Gehäuse eingebaut werden müssen, um einen akustischen Kurzschluß zu vermeiden. Kalotten- und Trichterlautsprecher sowie Bändchenhochtöner sind prinzipbedingt bereits mit einem kleinen Gehäuse direkt hinter ihrer Membran ausgerüstet. Bei Konuslautsprechern (von einigen Konusmitteltönern abgesehen) ist das jedoch anders. Bei ihnen müssen die Membranvorderseite und die Rückseite akustisch voneinander isoliert werden.
Grundsätzlich ist das auch schon mit einer einfachen Schallwand möglich, in die der Lautsprecher eingebaut wird. Um eine befriedigende Tiefbaßwiedergabe (von Frequenzen unter 100 Hz) zu ermöglichen, müßte eine Schallwand jedoch mehrere Quadratmeter groß sein. Wird eine Schallwand auf eine noch wohnraumgerechte Größe von z. B. 1,5 m · 1 m Fläche reduziert, kann der Schalldruckverlust bei niedrigen Frequenzen zwar mit Hilfe spezieller Frequenzweichen und mindestens 4 Baßchassis pro Schallwand einigermaßen kompensiert werden, Aufwand und Ergebnis stehen dann aber in keinem vernünftigen Verhältnis. Außerdem erzeugen Schallwände prinzipbedingt hohe Intermodulationsverzerrungen und kritische Reflexionen an den Zimmerwänden.
Unproblematischer ist es, Baßlautsprecher in ein Gehäuse einzubauen. Neben den relativ einfach aufgebauten geschlossenen Gehäusen gibt es noch einige andere Konstruktionen, die alle ihre Vorzüge und Schwächen haben, wie noch gezeigt werden soll.
Das Gehäuse – soviel sei hier schon vorweggenommen – beeinflußt den Frequenzgang, den Klirrgrad, die Intermodulationsverzerrungen, das Impulsverhalten, den Wirkungsgrad, den maximalen Schalldruck und den Impedanzverlauf eines Baßlautsprechers im Tiefbaßbereich.

4.2 Geschlossene Gehäuse

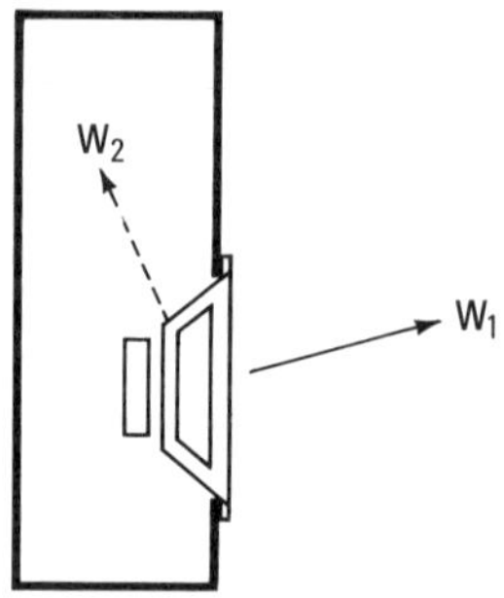

Abbildung 53

Der prinzipielle Aufbau von geschlossenen Boxen ist denkbar einfach. Im Grunde genommen ist eine geschlossene Box nichts weiter als ein luftdichter Kasten, mit dessen Hilfe die rückwärtig abgestrahlte Wellenfront des Lautsprechers (W_2) daran gehindert wird, mit der von der Membranfront abgestrahlten (W_1) zusammenzutreffen. Ein akustischer Kurzschluß wird dadurch wirkungsvoll vermieden.

Die im Gehäuse eingeschlossene Luft hat allerdings auch eine Federwirkung. Die Federkraft eines Luftvolumens wird deutlich, wenn man einmal bei einer Fahrrad-Luftpumpe die Ausströmöffnung mit dem Finger verschließt, während man die Pumpe betätigt: die Luft wirkt dann wie eine unsichtbare Bremse.

Bei geschlossenen Boxen »bremst« die Luft im Gehäuse die Vorwärts- und Rückwärtsbewegungen der Membran. Dadurch liegt die Resonanzfrequenz eines eingebauten Lautsprechers höher als die Freiluftresonanz. Das Gehäuse wirkt also ähnlich wie eine steifere Membranaufhängung. Ebenso ändert sich der Q-Faktor. Der Q-Faktor bestimmt den Schalldruck eines Lautsprechers in der Umgebung seiner Resonanzfrequenz sowie sein Ausschwingverhalten.

Je kleiner das Luftvolumen eines geschlossenen Gehäuses ist, desto höher wird die Brems- oder Federwirkung und damit die Resonanzfrequenz und der Q-Faktor. Oder, vereinfacht ausgedrückt, je kleiner ein Gehäuse ist, desto schlechter ist in der Regel die Tiefbaßwiedergabe.

Wird eine Membran zu stark am Schwingen gehindert, so erhöhen sich außerdem Klirr- und Modulationsverzerrungen (AM) im Tiefbaßbereich, wo ein Baßlautsprecher ja große Amplituden ausführen muß. Dies alles bedeutet jedoch nicht, daß geschlossene Gehäuse so groß wie möglich gemacht werden sollen. Vielmehr kommt es darauf an, einen günstigen Kompromiß zwischen akzeptablen Gehäuseabmessungen, einer kräftigen Tiefbaßwiedergabe und geringen Verzerrungen zu erhalten. Bei geschlossenen Gehäusen ist das der Fall, wenn die Resonanzfrequenz des eingebauten Lautsprechers unter 55 Hz liegt und der Q-Faktor etwa bei 1.

Um Resonanzfrequenz und Q-Faktor zu berechnen, die ein Lautsprecher in geschlossenen Gehäusen aufweist, müssen 1. die Freiluftresonanzfrequenz, 2. der Q-Faktor und 3. das äquivalente Volumen des Tieftöners bekannt sein (s. Kapitel »Konuslautsprecher«). Beim Einbau von zwei gleichen Tieftönern in *ein* Gehäuse verdoppelt sich das Äquivalentvolumen und damit auch das erforderliche Gehäusevolumen. Am folgenden Beispiel sollen die Zusammenhänge verdeutlicht werden.
Ein Lautsprecher hat im nichteingebauten Zustand eine Resonanzfrequenz von $f_o = 31$ Hz, einen Q-Faktor von $Q_t = 0{,}38$ und ein äquivalentes Luftvolumen von $V_{AS} = 115$ l (Scan-Speak Tieftöner 28 W 4208). Dieser Lautsprecher soll in ein Gehäuse mit einem Innenvolumen (Höhe · Breite · Tiefe des Innenraums der Box, also ohne die Wandstärke) von 23 l eingebaut werden. Mit Hilfe der folgenden Gleichung können Resonanzfrequenz und Q-Faktor des eingebauten Lautsprechers annäherungsweise bestimmt werden (nach Beranek, Sahm):

$$f_2 = f_o \cdot \sqrt{0{,}87 \cdot \left(1 + \frac{V_{AS}}{Vol}\right)}$$

wobei f_2 = Resonanzfrequenz des Lautsprechers im Gehäuse in Hz
f_o = Freiluftresonanzfrequenz des LS in Hz. Wird statt der Freiluftresonanz f_o die Resonanz des LS in unendlicher Schallwand (f_3) eingesetzt, so entfällt die Konstante $\sqrt{0{,}87}$.
V_{AS} = äquivalentes Luftvolumen des LS in l
Vol = effektives Nettovolumen der Box in l

Für den Scan-Speak 28 W 4208 ergibt sich in einem 23 l Gehäuse:

$$f_2 = 31 \cdot \sqrt{0{,}87 \cdot \left(1 + \frac{115}{23}\right)} = 31 \cdot \sqrt{0{,}87 \cdot 6} = 31 \cdot 2{,}28 = 70{,}8 \text{ Hz}$$

Für den Q-Faktor gilt annäherungsweise:

$$Q_2 = Q_t \cdot \sqrt{0{,}87 \cdot \left(1 + \frac{V_{AS}}{Vol}\right)}$$

Für den Scan-Speak 28 W 4208 im 23 l Gehäuse beträgt der Q-Faktor demnach:

$$Q_2 = 0{,}38 \cdot 2{,}28 = 0{,}87$$

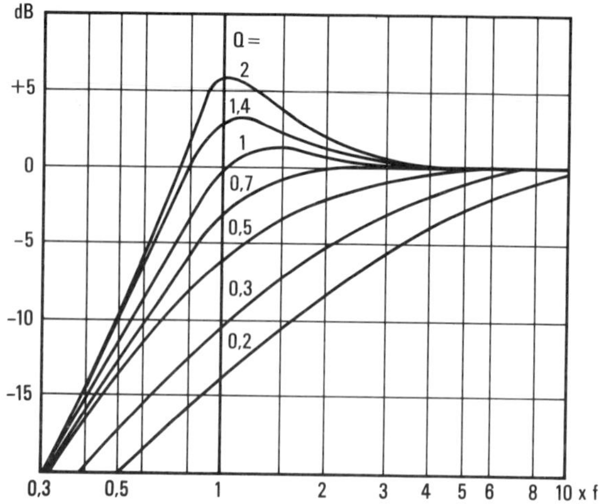

Diagramm 27: Schalldruckpegel eines Lautsprechers in Abhängigkeit von seinem Q-Faktor (f = Resonanzfrequenz).

Mit Hilfe des obigen Diagramms läßt sich nun der theoretische Frequenzgang des eingebauten Lautsprechers im Baßbereich ermitteln:
Bei einer Resonanzfrequenz von 70 Hz und einem Q-Faktor von 0,9 ergibt sich eine Schalldruckabweichung von etwa:

– 21	dB bei	0,3	· 70 Hz =	21	Hz
– 15,5	dB bei	0,4	· 70 Hz =	28	Hz
– 12	dB bei	0,5	· 70 Hz =	35	Hz
– 9	dB bei	0,6	· 70 Hz =	42	Hz
– 4	dB bei	0,8	· 70 Hz =	56	Hz
– 1	dB bei	1	· 70 Hz =	70	Hz
0	dB bei	1,5	· 70 Hz =	105	Hz

Diese Werte sind vom Referenzschalldruck des Lautsprechers abzuziehen, wenn der Frequenzgang ermittelt werden soll. Der Referenzwirkungsgrad des Scan Speak 28 W beträgt 0,8% (s. Tab. 9), was einem Schalldruck von 91 dB bei 1 W/1m entspricht (vergl. Tab. 3).
Den vom Hersteller angegebenen Schalldruck bei 1 W/1m erreichen Tieftöner – wenn überhaupt – erst bei $\frac{f_{max}}{\pi}$. In diesem Fall sind das 94 dB bei 540 Hz.

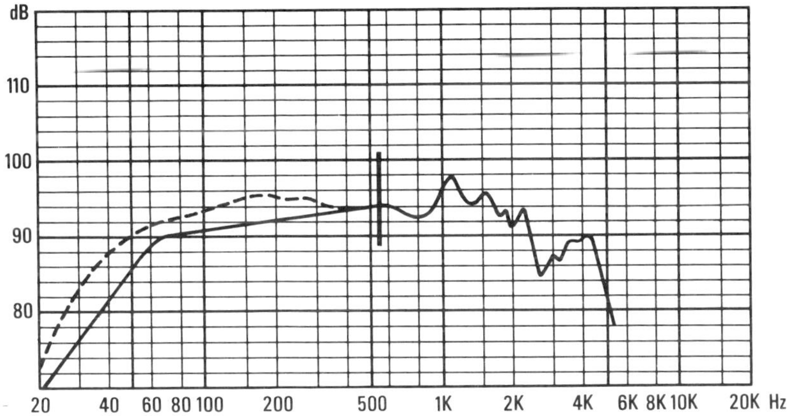

Diagramm 28

Rühmliche Ausnahmen bilden diesbezüglich allerdings einige britische Lautsprecherfirmen, die in ihren Prospekten den Referenzschalldruck statt des mittleren Schalldrucks bei 1 W/1m angeben.
Der Frequenzgang bei 1 W/1 m läßt sich nun in ein Diagramm eintragen. Verluste im Gehäuse und in der Frequenzweiche führen in der Praxis allerdings dazu, daß der Schalldruck im Baßbereich noch um bis zu 3 dB gegenüber den errechneten Werten sinkt!
Die gestrichelte Kurve in Diagramm 28 zeigt den Frequenzgang des gleichen Lautsprechers, wenn er in eine »unendliche« Schallwand eingebaut ist (Herstellermessung).
Zu beachten ist, daß es sich in beiden Fällen um idealisierte Frequenzgänge handelt, die die enorm großen Hörraumeinflüsse unberücksichtigt lassen.
Da ein Lautsprecher ab $\frac{f_{max}}{\pi}$ zu bündeln beginnt, hier also etwa ab 540 Hz, läßt sich der Frequenzgang bei höheren Frequenzen nicht mehr so einfach erfassen, denn er hängt hauptsächlich von der Steifigkeit der Membran ab. Bei fast allen Baßlautsprechern machen sich im Mitteltonbereich mehr oder weniger starke Unregelmäßigkeiten im Frequenzgang bemerkbar, so daß es günstiger ist, spätestens ab 800 Hz einen Mitteltöner einzusetzen.
In Diagramm 28 wird darüberhinaus ein wesentlicher Nachteil von kleinen (klein im Verhältnis zur Membranfläche und -masse des Tieftöners)

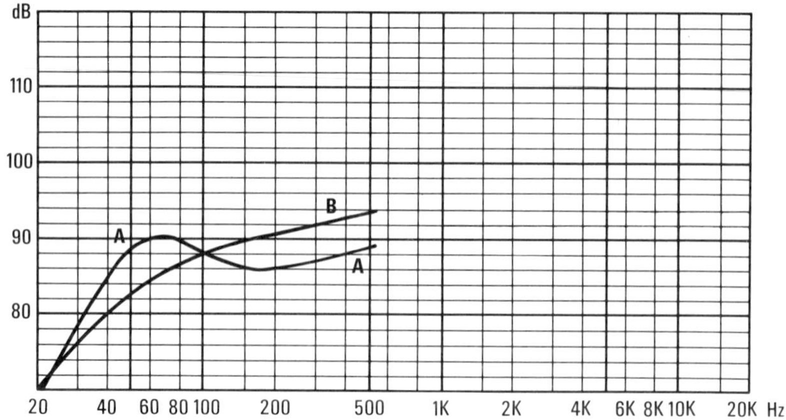

Diagramm 29:
Kurve A: *Peerless KO 100 WFX-C;* $V_{AS} = 200$ *l;* $f_o = 27$ *Hz;* $Q_t = 0{,}7$*;*
SPL $= 89$ *dB. Gehäusevolumen: 50 l netto;* $f_2 = 56$ *Hz;* $Q_2 = 1{,}46$*; relativ kleine, schwache Magnetkonstruktion.*
Kurve B: *Peerless KD 100 WFX-N;* $V_{AS} = 125$ *l;* $f_o = 33$ *Hz;* $Q_t = 0{,}3$*;*
SPL $= 93{,}5$ *dB. Gehäusevolumen: 50 l netto;* $f_2 = 58$ *Hz;* $Q_2 = 0{,}52$*; relativ große, starke Magnetkonstruktion.*

Gehäusen deutlich: sie erzeugen nur einen schwachen Tiefbaß, d. h. Frequenzen unterhalb etwa 80 Hz werden zu leise wiedergegeben. Abweichungen in der Höhe von 3 dB sind immerhin schon hörbar. Bei −10 dB (hier bei etwa 45 Hz) ist der Lautsprecher nur noch halb so laut.
Allerdings spielt dabei auch die Stärke des Magneten eine wesentliche Rolle, denn er bestimmt ja die Höhe des Q-Faktors eines Lautsprechers. Diagramm 29 zeigt den theoretischen Frequenzgang von zwei 25 cm ⌀ Baßlautsprechern mit unterschiedlich starken Magneten.
Es ist deutlich zu erkennen, daß Tieftöner mit schwachen Magneten über einen geringeren Wirkungsgrad, aber eine stärkere Tiefbaßwiedergabe verfügen. Sie eignen sich daher gut für geschlossene Boxen, während Baßlautsprecher mit starker Magnetkonstruktion, hohem Wirkungsgrad und schwacher Tiefbaßwiedergabe für andere Gehäusearten günstiger sind, wie noch gezeigt werden soll.
Allerdings beeinflußt die Magnetstärke bzw. der Q-Faktor nicht nur den Frequenzgang eines Lautsprechers, sondern auch sein Impulsverhalten.
Abbildung 54 zeigt das theoretische Ausschwingverhalten eines Lautsprechers in Abhängigkeit von seinem Q-Faktor (nach Sahm). Bei HiFi-Tieftö-

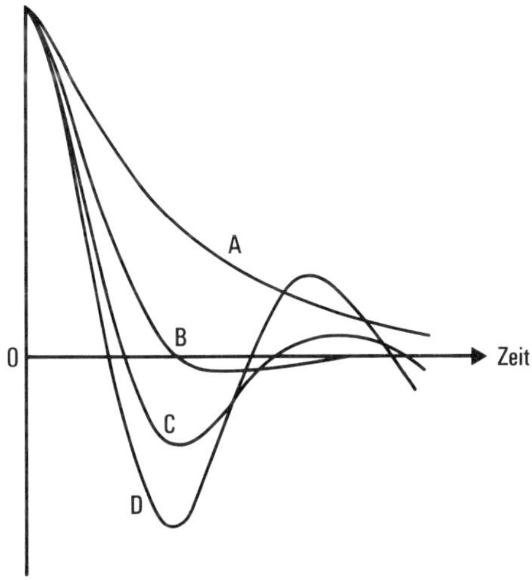

Abbildung 54:
A: Q_2 = 0,3
B: Q_2 = 0,7
C: Q_2 = 1,2
D: Q_2 = 2,2

nern im geschlossenen Gehäuse liegt der Q-Faktor (Q_2) üblicherweise zwischen 0,7 und 1,2. In der Praxis bestimmen jedoch die Eigenresonanzen der Schwingspule, Staubschutzkalotte, Randaufhängung, Membran, des Gehäuses und vor allem des Hörraums den tatsächlichen Ausschwingvorgang. (vergl. Abbildungen 29–35, Diagramme 13–15 und Diagramm 56).
Findet kein Überschwingen beim Ausschwingvorgang statt, so spricht man von einer »aperiodischen Dämpfung« des Lautsprechers. Theoretisch führt ein Q-Faktor von 0,5 zur geringsten Ausschwingzeit einer Membran.
Neben der Stärke des Magneten beeinflußt auch das Membrangewicht die Höhe des Q-Faktors. Vor allem aber entscheiden Membran- und Schwingspulengewicht über die Resonanzfrequenz eines Lautsprechers. Lautsprecher mit schwerer Membran (hohe dyn. Masse) führen zu einer niedrigen Resonanzfrequenz, Lautsprecher mit superleichter Membran zu einer hohen Resonanzfrequenz.
Die nun folgenden Diagramme sollen die Auswirkungen des Membranplus Schwingspulengewichts sowie der Rückstellkräfte (Randaufhängung und Zentriermembran) und der mitschwingenden Luftmasse verdeutlichen. Sie zeigen, welche Resonanzfrequenzen von Lautsprechern mit 25 cm ∅ und 30 cm ∅ in unterschiedlich großen, geschlossenen Boxen zu erwarten sind.

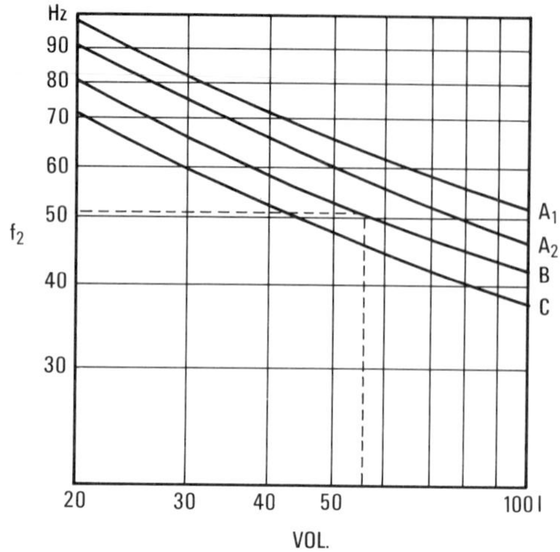

Diagramm 30: 25 cm ⌀ Baßlautsprecher mit einer Freiluftresonanzfrequenz zwischen 23 Hz und 33 Hz (bzw. 37 Hz bei A_1).

A_1: 25 cm Breitbandlautsprecher mit geringer dynamischer Masse (21 gr.) und mittelharter Aufhängung. Fostex FP 253.

A_2: Lautsprecher mit leichter Membran und weicher Aufhängung, z. B. ITT, LPT 245; Audax, HIF 24 JSM/HSM.

B: 25 cm Baßlautsprecher mit mittelgroßer dynamischer Masse (28 bis 36 gr.) und mittelharter bis weicher Aufhängung, z. B.
Peerless: KD 100 WFX-N,
SEAS: 25 F-EW, 25 F-EWX
Audax: MHD 24 P 37 RSM/TSM
MHD 24 P 45 TSM

C: Lautsprecher mit relativ großer dynamischer Masse (um 45 gr.) und mittelharter Aufhängung, z. B. KEF B 139 SP 1044, Isophon PSL 265, Becker 910 A 208.

Beispiel: Ein Lautsprecher mit mittelschwerer Membran und weicher bis mittelharter Membranaufhängung hat in einem geschlossenen Gehäuse mit einem effektiven Innenvolumen von 55 l eine Resonanzfrequenz (f_2) von ca. 51 Hz.

Bei der Berechnung von Resonanzfrequenz und Q-Faktor eines eingebauten Lautsprechers sind allerdings noch zwei Punkte besonders zu beachten:

1. Die Lautsprecherchassis sowie eventuelle Wandversteifungen (Bretter, Leisten etc.) verringern das effektive Innenvolumen um knapp 10% – manchmal mehr, häufig weniger.

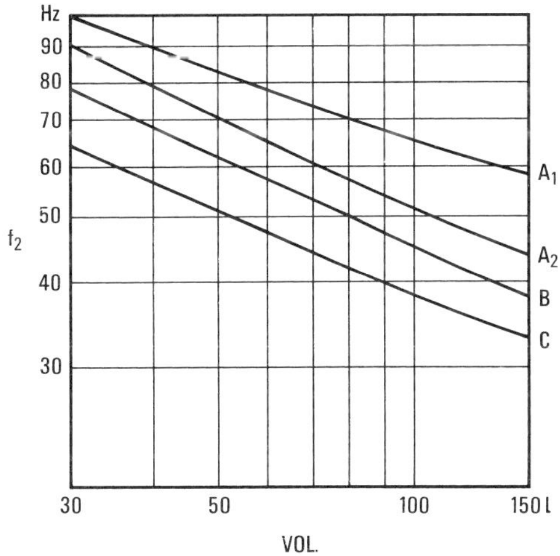

Diagramm 31: 30 cm ⌀ Baßlautsprecher mit einer Freiluftresonanzfrequenz zwischen 19 und 26 Hz (bzw. 45 Hz bei A_1).

A_1: Nur zum Vergleich, 30 cm Breitbandlautsprecher mit sehr geringer dynamischer Masse (25 gr.) und relativ harter Aufhängung, Isophon BPS 30/50.

A_2: Lautsprecher mit geringer dynamischer Masse (30–35 gr.) und sehr weicher Aufhängung, z. B. Audax HIF 30 HSM-C; ITT, LPT 300.

B: Lautsprecher mit mittelgroßer dynamischer Masse (45–55 gr.) und mittelharter bis weicher Aufhängung, z. B. Peerless KD 120 WFX-N; Isophon PSL 300; Audax HD 30 P 45.

C: 30 cm Baßlautsprecher mit hoher dynamischer Masse (um 70 gr.) und mittelharter Aufhängung, z. B. Isophon PSL 320/400 ALU; Peerless US 120 WFX-N; KEF, B 300 B

2. Nahezu alle Lautsprecherboxen müssen zur Dämpfung unerwünschter Gehäuseresonanzen mit Dämmaterial, z. B. Mineralwolle, versehen werden. Dämmaterialien verringern u. a. die Schallgeschwindigkeit im Gehäuse. Der Schall braucht sozusagen etwas mehr Zeit, um von einer Gehäusewand zur anderen zu gelangen, was von der Wirkung her einer Vergrößerung des Wandabstands und damit des Gehäuse-Innenvolumens entspricht. Wird eine Lautsprecherbox vollständig mit Mineralwolle gefüllt, so vergrößert sich ihr effektives Volumen daher theoretisch um etwa 40%. Bei einer normalen, mittelstarken Dämpfung dagegen (s. Abbildung 57) beträgt die effektive Volumenvergrößerung nur rund 20%. Zusätzlich können aber mitschwingende Teilchen des Dämpfungsmaterials die effektive Membranmasse des Tieftöners um bis zu 20% erhöhen. Durch Reibungsverluste innerhalb des geschlos-

senen und gedämpften Gehäuses erhöht sich darüberhinaus die Dämpfung, d. h. der Q-Faktor des eingebauten Lautsprechers ist u. U. geringer als errechnet wurde. Dieser Effekt tritt vor allem dann auf, wenn das Dämmaterial dicht hinter dem Tieftöner angebracht wird, was nur bei besonders hohem Q-Faktor ($Q_2 > 1{,}4$) empfehlenswert ist.

Der Gesamteinfluß von Dämmstoffen auf das effektive Gehäusevolumen läßt sich nur annähernd erfassen, denn nicht nur die Menge, sondern auch die spezifischen Eigenschaften des Materials und seine Plazierung innerhalb des Gehäuses haben einen großen Einfluß.

Es hat sich jedoch als ausreichend erwiesen, zu dem Innenvolumen (Höhe · Breite · Tiefe des Gehäusehohlraums ohne die Wände) ca. 20% hinzuzuzählen, wenn das Gehäuse mit handelsüblichen Mineralfaserplatten mittelstark gedämpft wird. Bei einer vollständigen Dämpfung ist *das effektive Volumen* etwa 40% größer als das tatsächliche Innenvolumen.

Beispiel: Eine Box hat die Innenabmessungen 59,5 · 31 · 26 cm. Das Gehäuseinnenvolumen beträgt dann 0,595 · 0,31 · 0,26; m^3 = 0,048 m^3 oder 48 l. Bei einer normalen, mittelstarken Dämpfung sind für das effektive Gehäusevolumen etwa 48 l + 20%, also 58 l anzunehmen.

Zusammenfassend kann man sagen: Tieftöner mit leichten Membranen und starken Magneten zeigen

- einen hohen Wirkungsgrad;
- eine schwache Tiefbaßwiedergabe;
- ein relativ gutes Ausschwingverhalten bei niedrigen Frequenzen;
- ein schlechteres Ausschwingverhalten bei mittleren Frequenzen (erhöhte Partialschwingungsgefahr).

Das andere Extrem bilden Lautsprecher mit schweren Membranen und schwachen Magnetkonstruktionen. Sie zeigen

- einen niedrigen Wirkungsgrad;
- eine starke Tießbaßwiedergabe;
- ein relativ schlechtes Ausschwingverhalten bei niedrigen Frequenzen;
- ein besseres Ausschwingverhalten bei mittleren Frequenzen (geringere Partialschwingungsgefahr).

Einen optimalen Kompromiß zwischen beiden Extremen erhält man für geschlossene HiFi-Boxen, wenn Gehäuseinnenvolumen und Baßlautsprecher so gewählt werden, daß sich eine Resonanzfrequenz (f_2) zwischen 40 und 55 Hz und ein Q-Faktor (Q_2) zwischen 0,8 und 1,2 ergibt. In mittelgroßen Gehäusen sollten Tieftöner dementsprechend über eine relativ schwere, partialschwingungsarme Membran und einen mittelstarken Magneten verfügen.

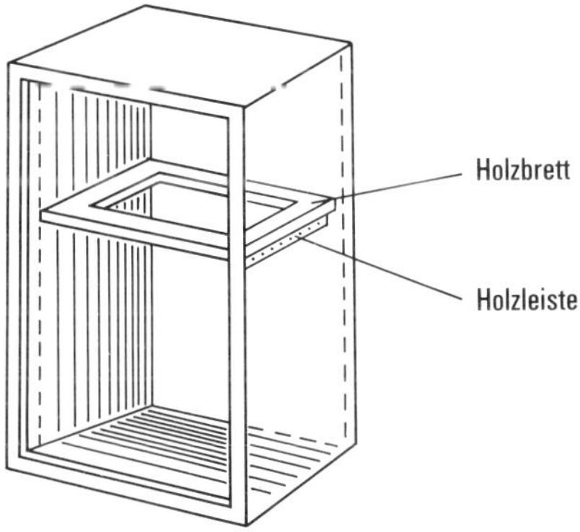

Abbildung 55: Eine auf Holzleisten geleimte, mit allen vier Längswänden verbundene Holzplatte (Stärke 19–22 mm) mit ausgesägter Mittelöffnung sollte in keiner größeren Box fehlen. Das Mitschwingen der Gehäusewände wird dadurch deutlich verringert.

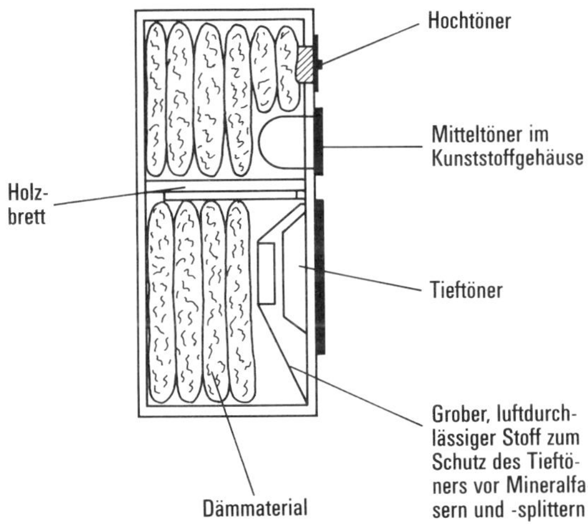

Abbildung 56: Vollständige Schalldämpfung im Gehäuseinneren.

Übrigens benötigen auch Konusmitteltöner ein eigenes, mit Dämmaterial gefülltes Gehäuse. Sie müssen nämlich von den Druckwellen, die der Tieftöner erzeugt, unbedingt akustisch entkoppelt werden. Die Wahl des Volumens ist bei ihnen jedoch wesentlich unkritischer. Für 11 cm ∅ Mitteltöner sollte das Innenvolumen mindestens 0,5 l betragen, für 13 cm ∅ Mitteltöner mindestens 1 l und für 17 cm ∅ Mitteltöner mindestens 4 l.

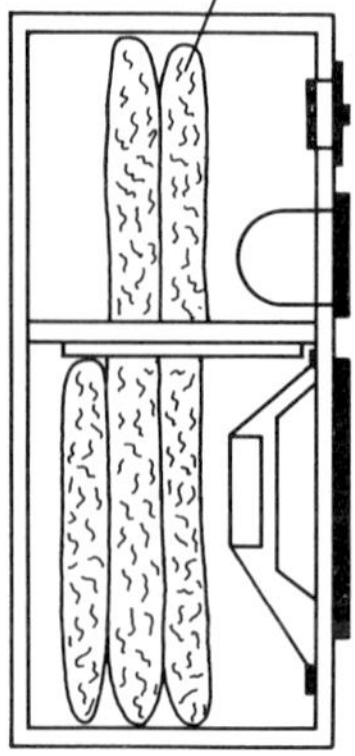

Abbildung 57: Normale, mittelstarke Schalldämpfung einer geschlossenen Lautsprecherbox.

4.3 Baßreflex-Gehäuse

Im Gegensatz zu geschlossenen Gehäusen wird der von der Lautsprecherrückseite abgestrahlte Schall in einer Reflex-Box nicht eliminiert, sondern nutzbar gemacht.
Da der rückwärtig abgestrahlte Schall gegenphasig zu dem frontal abgestrahlten ist, bedarf es – um eine gegenseitige Auslöschung zu vermeiden – eines technischen Tricks. Bei Baßreflex-Boxen nutzt man u. a. die Federwirkung des Luftpolsters im Gehäuse, um den rückwärtig abgestrahlten Schall ebenfalls wirksam werden zu lassen. Eine genau berechnete Öffnung im Gehäuse läßt den rückwärtigen Schall nach außen, wo er den vorderseitig abgestrahlten Schall nun nicht mehr auslöscht, sondern verstärkt. Abbildung 58 soll dies zunächst einmal veranschaulichen (vergl. auch Abbildungen 52 und 53).
Die Federwirkung der Luft im Gehäuse reduziert die Membranbewegung und damit W_1. Gleichzeitig gelangt der rückwärtige Schall verstärkt nach außen. Daraus ergibt sich eine erhöhte Schallabstrahlung (W_3).
Tatsächlich sind die Zusammenhänge jedoch etwas komplizierter. Nicht nur schwingfähige Gegenstände, sondern auch luftgefüllte Hohlräume haben eine Resonanz, die sogenannte Helmholtzresonanz. Durch eine Veränderung des Gehäusevolumens oder der schalldurchlässigen Öffnung

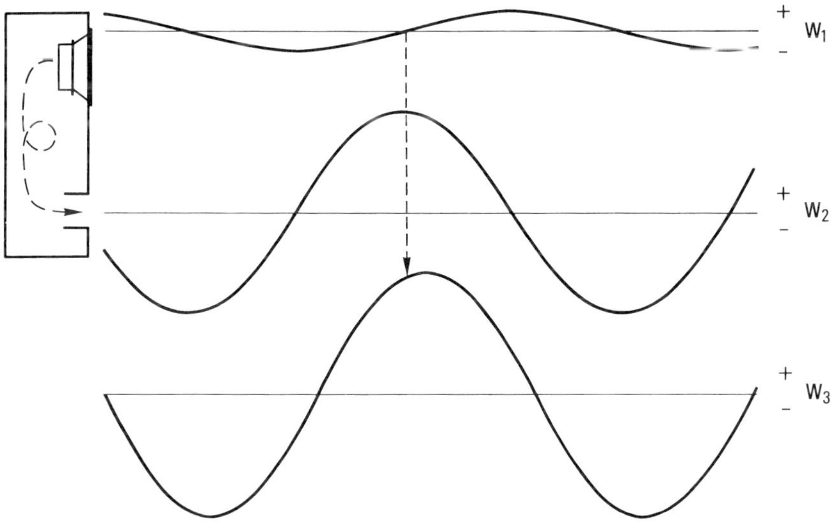

Abbildung 58

läßt sich die *Hohlraumresonanz* beeinflussen. Dieser Effekt wird deutlich, wenn man einmal von der Seite gegen die Öffnung verschiedener leerer, halbvoller und dreiviertelvoller Flaschen bläst: jedesmal entsteht ein anderes Geräusch, ein anderer Ton.
Bei einer Baßreflexbox nutzt man die Hohlraumresonanz des Gehäuses, um die Baßwiedergabe zu verstärken. Hohlraumresonanz und Lautsprecherresonanz beeinflussen sich dabei gegenseitig. Um eine optimale Wirkung zu erzielen, müssen das Gehäusevolumen, die Resonanz des Lautsprechers im Gehäuse und die Abmessungen der Reflexöffnung aufeinander abgestimmt werden.
Erfolgt die Abstimmung auf Frequenzen unterhalb der Einbauresonanzfrequenz des Tieftöners (f_2), so verringert sich der Schalldruckgewinn einer Reflexbox und verschiebt sich nach niedrigeren Frequenzen. Eine übermäßige Verringerung der Reflexöffnung kann allerdings zu störenden Strömungsgeräuschen der Luft führen. Ist die Reflexöffnung dagegen viel zu groß, so hat das ein miserables Impulsverhalten des Baßlautsprechers zur Folge.
Aber auch bei korrekter Abstimmung verschlechtert sich das Impulsverhalten der Box im Tiefbaßbereich geringfügig. Das liegt daran, daß hier die Hohlraumresonanz die Impulswiedergabe diktiert (vergl. Small).

Gegenüber geschlossenen Boxen erhöht sich der Schalldruck bei Reflexboxen dafür um etwa 3 dB bis 5 dB im Tiefbaßbereich – und das bei wesentlich geringeren Membranamplituden, denn die Luftschwingungen im Gehäuse dämpfen die (andersphasigen) Schwingungen der Lautsprechermembran.

Für einen ausgeglichenen Frequenzgang eines eingebauten Baßlautsprechers müßte die Abstimmfrequenz in dem Bereich liegen, in dem der Schalldruck bereits rund 6 dB gegenüber dem Referenzwirkungsgrad (η_o) abgefallen ist. Optimal für HiFi-Boxen wären daher $f_2 = 40$ Hz $= f_B$; $Q_2 = 0{,}5$. Der Frequenzgang einer solchen Box wäre bis 40 Hz ausgeglichen und das Reflexprinzip könnte seine Wirkung voll entfalten. In der Praxis ist dieser Idealfall jedoch nur selten gegeben. Die Resonanzfrequenz des eingebauten Lautsprechers (f_2) und der Q-Faktor (Q_2) liegen meist etwas höher.

In der Regel wird der Baßlautsprecher nach preislichen und das Gehäusevolumen nach optischen Gesichtspunkten ausgewählt, so daß eine Abstimmung nur noch annäherungsweise mit Hilfe der Reflexöffnung erreicht werden kann. Problematisch wird das jedoch nur bei Baßlautsprechern mit einer superstarken oder extrem schwachen Magnet-Schwingspulenkonstruktion sowie bei besonders kleinen Gehäusen. Der Q-Faktor (Q_2) ist in solchen Fällen kleiner als 0,4 bzw. größer als 1 und somit für Reflexboxen weniger geeignet.

In den meisten Fällen kann eine akzeptable Abstimmung jedoch folgendermaßen erzielt werden: Bei HiFi-Tieftönern, deren Q-Faktor im geschlossenen Gehäuse (Q_2) kleiner als 0,7 ist, darf die Abstimmfrequenz (f_B) maximal genauso groß sein wie die Einbauresonanzfrequenz (f_2); sie sollte jedoch unter 50 Hz liegen.

Bei Lautsprechern deren Q-Faktor im geschlossenen Gehäuse (Q_2) zwischen 0,7 und 1 liegt, muß die Abstimmfrequenz (f_B) deutlich unterhalb der Resonanzfrequenz des eingebauten Lautsprechers (f_2) liegen, und zwar ungefähr bei $0{,}6 \cdot f_2$.

Die Wirksamkeit der Reflexöffnung verringert sich dadurch etwas und wird nach niedrigeren Frequenzen verschoben, wodurch eine Resonanzüberhöhung (schlechterer Frequenzgang und schlechteres Impulsverhalten) wirkungsvoll vermieden wird.

Den Einfluß entsprechender Reflexöffnungen auf den Frequenzgang von Baßlautsprechern im Gehäuse zeigt Diagramm 32.

Auch hier bleiben die Schalldruckverluste durch Gehäuse und Frequenzweiche (insges. bis zu 3 dB) wieder unberücksichtigt.

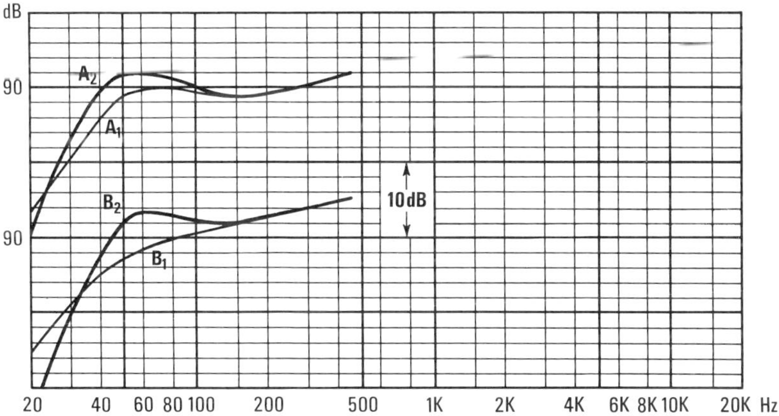

Diagramm 32:
A_1: 30 cm Baßlautsprecher;
$V_{AS} = 420$ l; $f_o = 22$ Hz; $Q_t = 0{,}45$; SPL = 92 dB/1W/1m; $\eta_o = 0{,}5$ %; effektives Gehäusevolumen = 85 l; $f_2 = 50$ Hz; $Q_2 = 1$.
A_2: wie oben, jedoch mit Reflexöffnung,
$f_B = 0{,}6 \cdot f_2 = 30$ Hz.
B_1: 30 cm Baßlautsprecher;
$V_{AS} = 250$ l; $f_o = 27$ Hz; $Q_t = 0{,}32$; SPL = 95 dB/1W/1m; $\eta_o = 1$ %; effektives Gehäusevolumen = 85 l; $f_2 = 50$ Hz; $Q_2 = 0{,}6$.
B_2: wie oben, jedoch mit Reflexöffnung,
$f_B \sim f_2 \sim 45$ Hz.

Lautsprecher A hat einen ausgeglichenen Schalldruckverlauf bis 35 Hz in der beschriebenen Reflexbox (Vol. 85 l; f_B = 30 Hz). Der mittlere Schalldruck bei 1 Watt Eingangsleistung und 1 m Abstand beträgt 90,5 dB.
Lautsprecher B hat einen höheren Wirkungsgrad (Schalldruck ca. 93 dB bei 1 W/1 m), sein Frequenzgang verläuft dafür aber nur bis 45 Hz ausgeglichen (Vol. 85 l; f_B = 45 Hz).
Die Abweichungen zwischen Box A und B sind auf die unterschiedliche Abstimmung der Reflexöffnungen und die schwächere Magnet-Schwingspulenkombination bei Lautsprecher A zurückzuführen. Ein extrem starker Magnet und damit ein besonders hoher Referenzwirkungsgrad (hier z. B. 2%) würde nur noch den Schalldruck im Mitteltonbereich erhöhen (s. a. Diagramm 29). Wegen der starken elektromagnetischen *Gegeninduktion* führen Tieftöner mit superstarken Magneten ja zu einer schwachen Tiefbaßwiedergabe.

Nun aber zur Berechnung der Baßreflexöffnung. Zunächst muß die Fläche (A_F) der Öffnung festgelegt werden. Die Länge der Öffnung errechnet sich dann (nach Thiele und Small) zu:

$$l = \frac{c^2 \cdot A_F \cdot 10}{4\pi^2 \cdot f_B{}^2 \cdot Vol} - \frac{\sqrt{\pi \cdot A_F}}{2}\ ; \text{cm}$$

daraus wird

$$l = \frac{30\,000 \cdot A_F}{f_B{}^2 \cdot Vol} - \frac{\sqrt{\pi \cdot A_F}}{2}\ ; \text{cm}$$

wobei A_F = Öffnungsfläche in cm^2
f_B = Abstimmfrequenz in Hz
Vol = effektives Gehäuse-Innenvolumen in l.

Beispiel: Lautsprecher A hat in einem 85 l Gehäuse eine Resonanzfrequenz von 50 Hz. Da der Q-Faktor über 0,7 liegt, beträgt die optimale Abstimmfrequenz: $f_B = 0{,}6 \cdot 50$ Hz $= 30$ Hz. Als Baßreflex-Tunnel soll ein Rohr mit 8 cm Innendurchmesser verwendet werden. Daraus ergibt sich:

$$A_F = 4^2 \cdot \pi = 50\ \text{cm}^2$$

$$l = \frac{30\,000 \cdot 50}{30^2 \cdot 85} - \frac{\sqrt{3{,}14 \cdot 50}}{2}$$

$$= \frac{1\,500\,000}{76\,500} - \frac{\sqrt{157}}{2}$$

$$= 19{,}6 - 6{,}26$$

$$= 13{,}3\ \text{cm}$$

Das Rohr muß also etwa 13,5 cm lang sein. In der Praxis ist es meist erforderlich, die errechnete Länge noch um rund 25 % zu kürzen.
Eine Baßreflexöffnung darf selbstverständlich auch einen rechteckigen Querschnitt haben, wobei die Begrenzungswände des Tunnels dann aus Holz selbst herzustellen sind. Geeignet sind auch Kunststoffrohre und Papprohre (Versandröhren aus dem Schreibwarengeschäft mit einer Laubsäge auf die richtige Länge bringen). Bei kurzen Reflexöffnungen (z. B. 4.4 cm) kann stattdessen ein Holzbrett hinter die Schallwand gesetzt werden, nachdem die Reflexöffnungen zuvor ausgesägt wurden. Schallwandstärke und Holzbrettstärke zusammen (z. B. 22 mm + 22 mm = 44 mm) ergeben dann die Tunnellänge.

Tabelle 10

20 cm ∅ Baßlautsprecher		
effektives Gehäusevolumen (einschl. Dämpfung): 28–32 l		
Abstimmfrequenz:	$f_B \sim 45$ Hz	
Tunnelfläche:	$A_F = 19{,}5$ cm^2	
Abmessungen:	5 cm ∅	
Tunnellänge:	l = 5,7 cm (3 · 19 mm)	
25 cm ∅ Baßlautsprecher		
effektives Gehäusevolumen (einschl. Dämpfung): 52–60 l		
Abstimmfrequenz:	$f_B \sim 38$ Hz	
Tunnelfläche:	$A_F = 44$ cm^2	28 cm^2
Abmessungen:	7,5 cm ∅ oder 5 · 9 cm	6 cm ∅
Tunnellänge:	l = 11 cm	5,7 cm (3 · 19 mm)
30 cm ∅ Baßlautsprecher		
effektives Gehäusevolumen (einschl. Dämpfung): 80–90 l		
Abstimmfrequenz:	$f_B \sim 35$ Hz	
Tunnelfläche:	$A_F = 71$ cm^2	44 cm^2
Abmessungen:	9,5 cm ∅ oder 7 · 10 cm	7,5 cm ∅
Tunnellänge:	l = 13 cm	6,6 cm (3 · 22 mm)
38 cm ∅ Baßlautsprecher		
effektives Gehäusevolumen (einschl. Dämpfung): 110–130 l		
Abstimmfrequenz:	$f_B \sim 40$ Hz	
Tunnelfläche:	$A_F = 142$ cm^2 (2 · 71 cm^2)	78,5 cm^2
Abmessungen:	2 · 9,5 cm ∅ oder 1 · 10 · 14 cm	10 cm ∅ oder 7 · 11 cm
Tunnellänge:	l = 12 cm je Rohr	4,4 cm (2 · 22 mm)

Die meisten handelsüblichen HiFi-Tieftöner mit mittelschwerer Membran und mittelstarkem Magneten ermöglichen einen akzeptablen Kompromiß zwischen einem guten Impulsverhalten und einer kräftigen Tiefbaßwiedergabe annäherungsweise mit den o. g. Gehäusen und Reflexöffnungen. Anstelle einer Reflexöffnung kann auch eine *Passivmembran* eingesetzt werden. Passivmembranen sind Lautsprecher ohne Magnet und Schwingspule. Sie werden durch die Druckschwankungen im Gehäuse zum Schwingen angeregt und verstärken die Tiefbaßwiedergabe im Bereich ihrer Abstimmfrequenz ähnlich wie eine Reflexöffnung. Allerdings muß eine Passivmembran im Bereich der Abstimmfrequenz etwa doppelt so große Hübe ausführen können wie der verwendete Tieftöner, falls beide die gleiche Membranfläche aufweisen. Da dies jedoch schwer zu realisieren ist, werden stattdessen üblicherweise größere und wesentlich schwerere Membranen für den Passivstrahler eingesetzt als für den Tieftöner. Abgestimmt wird eine Passivmembran mit Hilfe zusätzlicher Gewichte.

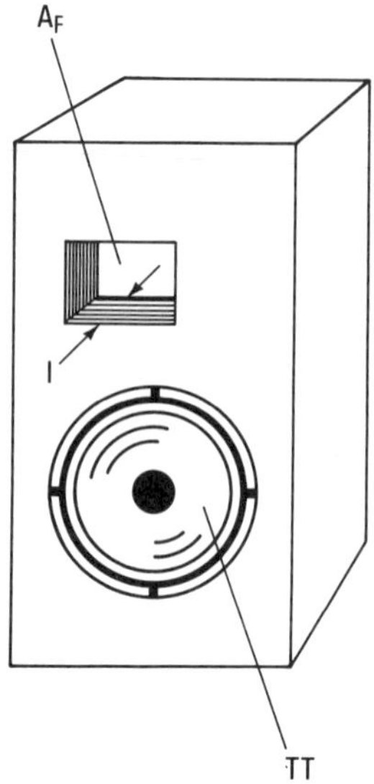

Abbildung 59: Prinzipieller Aufbau einer Baßreflexbox.
A_F = Fläche der Reflexöffnung; l = Länge des Tunnels; TT = Tieftöner.

Normale Reflextunnnel haben gegenüber Passivmembranen den Vorteil, daß sie leichter auf eine gewünschte Frequenz (f_B) abstimmbar sind, daß sie kleiner, wirksamer und natürlich wesentlich billiger sind. Reflextunnel können allerdings zu Strömungsgeräuschen führen, wenn sie extrem klein sind und zu störenden Resonanzerscheinungen, wenn sie extrem groß oder lang sind (vergl. Harwood).
Die Abstimmung der Öffnung oder der Passivmembran wirkt sich deutlich auf den Impedanzverlauf der Box im Tiefbaßbereich aus. Mit Hilfe eines Frequenzgenerators und eines Voltmeters läßt sich die Abstimmung daher überprüfen. Vorher sollte der Tieftöner aber von der Frequenzweiche getrennt werden.
Wesentlich für die korrekte Abstimmung einer Baßreflexbox ist nicht die absolute Höhe der gemessenen Impedanz- bzw. Spannungsmaxima Z_1 und Z_2, sondern vor allem, daß die Abstimmfrequenz (f_B) bei HiFi-Boxen max. 50 Hz beträgt und daß beide Maxima nicht zu unterschiedlich sind (s. Diagramme 33b und e).
Nun ein paar Worte zur Dämpfung von Baßreflexboxen. Auch wenn auf eine Dämpfung nicht völlig verzichtet werden kann, so darf doch die Hohlraumresonanz im Gehäuseinneren nicht zu stark unterdrückt werden. Aus

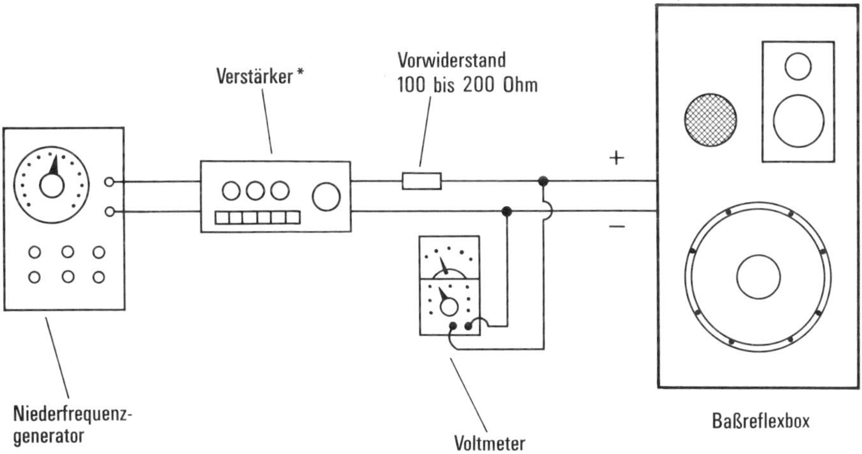

Abbildung 60

diesem Grunde sollte das Dämmaterial in einer Baßreflexbox an den Innenwänden angebracht werden (s. Abbildung 61).
Lediglich Zweiweg-Boxen, bei denen der Tieftöner einen Teil der Mitteltonwiedergabe übernehmen muß, sind zu zwei Dritteln mit Dämmaterial zu versehen, da andernfalls die Mitteltonwiedergabe durch störende Reflexionen an den Gehäusewänden deutlich verfärbt wird.
In allen Fällen ist unbedingt darauf zu achten, daß weder der Tieftöner noch die Reflexöffnung vom Dämmaterial verdeckt wird. Hierdurch würde nämlich ein sogenannter *Fließwiderstand* gebildet, und die Baßwiedergabe würde abgeschwächt. Lediglich bei Reflexboxen mit besonders hohem Q-Faktor ($Q_2 > 1$) führt solch ein Fließwiderstand (z. B. durch das Anbringen von Dämmaterial dicht hinter dem Lautsprecher) zu einer klanglichen Verbesserung.
Darüberhinaus müssen auch Baßreflexboxen völlig luftdicht sein (von der Reflexöffnung abgesehen). Auch ein kleiner Spalt zwischen den Gehäusewänden wirkt wie ein Fließwiderstand, senkt den mechanischen und damit den totalen Q-Faktor (Q_m und Q_t) und schwächt die Tiefbaßwiedergabe. Übrigens: bei geschlossenen Boxen führt ein solcher Fließwiderstand zu einer unsymmetrischen Impedanzspitze bei f_2. Bei Baßreflexboxen erhöht

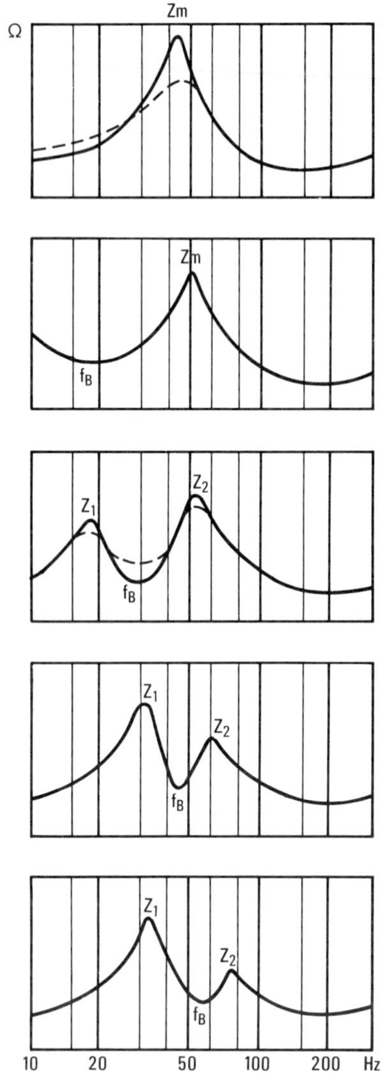

Diagramm 33: Beispiel für eine:

*a) geschlossene Box.
Resonanzfrequenz $f_2 = 45$ Hz
(gestrichelte Linie: Fließwiderstand im Gehäuse).*

*b) Reflexbox mit extrem kleiner Öffnung.
Abstimmfrequenz $f_B < 20$ Hz
(Risiko: Strömungsgeräusche).*

*c) Korrekte Abstimmung bei hohem Q-Faktor ($Q_2 \geq 0{,}7$).
Abstimmfrequenz $f_B = 0{,}6 \cdot f_2 = 27$ Hz
(gestrichelte Linie: Fließwiderstand im Gehäuse).*

*d) Korrekte Abstimmung bei niedrigem Q-Faktor ($Q_2 < 0{,}7$).
Abstimmfrequenz $f_B = f_2 = 45$ Hz.*

*e) Reflexbox fehlabgestimmt.
Öffnung zu groß. $f_B = 55$ Hz
(Risiko: Resonanzüberhöhung).*

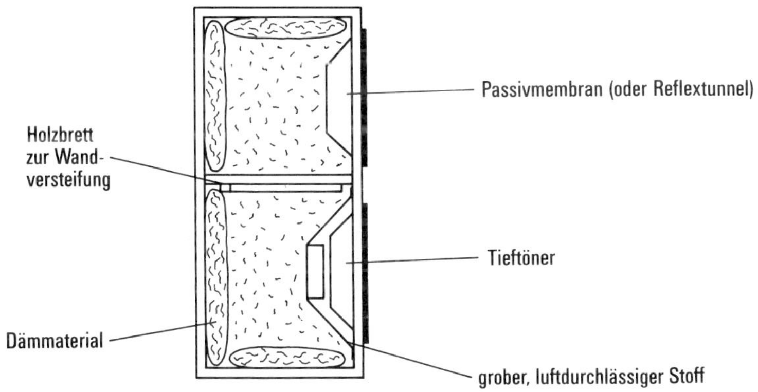

Abbildung 61: Bei Baßreflexboxen ist das Dämmaterial (3 bis 8 cm stark, je nach Gehäusevolumen) an den Wänden anzubringen, auch an einer oder beiden Seitenwänden, nicht jedoch an der Schallwand.

er dagegen die Impedanz bei f_B (vergl. Diagramm 33a und c). Im Normalfall muß sie bei f_B noch unter der Nennimpedanz (4 oder 8 Ohm) liegen.
Und noch ein Hinweis: wie der Q-Faktor eines Lautsprechers auch mit Hilfe eines Frequenzgenerators und eines Ohmmeters ermittelt werden kann, wurde am Schluß des Kapitels »Konuslautsprecher« gezeigt.
Um einen Fließwiderstand zu vermeiden, muß außerdem die Stoffabdekkung hinter dem Baßlautsprecher völlig luftdurchlässig sein. Am besten eignen sich hierfür spezielle Lautsprecher-Bespannstoffe aus dem Fachhandel, die normalerweise zur Frontbespannung von Boxen verwendet werden.
Abschließend noch einige Bemerkungen zu den Vor- und Nachteilen von Baßreflexkonstruktionen. Bei sachgemäßem Aufbau liefern Baßreflexboxen eine stärkere Tiefbaßwiedergabe und einen höheren Wirkungsgrad als geschlossene Boxen. Darüberhinaus führt die schallverstärkende Hohlraumresonanz zu einem wesentlich geringeren Klirrfaktor in der Nähe der Abstimmfrequenz. Da eine Reflexbox zur Erzeugung eines bestimmten Schalldrucks im Tiefbaßbereich mit kleineren Membranamplituden auskommt, weist sie auch geringere Intermodulationsverzerrungen auf als eine geschlossene Box.
Diagramm 34 zeigt den erforderlichen Membranhub (H) des Tieftöners einer typischen Baßreflexbox (Kurve B) im Verhältnis zu einer geschlossenen Box (Gerade A) bei gleichem Schalldruck und Membrandurchmesser.

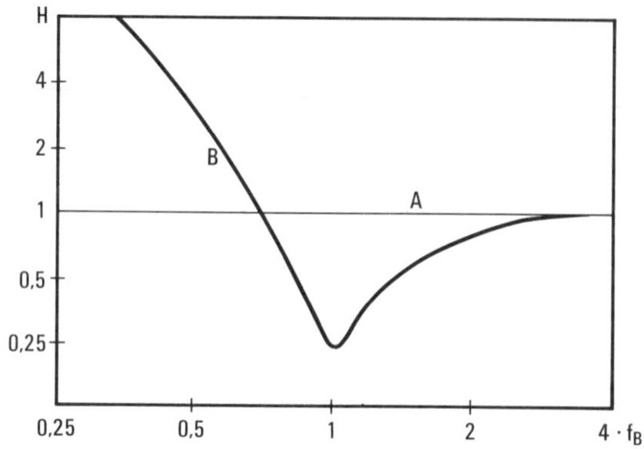

Diagramm 34

Es ist deutlich zu erkennen, daß eine Reflexbox im Bereich ihrer Abstimmfrequenz (f_B) wesentlich geringere Membranhübe erforderlich macht. Unterhalb von etwa 0,7 · f_B ändern sich die Verhältnisse aber.
Im Diagramm deutet sich bereits eine besondere Schwäche von Baßreflexboxen an: auf extrem niedrige Frequenzen reagieren sie sehr empfindlich. Der subsonische Bereich, d. h. der Frequenzbereich unter 20 Hz, muß daher unbedingt von solchen Lautsprecherkonstruktionen ferngehalten werden. Andernfalls kommt es (meist durch Plattenspielerresonanzen bedingt) zu heftigen Schwingungen der Baßmembran, die zwar selbst nicht hörbar sind, die aber andere, hörbare Schwingungen deutlich modulieren und bei hohen Lautstärken sogar zur Beschädigung des Tieftöners führen können. Aufgrund der hohen Federsteife des eingeschlossenen Luftvolumens reagieren geschlossene Boxen darauf nicht so empfindlich. Weiteres hierzu im Kapitel »Stereoverstärker«.

4.4 Transmissionline-Gehäuse

Wie bei Baßreflex-Boxen wird auch hier der vom Lautsprecher rückwärtig abgestrahlte Schall nicht im Gehäuse eliminiert, sondern nutzbar gemacht. Bei Transmissionline-Gehäusen geschieht dies jedoch mit Hilfe einer Umwegleitung. Der rückwärtig abgestrahlte Schall muß erst durch eine Röhre laufen, bevor er nach außen gelangt. Hat die Röhre eine geeignete Länge, wird der Schall entsprechend verzögert und ist dann gleichphasig zum frontal abgestrahlten Schall. Abbildung 62 veranschaulicht dies.

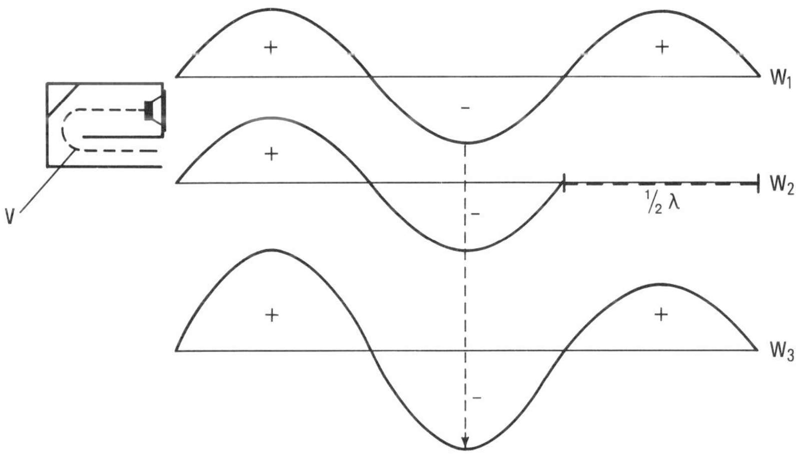

Abbildung 62: Der ursprünglich gegenphasige Schall (W_2) wird durch eine Umwegleitung verzögert. W_1 und W_2 löschen sich daher nicht gegenseitig aus, sondern addieren sich (W_3), wenn die Verzögerung (V) einer Wegstrecke von etwa 1/2 λ entspricht.

Beträgt der Wegstreckenunterschied eine halbe Wellenlänge oder ein ungerades Vielfaches davon (3/2 λ, 5/2 λ, 7/2 λ usw.), so kommt es zu einer gegenseitigen Verstärkung von W_1 und W_2.
Bei den entsprechenden Frequenzen verdoppelt sich praktisch die effektive Membranfläche, da nun beide Membranseiten wirksam sind und Schall gleichphasig abstrahlen. Aufgrund von Reibungsverlusten und Reflexionen am Röhrenende liegt der tatsächliche Schalldruckgewinn bei diesen Frequenzen bei 4–5 dB, statt der zu erwartenden 6 dB.
Aber die Verhältnisse sind noch etwas komplizierter. Ist der Umweg nämlich genauso lang wie eine ganze Wellenlänge der abzustrahlenden Frequenz (oder so lang wie 2 λ, 3 λ, 4 λ usw.), so sind beide Wellenzüge W_1 und W_2 wieder gegenphasig. Bei den entsprechenden Frequenzen entsteht daher kaum hörbarer Schall (W_3 in Abb. 63).
Produziert die Vorderseite des Baßlautsprechers gerade eine positive Amplitude (+ bei W_1 in Abbildung 62 und 63), so hängt es von der abgestrahlten Frequenz und von der Länge der Transmissionline, der Umwegröhre, ab, ob der Schall aus dem Röhrenende ebenfalls eine positive Amplitude (+ bei W_2), eine negative (– bei W_2) oder einen Nulldurchgang hat (zwischen + und –). Wesentlich ist dabei das Verhältnis zwischen Röhren-

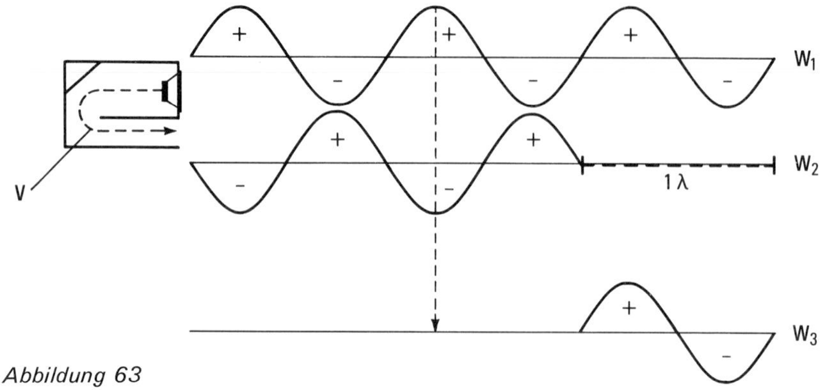

Abbildung 63

länge und Wellenlänge. Die Wirkung des Prinzips bei einer bestimmten Röhrenlänge (RL) stellt sich folgendermaßen dar:

RL $<$ $\frac{1}{4}\lambda$ → Auslöschung (− 6 dB/Okt.)
$=$ $\frac{1}{4}\lambda$ → 0 (Nulldurchgang)
$=$ $\frac{1}{2}\lambda$ → Anhebung (+ 4 bis 5 dB)
$=$ $\frac{3}{4}\lambda$ → 0
$=$ 1λ → Auslöschung
$=$ $1\frac{1}{4}\lambda$ → 0
$=$ $1\frac{1}{2}\lambda$ → Anhebung
$=$ $1\frac{3}{4}\lambda$ → 0
$=$ 2λ → Auslöschung
$=$ $2\frac{1}{4}\lambda$ → 0
$=$ $2\frac{1}{2}\lambda$ → Anhebung
$=$ $2\frac{3}{4}\lambda$ → 0
usw.

Es ist daher zu vermuten, daß das Transmissionline-Prinzip einen sehr unausgeglichenen Frequenzgang zur Folge hat. Tatsächlich legen die von jedem Punkt der Membranrückseite abgestrahlten Wellen aber nicht die gleiche Wegstrecke zurück, bis sie die Röhre verlassen. Für die einzelnen Schallwellen kann die zurückgelegte Wegstrecke sogar recht unterschiedlich sein. Abbildung 64 soll das verdeutlichen.

Die Wegstrecken für verschiedene Schallwellen betragen bei der Transmissionline-Box in Abbildung 64 etwa 1,65 cm (A) bis 2,75 cm (B). Wird die Box mit etwas Dämmaterial versehen, so verlängern sich die effektiven

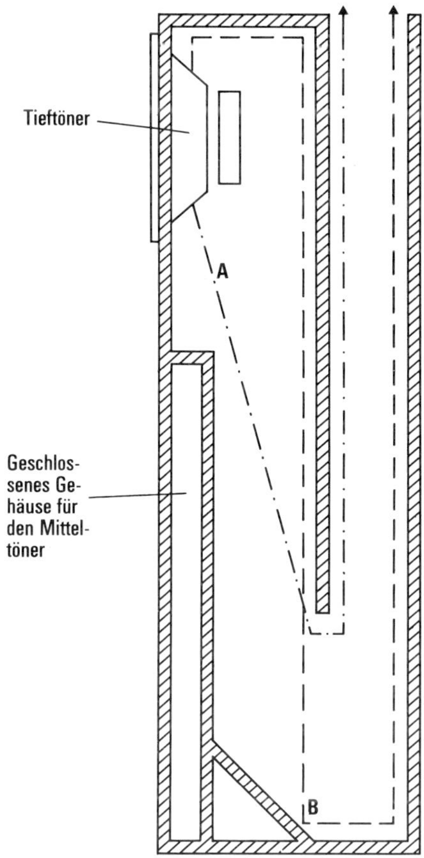

Abbildung 64: Die Abmessungen des Gehäuses betragen 125 · 42 · 42 cm. Ein Bauplan befindet sich am Schluß dieses Buches.

Wegstrecken geringfügig. Der rückwärtig abgestrahlte Schall muß dann etwa 1,7 m bis 2,9 m zurücklegen, bis er in den Hörraum gelangt. Das entspricht einer Wegstreckendifferenz von rund 1:1,7, einem günstigen Verhältnis für Transmissionline-Gehäuse. Wegstreckendifferenzen unter 1:1,5 und über 1:2 führen nämlich zwangsläufig zu einem welligen Frequenzgang.
Trägt man nun die verstärkende und abschwächende Wirkung für die minimale, die maximale und die mittlere Wegstrecke in ein Frequenzdiagramm

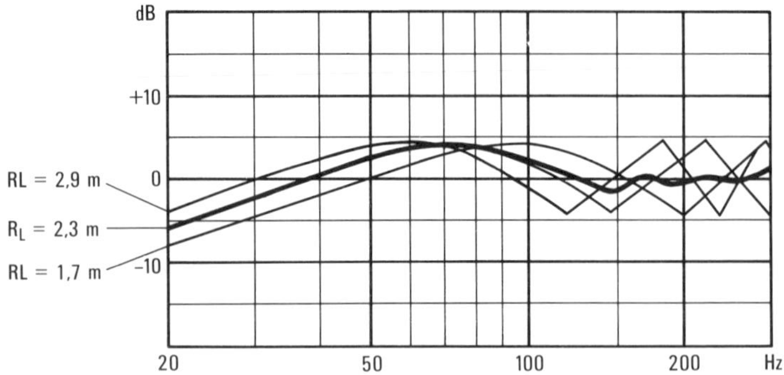

Diagramm 35: Breite Linie: effektiver Einfluß des Transmissionline-Gehäuses auf den Frequenzgang.

ein, läßt sich der Gesamteinfluß erfassen, den die Transmissionline-Box nach Abbildung 64 auf den Frequenzgang eines Baßlautsprechers haben wird. Aufgrund von Resonanzen und Phasenverschiebungen kann der Frequenzgang einer Transmissionline in der Praxis allerdings einen abweichenden Verlauf annehmen – vor allem dann, wenn das Gehäuse prinzipiell anders aufgebaut oder zu stark bzw. zu schwach gedämpft ist.

Es ist deutlich zu erkennen, auch wenn es sich hier um eine Vereinfachung der wirklichen Vorgänge handelt, daß der akustische Kurzschluß, der im oberen Baßbereich zu erwarten war, nicht auftritt. Das liegt an den unterschiedlichen Wegstrecken, die die einzelnen Wellen durchlaufen.

Der Einfluß einer 2,3 m langen Umwegröhre auf den Frequenzgang ist oberhalb 110 Hz verschwindend gering. Zwischen 37 Hz und 110 Hz wird der Schall dagegen verstärkt wiedergegeben und unterhalb 37 Hz abgeschwächt, durch den unvermeidbaren akustischen Kurzschluß bei Frequenzen mit sehr großen Wellenlängen

Selbstverständlich läßt sich ein akustischer Kurzschluß auch nach höheren oder niedrigeren Frequenzen verschieben. Beträgt die mittlere Wegstrecke, die der Schall zu durchlaufen hat, statt 2,3 m, wie in unserem Beispiel, nur 1,7 m, so verstärkt die Transmissionline-Box den Frequenzbereich zwischen 50 und 150 Hz. Unterhalb 50 Hz wird die Wiedergabe dann abgeschwächt. Will man dagegen einen Schalldruckgewinn schon ab 25 Hz erhalten, so muß die mittlere Röhrenlänge 3,4 m betragen. Dazu müßte die Box jedoch 1,8 m hoch gebaut werden!

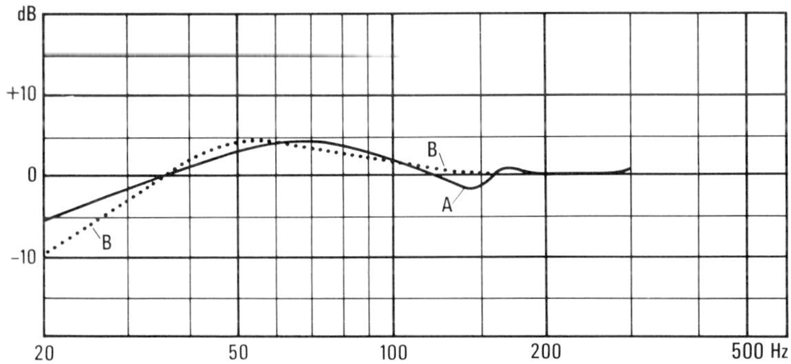

Diagramm 36: Vergleich zwischen Baßreflex- und Transmissionline-Gehäuse mit 30 cm ∅ Baßlautsprecher.
A: Einfluß einer 2,3 m langen Umwegröhre auf den Frequenzgang.
B: Einfluß einer 70 l netto (ca. 105 l brutto) Baßreflexbox auf den Frequenzgang ($f_B \sim 45$ Hz).

Man kann die Transmissionlinie zwar mehrmals falten und so bei geringerer Bauhöhe eine längere Wegstrecke realisieren, dann wird die Box jedoch breiter oder tiefer. Der Schalldruckgewinn und das benötigte Gehäusevolumen stehen also auch dann in keinem akzeptablen Verhältnis. Eine Baßreflexbox kann bei wesentlich geringeren Abmessungen vergleichbare Ergebnisse liefern.
Diagramm 36 macht deutlich, daß der Schalldruckgewinn einer Transmissionline-Box mit wesentlich größeren Gehäuseabmessungen erkauft werden muß als der einer Baßreflexbox. Daran ändert auch die Verwendung kleinerer Tieftöner nichts, da ja zumindest die Röhrenlänge gleich bleiben muß.
Transmissionlines erzeugen etwas geringere Klirr- und Intermodulationsverzerrungen als geschlossene Boxen. Die gelegentlich angeführte bessere Impulswiedergabe im Vergleich mit geschlossenen Gehäusen läßt sich in der Praxis nicht nachweisen, denn das Impulsverhalten bei tiefen Frequenzen ist hauptsächlich von Gehäuseresonanzen, vom Baßlautsprecher und vor allem von der Aufstellung im Hörraum abhängig.
Sollen Transmissionline und Baßlautsprecher gut miteinander harmonieren, so muß die Membran für eine niedrige Resonanzfrequenz ausreichend schwer sein. Um eine kräftige Baßwiedergabe zu realisieren, darf außerdem der Magnet nicht zu kräftig sein.

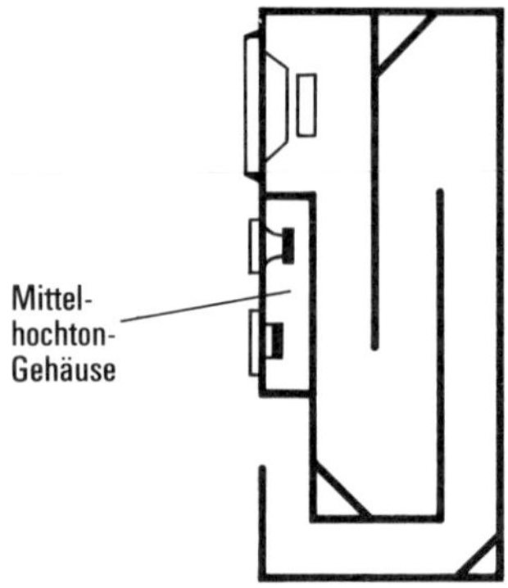

Abbildung 65: Grundriß einer mehrfach gefalteten Transmissionline-Box.

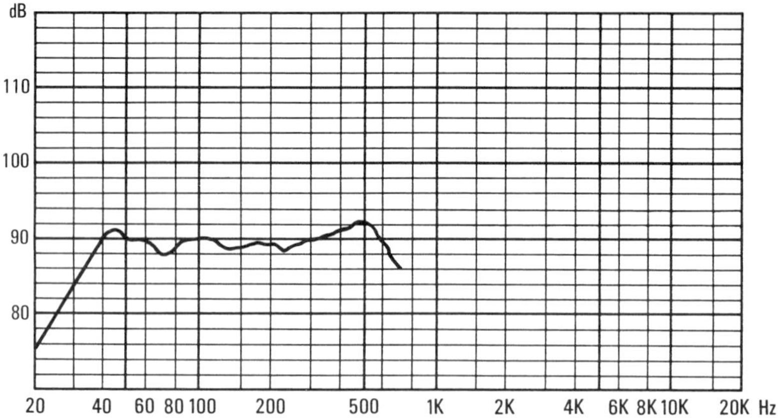

Diagramm 37: Schalldruck des KEF B 300 B in der Transmissionline nach Abb. 64.

Für eine reine Umwegröhre von 2,3 m Länge sollte die Einbauresonanz des Tieftöners knapp unter 40 Hz liegen und der Q-Faktor bei 1,4. Solche Werte erreicht man annähernd mit dem Tieftöner PSL 320/400 Alu von der Firma Isophon, der in zahlreichen Transmissionslines zur Anwendung kommt. Allerdings sind nur die wenigsten Transmissionslines reine Umwegröhren. Das schmale, nach oben führende Röhrenende weist oft eine ähnliche Wirkung auf wie ein Baßreflextunnel. Addieren sich die Wirkungen beider Gehäuseprinzipien, so verlagert sich der Schalldruckgewinn nach niedrigeren Frequenzen. Zwischen 60 und 90 Hz tritt oftmals sogar eine kleine Senke im Frequenzgang auf. Je nach Aufbau des Gehäuses können sich in

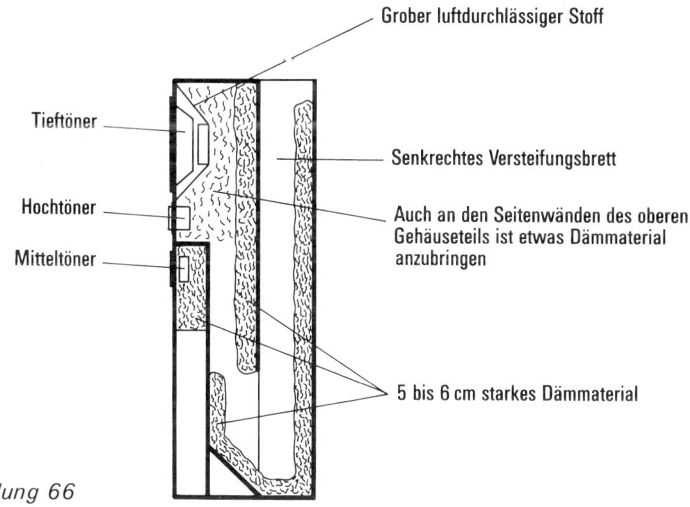

Abbildung 66

ungünstigen Fällen auch Röhrenresonanzen bemerkbar machen, und zwar bei der Frequenz, deren Wellenlänge viermal so groß ist wie die Röhrenlänge. Hinzu kommen noch Resonanzen durch stehende Wellen im Gehäuse. Die tatsächliche Wirkung einer Transmissionline variiert außerdem mit der Menge, dem Anbringungsort und dem Absorbtionsvermögen des verwendeten Dämmaterials.
Aus all diesen Gründen ist es kaum möglich, den Einfluß üblicher Transmissionlines auf den Baßfrequenzgang im voraus genau zu bestimmen. Nicht zuletzt deshalb ist soviel scheinbar Widersprüchliches über diese Gehäuseart gesagt und geschrieben worden, denn was bei einer Konstruktion im Vordergrund steht, kann sich bei einer anderen als völlig nebensächlich erweisen.
Die hier vorgestellte Transmissionline benötigt Tieftöner mit mittelstarkem Magneten und mittel- bis schwerer Membran. Ein optimal geeigneter Tieftöner ist der extrem langhubige B 300 B der Firma KEF, der auch mit anderen Gehäusearten sehr gut harmoniert. Wie das Gehäuse zu dämpfen ist, zeigt Abbildung 66.
Transmissionlinie-Gehäuse dürfen, ähnlich wie Baßreflex-Gehäuse, nicht völlig mit Dämmaterial gefüllt werden. Mit zunehmender Dämpfung verringert sich nämlich die baßverstärkende Wirkung solcher Gehäusekonstruktionen. Auf jeden Fall muß ein Gang oder Tunnel zwischen der Lautsprechermembran und der Gehäuseöffnung frei von Dämmaterial bleiben.

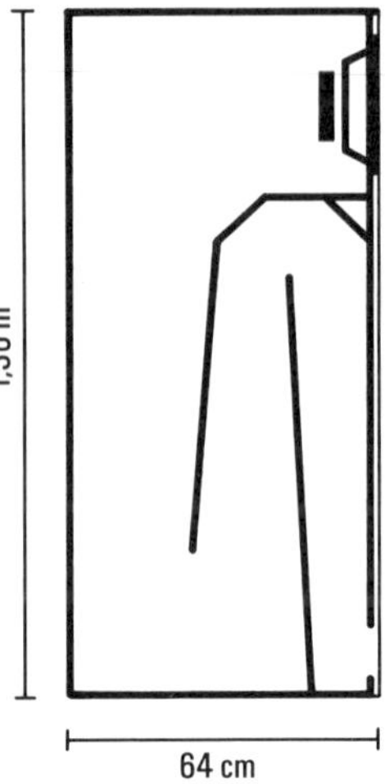

Abbildung 67

Außerdem ist auch für Transmissionlines ein Subsonicfilter im Verstärker erforderlich, das tiefstfrequente Störungen unterdrückt. (Näheres im Kapitel »Stereoverstärker«).
Abschließend sollen der Vollständigkeit halber noch zwei weitere Varianten von Transmissionline-Gehäusen kurz erläutert werden.
Die erste verfolgt die Theorie des akustischen Labyrinths. Diese Theorie besagt ungefähr folgendes: Die vom Tieftöner rückwärtig abgestrahlte Druckwelle wird nach kurzer Zeit von den Gehäusewänden reflektiert, kehrt zum Lautsprecher zurück und beeinträchtigt nun die nachfolgenden Membranschwingungen. Folglich ist es am besten, ein Gehäuse zu konstruieren, in dem sich die Druckwellen sozusagen »totlaufen«. Dementsprechend wird eine mit mehr oder weniger Dämmaterial gefüllte Laufleitung in ein überdimensioniertes Gehäuse eingebaut. An deren Ende befindet sich, wie bei der Transmissionline nach Abbildung 64, meist eine Öffnung im Gehäuse. Abbildung 67 zeigt ein typisches Labyrinth-Gehäuse. Es gibt natürlich auch kleinere Versionen. (vergl. Bailey).
Der Nachteil der meisten Konstruktionen dieser Art ist, daß sie, falls sie vollständig mit Dämmaterial gefüllt werden, praktisch nichts anderes sind als monströse, überdimensionierte geschlossene Gehäuse, denn ob die Öffnung am Leitungsende offen oder geschlossen ist, spielt wegen der hohen Schallabsorbtion im Gehäuse kaum noch eine Rolle.

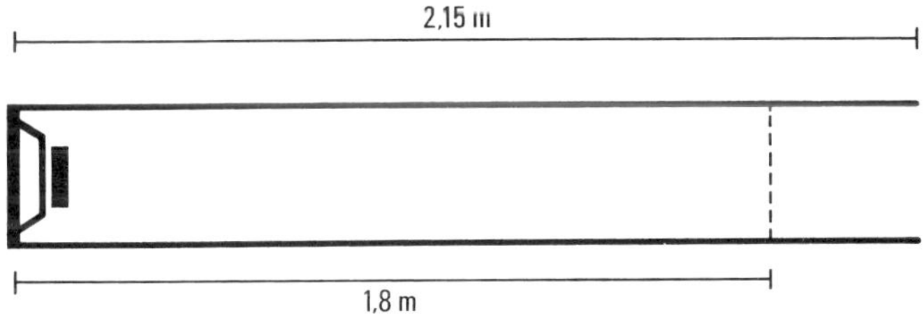

Abbildung 68

Werden solche Konstruktionen dagegen nur schwach gedämpft, erzeugen sie im Tief-Mitteltonbereich meist störende Klangverfärbungen durch Resonanzen.
Die zweite Variante verfolgt die Theorie der Orgelpfeifenresonanzen oder besser Röhrenresonanzen. Dahinter steckt etwa folgendes Konzept: Eine genügend schmale (!) Röhre weist bei der Frequenz eine starke Resonanz auf, deren Wellenlänge viermal so groß ist wie die Röhrenlänge. Hinzu kommen schwächere Resonanzen bei allen ungeraden Vielfachen dieser Frequenz. Will man den Schalldruck vor allem im Bereich um 40 Hz erhöhen, muß die Röhrenlänge dementsprechend 2,15 m betragen. Abbildung 68 zeigt eine solche Resonanzröhre, die wie alle hier aufgeführten Transmissionlines für Baßlautsprecher mit 30 cm Durchmesser vorgesehen ist.
Füllt man eine solche Röhre mit Mineralwolle, Naturwolle oder ähnlichem, so braucht die Länge nur noch 1,7 bis 1,9 m zu betragen, je nach den Eigenschaften des Dämmaterials. Da solche Materialien nicht nur die Schallgeschwindigkeit im Gehäuse herabsetzen, sondern auch Schall absorbieren, werden die Resonanzen der Röhre außerdem abgeschwächt.
Der Nachteil dieser Version liegt darin, daß Impulsverhalten und Frequenzgang der Box aufgrund der Resonanzen alles andere als vorbildlich sind. Füllt man sie dagegen mit Dämmaterial, so lassen sich zwar die Resonanzen weitgehend beseitigen, nicht aber der akustische Kurzschluß bei sehr niedrigen Frequenzen. Leider verringert die vollständige, aber notwendige Bedämpfung auch den tieffrequenten Schalldruck am Leitungsende, so daß eine nennenswerte Verstärkung der Baßwiedergabe kaum noch zustande kommt.

4.5 Exponential-Gehäuse

Von allen Gehäusearten sind Exponential-Gehäuse am schwierigsten zu berechnen und zu bauen. Grundsätzlich sind sie nichts anderes als schallverstärkende und -bündelnde Trichter, die einem Lautsprecher vorgesetzt werden. Von der Sorgfalt ihrer Konstruktion hängt es ab, ob sie anderen Gehäusearten wirklich überlegen sind – zumindest teilweise überlegen – wie oft behauptet wird.
Die Vorteile von »Expo-Boxen« liegen u. a. darin, daß sie den Wirkungsgrad eines Lautsprechers beträchtlich erhöhen und gleichzeitig die Intermodulationsverzerrungen und bei ordentlicher Konstruktion auch den Klirrgrad wesentlich verringern. Ihre Nachteile liegen vornehmlich darin, daß sie relativ groß und nicht so ganz einfach zu bauen sind. Darüberhinaus haben sie einen beträchtlichen Einfluß auf die Impulswiedergabe des eingebauten Lautsprechers.
Zunächst aber zum Aufbau von Exponential-Gehäusen. Vier Faktoren sind dabei von ausschlaggebender Bedeutung: die Halsfläche A_H, die Länge x_{max}, die Mundfläche A_M und das Öffnungsmaß k. Abbildung 69 soll das veranschaulichen.
Als erstes ist die Halsfläche A_H des Trichters festzulegen. Die beste Lösung für eine maximale Steigerung des Wirkungsgrades bei gleichzeitiger Verringerung der Intermodulationsverzerrungen und des Klirrfaktors erhält man, wenn A_H etwa halb so groß gewählt wird wie die Membranfläche des verwendeten Lautsprechers. Vergrößert man A_H wesentlich, so verringert sich die Wirkung des Trichters (was in manchen Fällen jedoch erwünscht ist). Reduziert man dagegen A_H z. B. auf ein Viertel der Membranoberfläche, so erhöhen sich u. U. die Verzerrungen zu sehr. Nimmt man einen 38 cm ⌀ Baßlautsprecher als *Treiber* für das Horn, sollte A_H etwa 430 cm^2 betragen.
Als nächstes ist die Mündungsfläche A_M festzulegen. Bereits im Kapitel über Mittel- und Hochtonhörner wurde darauf hingewiesen, daß die niedrigste Frequenz, die ein Trichter problemlos abstrahlen kann, eine Wellenlänge hat, die etwa dem Umfang der Trichtermündung entspricht. Um Frequenzen bis zu 55 Hz abstrahlen zu können, müßte ein Exponential-Gehäuse demnach einen Mündungsumfang von $\frac{344}{55} = 6{,}25$ m haben, bzw. einen Durchmesser von 2 m. Solche Abmessungen lassen sich in Wohnräumen jedoch kaum realisieren. Da Baßlautsprecher Frequenzen unterhalb etwa 400 Hz kugelförmig nach allen Seiten abstrahlen, kann

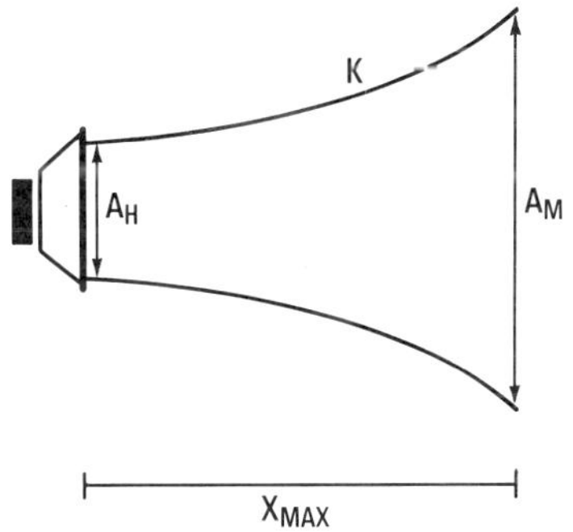

Abbildung 69

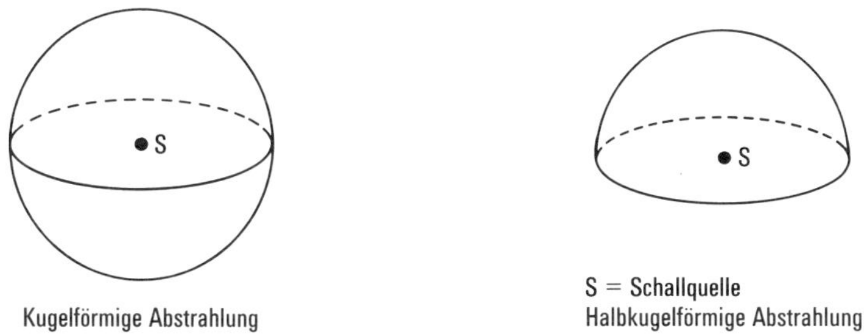

Abbildung 70

man aber schon mit wesentlich geringeren Abmessungen auskommen. Steht die Box nämlich direkt auf dem Boden, so erfolgt die Abstrahlung nicht mehr kugelförmig nach allen Seiten, sondern halbkugelförmig, denn der nach unten abgestrahlte Schall wird sofort reflektiert.

Aus diesem Grund braucht die Mundfläche A_M einer auf dem Boden stehenden Expo-Box nur noch halb so groß zu sein wie die einer frei im Raum schwebenden. Aus 2 m Durchmesser bzw. 3,14 m^2 Mundfläche werden nun 1,57 m^2 für die Mundöffnung. Stellt man die Expo-Box nicht nur auf den Boden, sondern auch direkt an eine Wand, so halbiert sich die erforderliche Fläche noch einmal, und es ergeben sich 0,785 m^2 = 7850 cm^2 für A_M. Die kleinste erforderliche Mundfläche aber erhält man, wenn man zum Boden und zu einer Wand noch eine zweite hinzufügt, wenn man die Box also in eine Raumecke stellt. Die erforderliche Mundfläche halbiert sich dann zum dritten Mal und beträgt nun nur noch 0,39 m^2, d. h. A_M = 3900 cm^2. Das entspricht einer Öffnung von ca. 70 cm Durchmesser,

fall sie rund ist, oder z. B. 68 · 57 cm, falls sie rechteckig ist. Solche Abmessungen sind im Wohnraum durchaus realisierbar.
Nach A_H und A_M ist nun die Trichterkonstante festzulegen. Das ist der Faktor, mit dem sich der Trichterdurchmesser allmählich vergrößert. Die Trichterkonstante k errechnet sich nach der Gleichung:

$$k = \frac{4 \cdot \pi \cdot f_{gr}}{c} = \frac{f_{gr}}{27{,}3}$$

wobei für f_{gr} die untere Grenzfrequenz der Expo-Box einzusetzen ist. Wird als untere Grenzfrequenz 55 Hz gewählt, so gilt

$$k = \frac{55}{27{,}3} \sim 2$$

Als nächstes ist die Länge x_{max} des Trichters zu bestimmen. Die erforderliche Länge eines Exponentialhorns beträgt.

$$x_{max} = \frac{\text{lin}\,\frac{A_M}{A_H}}{k}$$

Beispiel:

A_H	=	430 cm^2	(entspricht der halben Membranfläche eines 38 cm ∅ Baßlautsprechers)
A_M	=	3900 cm^2	(für eine untere Grenzfrequenz von ca. 55 Hz)
k	=	2	(f_{gr} = 55 Hz)

die erforderliche Länge des Exponentialhorns beträgt dann:

$$x_{max} = \frac{\text{lin}\,\frac{3900}{430}}{2} = \frac{\text{lin}\,9}{2} = \frac{2{,}2}{2} = \underline{1{,}10\ \text{m}}$$

Grundsätzlich gilt: Je kleiner die Halsöffnung A_H des Trichters ist und je größer die Mundöffnung A_M, desto größer wird die erforderliche Trichterlänge x_{max}.
Um aber aus all diesen Daten ein Expo-Box konstruieren zu können, muß nun die jeweilige Öffnungsfläche errechnet werden, die der Trichter im Abstand x vom Trichterhals aufzuweisen hat. Bei einer Halsöffnung A_H = 430 cm^2 und einer Trichterkonstante k = 2 ergibt sich für x_1 (d. h. 0,1 m von der Halsöffnung entfernt) eine Öffnungsfläche von:

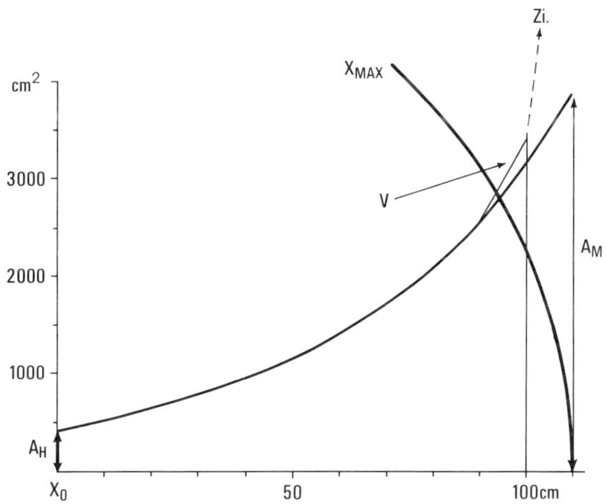

Diagramm 38

$$A_1 = e^{k \cdot x_1} \cdot A_H = e^{2 \cdot 0,1} \cdot 430 = e^{0,2} \cdot 430 = 1,22 \cdot 430 = 525\,cm^2$$

Und für x_2, also 0,2 m von der Halsöffnung entfernt:

$$A_2 = e^{2 \cdot 0,2} \cdot A_H = e^{0,4} \cdot 430 = 1,49 \cdot 430 = 641\,cm^2$$

Für jeden beliebigen Abstand x von der Halsöffnung kann man somit die entsprechende Öffnungsfläche des Trichters ausrechnen. Der Verlauf der Exponentialkurve läßt sich in einem Diagramm darstellen. In der Praxis, d. h. bei der Verwendung ebener Holzbretter als Trichterwände, ergeben sich natürlich geringe Abweichungen von der gerundeten Kurvenform.
Diagramm 38 macht einen »Schönheitsfehler« des errechneten Hornverlaufs deutlich: seine Länge x_{max} erreicht das Horn nur auf der Mittelachse. Die Schallwellen, die am Trichterrand entlanglaufen, müssen einen längeren Weg durch das Horn zurücklegen als vorgesehen. Dieser Schwäche kann man mit einer kleinen Hornverkürzung (V) begegnen, die auch noch andere Vorteile hat. So dienen die Zimmerwände (Zi.) ja nicht nur auch als Trichterwände, sondern sie verlängern und vergrößern den Trichter effektiv, was bei der Berechnung der Mundfläche A_M nicht berücksichtigt wurde. Die Hornverkürzung korrigiert die Berechnungen also auch hier. Ein dritter Vorteil, der aus der Hornverkürzung erwächst, sind die geringeren Abmessungen, also Platzersparnis.

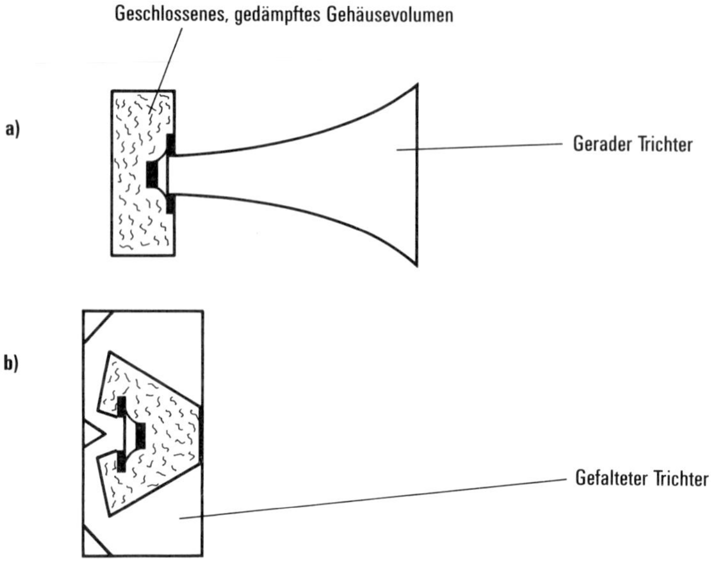

Abbildung 71

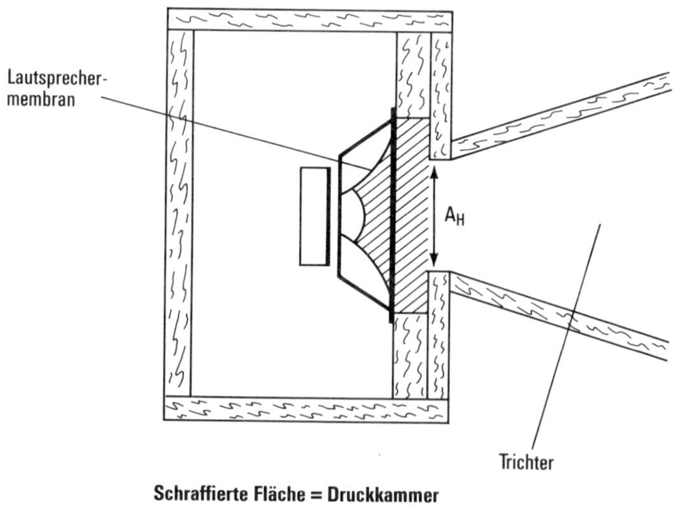

Abbildung 72

Damit sind aber noch nicht alle Einflußfaktoren einer Expo-Box erfaßt. Nicht nur nach niedrigen, sondern auch nach hohen Frequenzen sind Baßtrichtern Grenzen gesetzt. Um nämlich Trichterlängen von über 50 cm zu realisieren, ist es sinnvoll, den Trichter zu knicken oder zu falten, denn gefaltete Trichter ermöglichen wesentlich »wohnlichere« Gehäusedimensionen. Abbildung 71 soll das veranschaulichen.
Faltet man ein Horn oder einen Trichter, so entstehen neue Fehlerquellen, da die vom Lautsprecher erzeugten Schallwellen einen unterschiedlich langen Weg von der Membran bis zum Trichtermund zurücklegen müssen. Das führt zu Phasenverschiebungen und Interferenzen und damit zu einer unterschiedlichen Wirkung des Trichters bei verschiedenen Frequenzen, insbesondere bei höheren. Aus diesem Grund sollte der Übertragungsbereich der Expo-Box auf Frequenzen unterhalb 400–500 Hz begrenzt werden. Dies kann mit Hilfe einer Druckkammer geschehen, die sich zwischen der Lautsprechermembran und dem Trichterhals befindet.
Sind die Halsfläche des Trichters und die gewünschte obere Frequenzgrenze bestimmt, so ergibt sich das erforderliche Volumen der Druckkammer aus der Gleichung (nach Klipsch):

$$V_D = \frac{c \cdot A_H}{2 \cdot \pi \cdot f_{OG} \cdot 10}; \mathrm{l}$$

daraus wird

$$V_D = \frac{5{,}47 \cdot A_H}{f_{OG}}; \mathrm{l}$$

wobei f_{OG} = obere Grenzfrequenz

Beispiel: Für einen 38 cm ∅ Baßlautsprecher beträgt die günstigste Halsöffnung 430 cm^2. Als obere Frequenzgrenze wird 500 Hz gewählt. Für das erforderliche Druckkammervolumen ergibt sich daraus:

$$V_D = \frac{5{,}47 \cdot 430}{500} = 4{,}7\ \mathrm{l}$$

Bei der Berechnung ist wieder zu beachten: je kleiner die Halsfläche und je kleiner das Druckkammervolumen ist, desto größer werden die nichtlinearen Verzerrungen durch Luftüberlastung. Auch aus diesem Grunde ist es angebracht, eine obere Grenzfrequenz zu wählen, die max. bei 500 Hz liegt, und keine extrem kleine Trichterhalsfläche zu verwenden.
Schließlich sollen noch ein paar weitere Eigenheiten von Baßhörnern angeführt werden. So ist es z. B. ohne weiteres möglich, den Trichter in zwei

oder mehrere kleinere Einzeltrichter aufzuteilen (s. Abbildung 71b). Stehen zwei Baßhörner neben- oder aufeinander, so verdoppelt sich ihre effektive Mundfläche. Ist die Trichterkonstante (k) klein genug, so wird die untere Grenzfrequenz entsprechend nach niedrigeren Frequenzen verschoben. Bei sachgemäßer Konstruktion wirken zwei kleine Baßhörner also wie ein großes, wenn sie sich nahe beieinander befinden. Durch den Einsatz von zwei Lautsprechern verdoppelt sich dabei gleichzeitig die elektrische Belastbarkeit.

Die Trichterkonstante k muß keinesfalls über den gesamten Trichterverlauf eingehalten werden. Beim Einsatz von extrem kleinen Trichterhalsöffnungen (z. B. ¼ der effektiven Membranfläche) ist es sogar unbedingt empfehlenswert, für das erste Drittel des Horns eine relativ große Konstante zu wählen, damit die Luft nicht auch noch am Trichteranfang übermäßig komprimiert wird und die Verzerrungen erhöht. Danach folgt ein Bereich mit sehr geringer Konstante, in dem sich der Trichter nur ganz allmählich erweitert, während das letzte Drittel des Horns schließlich den ursprünglich vorgesehenen Verlauf aufweist. Die errechnete Trichterkonstante ist also eher als ein Mittelwert aufzufassen. Die bekannten Baßhörner von P. Klipsch sind nach einem ähnlichen Verfahren aufgebaut.

Und noch ein Punkt darf nicht unerwähnt bleiben. Jede Faltung des Trichters bringt Unregelmäßigkeiten des Frequenzgangs mit sich. Diese Fehler werden besonders deutlich, wenn das Horn im Verlauf der Faltung oder Krümmung eine Breite (bzw. Höhe) aufweist, die ungefähr der Wellenlänge einer Frequenz entspricht, die das Horn noch übertragen soll. Um Störungen im Tiefmitteltonbereich zu vermeiden, ist es daher in vielen Fällen empfehlenswert, den Trichter durch ein Holzbrett im Kurvenverlauf in zwei Hälften zu teilen. Ungünstige Reflexionen und Interferenzen werden dadurch vermieden (s. Abbildung 74). Zusammenfassung der Konstruktionsdaten des Eckhorns:

$$A_H = \frac{\text{Membranfläche}}{2} = 430\ \text{cm}^2$$

$$\text{fgr} = 55\ \text{Hz}$$

$$A_M = \left(\frac{c}{f_{gr} \cdot 2\pi}\right)^2 \cdot \frac{\pi}{2^3};\ \text{m}^2 = 0{,}389\ \text{m}^2 \sim 3900\ \text{cm}^2$$

$$k = \frac{f_{gr}}{27{,}3} = 2$$

$$x_{max} = \frac{\ln \frac{A_M}{A_H}}{k} = \frac{\ln 9}{2} = 1{,}1 \text{ m}$$

$$V_D \sim 5 \text{ l}$$

Aufgrund der Hornverkürzung beträgt die tatsächliche Hornlänge $x = x_{max} - 10\% \sim 1$ m. Die tatsächliche Mundfläche (A_M) beträgt etwa 3400 cm^2. Der optimale Einsatzbereich für dieses Eckhorn liegt zwischen 40 Hz und 400 Hz. Für einen ausgeglichenen Frequenzgang sollten nur 38 cm ∅ Baßlautsprecher mit weicher bis mittelharter Aufhängung und nicht zu starken Magneten verwendet werden.

Das hier vorgestellte Exponentialgehäuse für Baßlautsprecher (s. Abbildung 73, 74) ist vom Deutschen Patentamt in München gebrauchsmusterrechtlich geschützt (Aktenzeichen G 83 31 113.0).

Nun sollen aber noch die Wirkungen eines derartigen Gehäuses näher betrachtet werden. Die Druckkammer vor der Membran dämpft deren Bewegungen und erhöht praktisch die schwingende Masse. Das hat eine niedrigere Resonanzfrequenz des eingebauten Lautsprechers zur Folge und einen geringeren Wirkungsgrad. Die hohe Kompression der Luft in Membrannähe führt andererseits aber zu einer Erhöhung der Strömungsgeschwindigkeit im anschließenden Trichter. Die somit hervorgerufene Geschwindigkeitstransformation sowie die Schallbündelung eines Trichters bewirken letztendlich eine Erhöhung des Wirkungsgrades.

Mit den Membranbewegungen werden außerdem die nichtlinearen Verzerrungen verringert. In einer Expo-Box kann ein Lautsprecher daher höhere Lautstärken erzeugen als in einer normalen geschlossenen Box.

Anhand des 38 cm ∅ Baßlautsprechers 915 A 17 der Firma Becker sollen die Zusammenhänge einmal verdeutlicht werden ($f_o = 20$ Hz, $M_{MS} = 97$ gr., $Q_e = 0{,}33$, $Q_t = 0{,}3$, $V_{AS} = 660$ l, $R_e = 5{,}6\ \Omega$, $BL = 14{,}4\ T \cdot m$, $\eta_o = 1{,}5\%$, zu den technischen Daten vergl. Kap. »Konuslautsprecher«). Vor der Membran befindet sich der bereits errechnete Exponentialtrichter, und hinter dem Lautsprecher verhindert ein geschlossenes, gedämpftes Gehäuse, daß ein akustischer Kurzschluß auftritt. Da das effektive Volumen dieses Gehäuses etwa 140 l beträgt, wäre eine Resonanzfrequenz (f_2) von knapp 45 Hz und ein Q-Faktor (Q_2) von knapp 0,7 zu erwarten (vergl. Kap. »Geschlossene Gehäuse«). Die Druckkammer vor der Membran erhöht jedoch die gesamte schwingende Masse, so daß f_2 tatsächlich nur 34 Hz und Q_2 knapp 0,9 beträgt. Gleichzeitig ist der Wirkungsgrad bzw. der mitt-

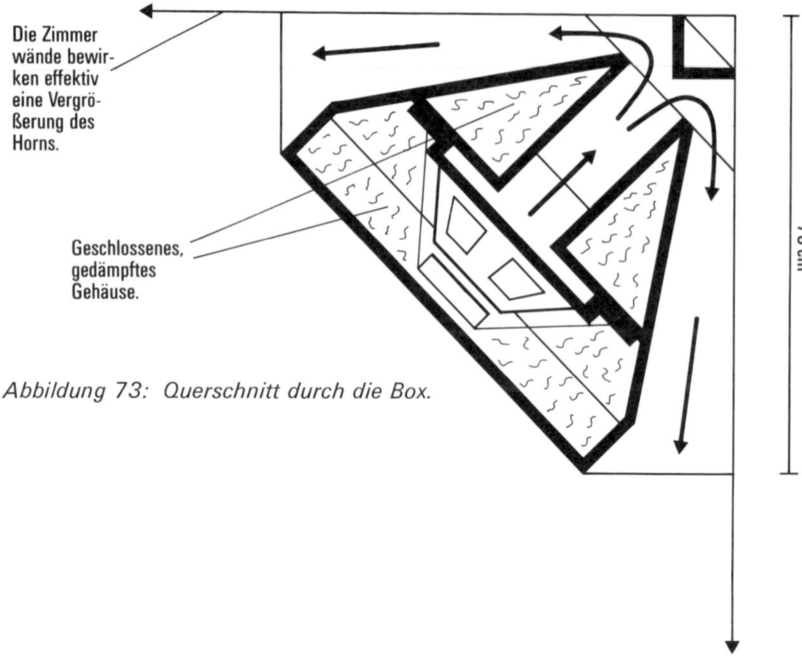

Abbildung 73: Querschnitt durch die Box.

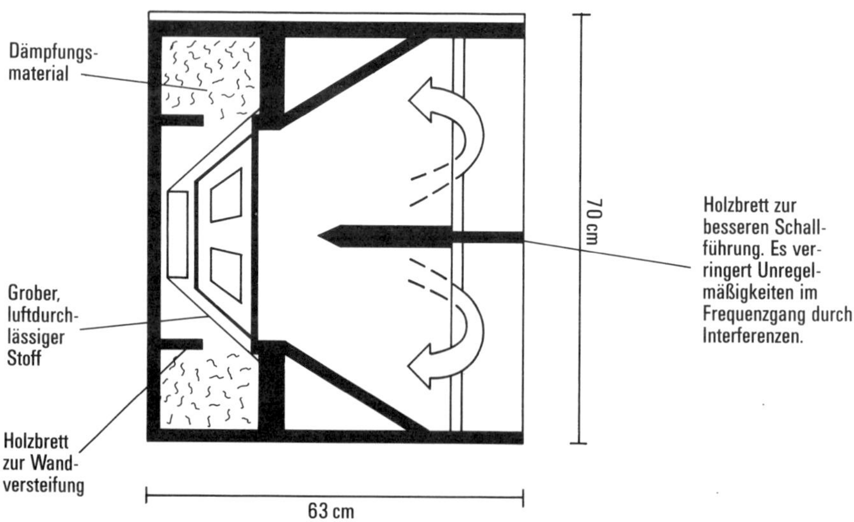

Abbildung 74: Längsschnitt durch die Box.

lere Schalldruck um $20 \log \left(\frac{45}{34}\right)^2$ dB ~ 5 dB gesunken und beträgt nun nur noch etwa 89 dB, statt wie zuvor 94 dB bei 1 W/1 m.
Theoretisch weist ein Lautsprecher unter solchen Bedingungen einen sehr ausgeglichenen Frequenzgang zumindest zwischen 35 Hz und 350 Hz auf. Nun kommt aber die Trichterwirkung noch hinzu. Entscheidend sind u. a. die Größenverhältnisse zwischen Hornmund (A_M) und Hornhals (A_H).

$$\text{Aus } \frac{3900 \text{ cm}^2}{430 \text{ cm}^2} = 9 \text{ werden für den Schalldruckgewinn}$$

$$P = 10 \log 9; \text{ dB}$$

$$= 9{,}5 \text{ dB}$$

Der Schalldruckgewinn beträgt also 9,5 dB. Das bedeutet, daß der Wirkungsgrad und der maximale Schalldruck mit Hilfe des Trichters um 9,5 dB erhöht werden. Oder, anders ausgedrückt, die nichtlinearen Verzerrungen werden um 9,5 dB gesenkt, d. h. etwa auf ein Drittel.
Für die nichtlinearen Verzerrungen sind allerdings auch noch die Druckverhältnisse am Hornmund mitentscheidend, die je nach Lautstärke und Frequenz ganz unterschiedlich sind. So können besonders kleine Druckkammern und Trichterhalsöffnungen die nichtlinearen Verzerrungen wieder drastisch in die Höhe treiben.

Und noch eine Eigenschaft ist zu berücksichtigen. Nur ein nahezu unendlich großes Horn wäre in der Lage, ohne Frequenzgangschwankungen bis zu den niedrigsten Frequenzen Schall zu übertragen. Normalerweise wird die Größe des Horns aber auf ein Minimum reduziert. Dieses Minimum bestimmt nicht nur die untere Frequenzgrenze (f_{gr}) des Horns, sondern auch den Schalldruckverlauf in dessen Umgebung. Messungen und Berechnungen ermöglichen, den Einfluß eines Exponentialhorns auf den Frequenzgang unabhängig von dem verwendeten Lautsprecher zu erfassen. Diagramm 39 soll das verdeutlichen.
Eine entscheidende Bedingung für die Gültigkeit von Diagramm 39 ist allerdings, daß Trichtermund (A_M) und Trichterkonstante (k) die gleiche untere Grenzfrequenz aufweisen. Ist das nicht der Fall, so ergibt sich u. U. ein völlig anderer Einfluß des Horns auf den Schalldruckverlauf des jeweiligen Lautsprechers.
Bei Eckhörnern kommt aber noch ein weiterer Faktor hinzu: die effektive Vergrößerung des Trichters durch die Zimmerwände. Die erste Spitze im

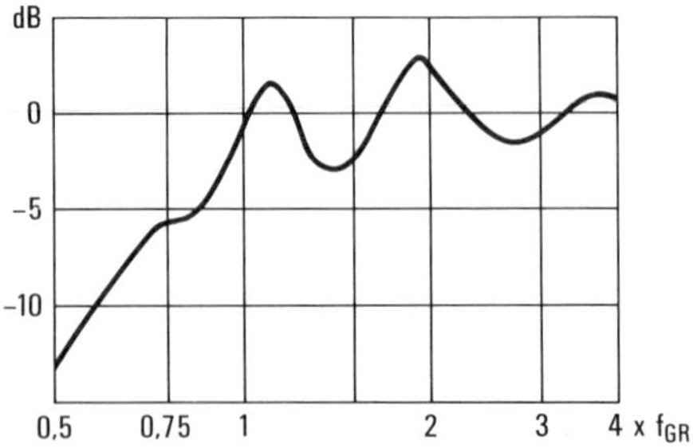

Diagramm 39

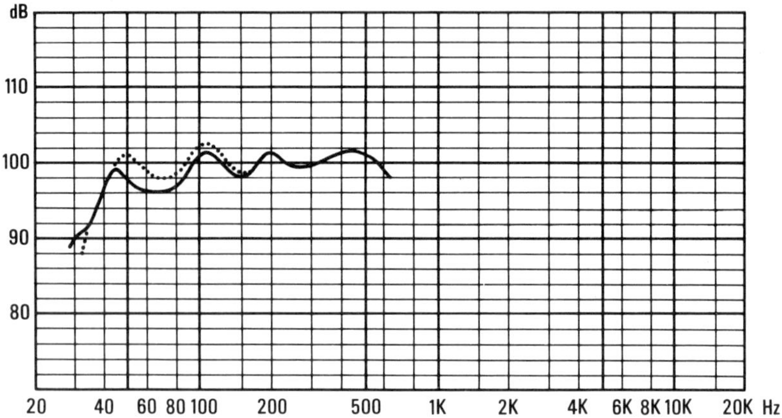

Diagramm 40

Frequenzgang wird dadurch, je nach Raumabmessungen, nach niedrigeren Frequenzen verschoben. Selbst in kleineren Räumen liegt sie bei dem hier vorgestellten Eckhorn unterhalb 50 Hz.

Der voraussichtliche Frequenzgang des Eckhorns mit dem erwähnten Baßlautsprecher läßt sich nun in ein Diagramm eintragen. Dabei ist zu berücksichtigen, daß die Druckkammer sowie Interferenzen im Horn zu einem Abfall des Schalldruckverlaufs oberhalb 500 Hz führen.

Auch Frequenzgangmessungen an dem bekannten Klipschorn, daß in vielen Punkten vergleichbare Konstruktionsdaten aufweist, wie das hier beschriebene Eckhorn, zeigen, daß zwischen etwa 50 Hz und 80 Hz eine Senke im Frequenzgang auftritt – vorausgesetzt, daß die Hörraumeigenschaften bei den Messungen einigermaßen herausgefiltert werden (s. Diagramm 41). Dieser »Schönheitsfehler« ist durchaus wünschenswert, denn Lautsprecherboxen, die in den Zimmerecken aufgestellt werden, neigen ja dazu, die gefürchteten Raumresonanzen besonders hervorzuheben (Näheres im Kapitel »Wohnraumakustik«). Da die meisten Wohnräume zu ausgeprägten Resonanzen zwischen 50 Hz und 80 Hz neigen, verschwindet die Frequenzgangsenke der Eckhörner in der Praxis mehr oder weniger (vergl. Diagramm 42). Ein von vornherein geradliniger Frequenzgang würde in vielen Wohnräumen dagegen zu deutlichen Überhöhungen zwischen 50 Hz und 80 Hz führen.

Allerdings erzeugen nicht alle Hörräume ausgeprägte Resonanzen zwischen 50 Hz und 80 Hz. In sehr großen Räumen sowie in Räumen mit einer starken Dämpfung der Resonanzen, z. B. durch mitschwingende Wände, Decken und Fußböden (aus Holz, Fachwerk, Rigips o. ä.) ist die Senke in diesem Frequenzbereich nicht vorteilhaft. Sie führt dann nämlich zu einer etwas schwachen Tiefbaßwiedergabe.

Nun, auch dieses Problem ist zu lösen. Dazu muß lediglich das geschlossene Volumen hinter der Baßmembran auf etwa die Häfte reduziert und nur schwach gedämpft werden. Dadurch erhöht sich die Resonanzfrequenz des oben genannten Tieftöners (f_2) auf etwa 52 Hz und der Q-Faktor (Q_2) auf etwa 1,3. Die gepunktete Kurve in Diagramm 40 zeigt den Einfluß dieser Maßnahme auf den theoretischen Frequenzgang des kompletten Eckhorns. Bei dem hier vorgestellten Eckhorn ist diese Volumensveränderung auch nachträglich jederzeit möglich. Wie sie vorzunehmen ist, wird bei den Bauvorschlägen am Ende dieses Buches beschrieben. Bei 38 cm Tieftönern mit sehr starkem Magneten (BL $\sim$ 20 T · m) sollte grundsätzlich das kleinere Volumen gewählt werden, bei schwachem Magneten (BL $\sim$ 11 T · m) grundsätzlich das große Volumen.

Die Diagramme 41 und 42 machen deutlich, daß eine Expo-Box in Eckaufstellung auch noch bei Frequenzen wirksam ist, die weit unterhalb der rechnerischen Grenzfrequenz liegen (beim Klipschorn ist $f_{gr} = 50$ Hz). Eine wesentliche Voraussetzung dafür ist jedoch, daß der verwendete Baßlautsprecher eine nicht zu starke Magnetkonstruktion aufweist und eine nicht zu steife Membranaufhängung. Ist der Hörraum groß genug und hat er eine ausgeprägte Resonanz bei sehr niedrigen Frequenzen, so kann ein Eckhorn sogar noch bei 30 Hz eine kräftige Wiedergabe liefern, selbst wenn die untere Grenzfrequenz des Trichters wesentlich höher liegt. Aus diesem Grunde wurden hier auch 55 Hz als untere Grenzfrequenz (f_{gr}) gewählt, obwohl das Eckhorn wenigstens bis 40 Hz einsetzbar sein sollte.

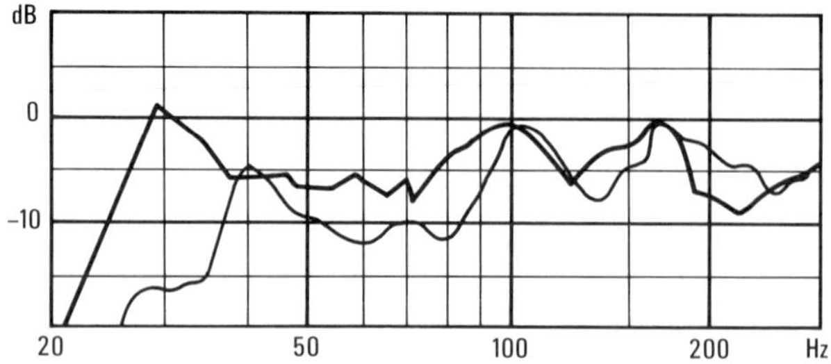

Diagramm 41

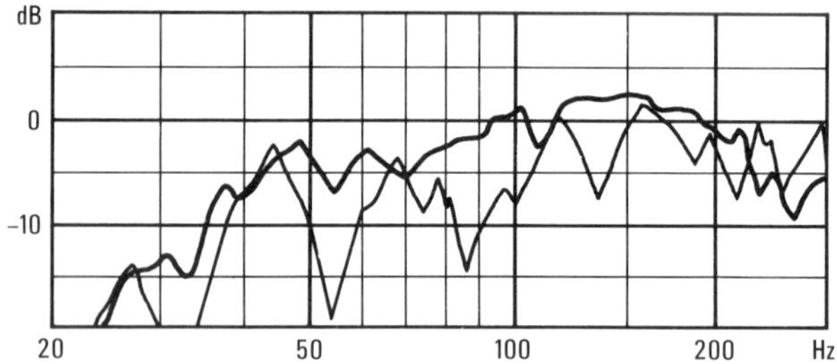

Diagramm 42

Die durch die Eckaufstellung angeregten Raumresonanzen beeinflussen allerdings nicht nur den Frequenzgang einer Box. Sie bestimmen auch maßgeblich deren Impulsverhalten. Lautsprecher, die in einer Raumecke aufgestellt werden, weisen demzufolge längere Ein- und besonders lange Ausschwingzeiten auf, d. h. eine voluminöse, aber nicht gerade exakte Impulsverarbeitung im Baßbereich. Messungen weisen darauf hin, daß die Impulswiedergabe von unterschiedlichen Hörnern und Baßlautsprechern nahezu identisch ist, wenn diese in den Ecken desselben Raums plaziert werden.

Glücklicherweise ist das Gehör für diese Art von Verzerrungen bei niedrigen Frequenzen nicht sonderlich empfindlich. Viel wichtiger für die Wiedergabe von Baßinstrumenten ist eine möglichst geringe Dynamikkompression im Baßbereich und eine exakte Impulswiedergabe im Mittel-Hochtonbereich, d. h. bei den Obertönen von Instrumenten. Lediglich in quadratischen Räumen (→ besonders stark ausgeprägte Raumresonanzen) kann sich die Aufstellung von Eckhörnern doch recht negativ bemerkbar

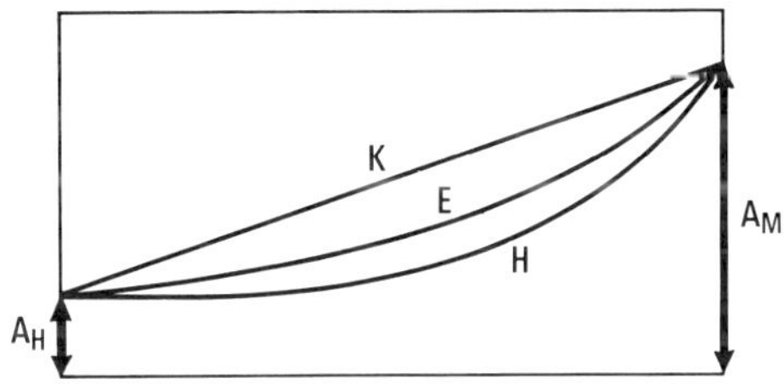

Abbildung 75: K = konischer Verlauf; E = exponentieller Verlauf; H = hyperbolischer Verlauf.

machen (dröhnende, unsaubere Bässe, Näheres im Kapitel »Wohnraumakustik«). Das gilt übrigens für alle Eckhörner, auch für das Klipschorn. Überhaupt sind die Unterschiede zwischen dem Klipschorn und dem hier vorgestellten Eckhorn im Baßbereich bezüglich Klang, Impulsverhalten und Wirkungsgrad verschwindend gering. Trotzdem weist das hier vorgestellte Eckhorn einige wesentliche Vorteile gegenüber früheren Konstruktionen auf. Diese liegen:

- in dem ausgeglichenen Frequenzgang bis 500 Hz;
- in der Anpaßbarkeit an die Stärke der Raumresonanzen und an den Q-Faktor des Tieftöners;
- in der geringen Bauhöhe von nur 70 cm;
- in dem vereinfachten Aufbau mit weitaus weniger Holzplatten als üblich, die außerdem nur zwei verschiedene Fräswinkel erforderlich machen.

Abschließend noch einige allgemeine Bemerkungen über Exponentialboxen. Leider ist es so, daß eine Verbesserung der Box in einer Beziehung oft eine Verschlechterung in einer anderen nach sich zieht. Will man z. B. den Schalldruck bei tiefen Frequenzen (bei f_{gr}) erhöhen, so ist das mit Hilfe eines hyperbolischen Trichterverlaufs durchaus möglich. Andererseits erhöhen sich dadurch aber die nichtlinearen Verzerrungen durch Luftüberlastung, da sich ein hyperbolischer Trichter erst nur ganz allmählich, in der zweiten Hälfte dafür umso schneller öffnet.
Beim konischen Trichter ist es genau umgekehrt. Er bewirkt die geringsten Verzerrungen, aber auch den höchsten Schalldruckverlust bei f_{gr}.
Eine andere Möglichkeit, den Wirkungsgrad bei tiefen Frequenzen zu erhöhen, besteht natürlich darin, die Trichterkonstante (k) zu verringern und die Länge (x_{max}) sowie Mundfläche (A_M) zu erhöhen. Um aber noch

einigermaßen »wohnliche« Gehäuseabmessungen zu erzielen, muß der Trichter nun ein zweites oder gar drittes Mal gefaltet werden. Das führt zu größeren Laufzeit- bzw. Phasenunterschieden zwischen der kürzesten und der längsten Wegstrecke vom Trichterhals zum Trichtermund. Frequenzen mit kleineren Wellenlängen schalten sich dann gegenseitig durch Interferenzen im Trichter aus. Aus diesem Grund fällt der Schalldruck bei konventionellen Eckhörnern bereits oberhalb 200 Hz stetig ab.
Die sinnvollste Möglichkeit, den Schalldruckverlust unterhalb 100 Hz und oberhalb 200 Hz gering zu halten, besteht darin, Lautsprecher mit genügend hohem Q-Faktor zu verwenden und den Trichter nur einmal zu falten.
An dieser Stelle seien noch einige Störfaktoren aufgelistet, die den Klang eines Eckhorns negativ beeinflussen können. Hierzu zählen:

- Mitschwingende Trichterwände; besonders in der Nähe der Halsöffnung treten extrem starke Druckbelastungen auf; deshalb möglichst 19 mm starke Spanplatten verwenden.
- Fehlerhafter Aufbau, z. B. Spaltöffnungen zwischen den Gehäuseplatten; deshalb Gehäuseecken und -kanten mit Leim und Sägespänen oder mit Dichtmasse völlig abdichten.
- Gehäuseresonanzen; deshalb das geschlossene Gehäuse hinter der Membran mit Dämmaterial versehen.
- angeregte Raumresonanzen wegen der Eckaufstellung (darüber mehr im Kapitel »Wohnraumakustik«).

Seit langem sind auch kleinere Exponentialhörner ähnlich Abbildung 71b erhältlich, die nicht einmal für Eckaufstellung vorgesehen sind. Da solche Konstruktionen prinzipbedingt kaum in der Lage sind, Frequenzen unterhalb 70 Hz wiederzugeben, eignen sie sich weniger für eine hochwertige Musikwiedergabe und sollen hier nicht näher beschrieben werden.

4.6 Expo-Reflex-Gehäuse

Selbstverständlich sind auch Kombinationen von Baßreflex- und Exponential-Gehäusen möglich. Wenn die Reflexöffnung bis etwa 100 Hz wirksam ist, braucht der Exponentialtrichter nicht einmal übermäßig groß zu sein, auch wenn die Box nicht für die Aufstellung in einer Raumecke vorgesehen ist. Wird die Halsfläche A_H genügend groß gewählt, so ist die erforderliche Trichterlänge x_{max} recht gering, und das Horn muß nicht gefaltet werden. Die Konstruktionsdaten einer solchen Expo-Reflexbox, die noch verhältnismäßig einfach nachzubauen ist, sind:

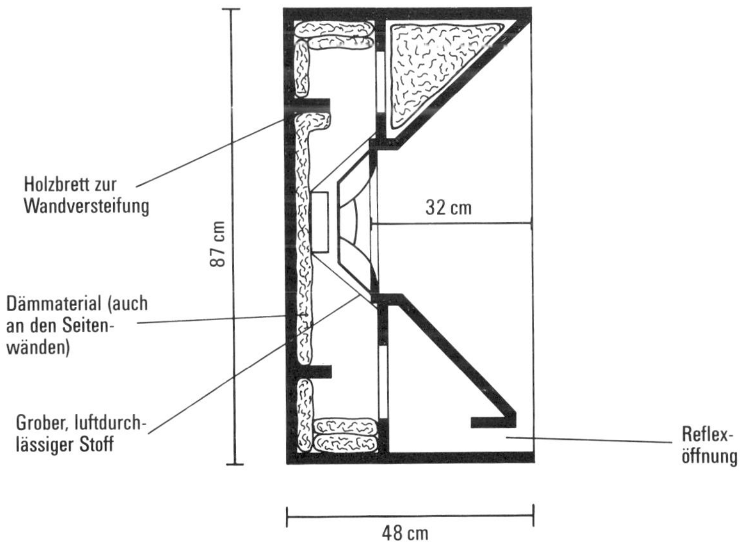

Abbildung 76: Seitenansicht der Box.

A_H ~ Membranoberfläche; hier ist $A_H = 550\ cm^2$

f_{gr} ~ 100 Hz; hier ist $f_{gr} = 108$ Hz

Bei der Aufstellung der Box auf dem Boden und an einer Wand ergibt sich für die erforderliche Mundfläche:

$$A_M = \left(\frac{c}{f_{gr} \cdot 2\pi}\right)^2 \cdot \frac{\pi}{2^2};\ m^2 \sim 2020\ cm^2$$

$$k = \frac{f_{gr}}{27{,}3} \sim 4$$

$$x_{max} = \frac{\lin \frac{2020}{550}}{4} = 0{,}32\ m$$

Vol ~ 75 l (einschließlich der Wirkung des Dämmaterials)

$f_B \leq 50$ Hz

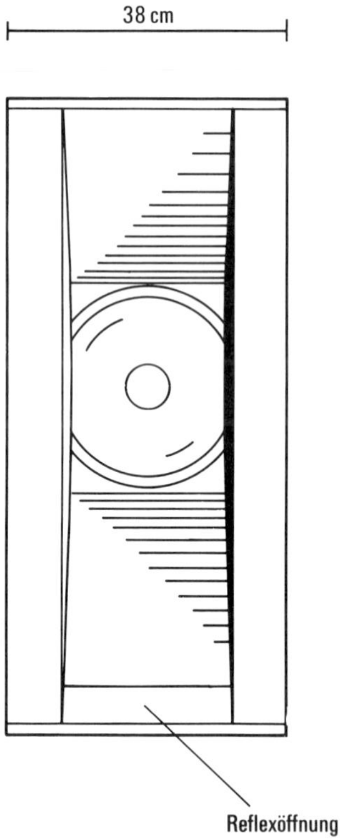

Abbildung 77: Frontalansicht der Expo-Reflexbox.

Werden die Konstruktionsdaten wie hier optimal aufeinander abgestimmt, so kann auf eine besondere Krümmung der Trichterwände verzichtet werden, ohne daß sich eine nennenswerte Abweichung vom errechneten Trichterverlauf ergibt. Ein genauer Bauplan für das Gehäuse befindet sich am Ende dieses Buches.
Der verwendete Tieftöner sollte in einem geschlossenen Gehäuse mit 75 l Volumen einen Q-Faktor (Q_2) von etwa 1 aufweisen und eine Resonanzfrequenz (f_2) von etwa 50 Hz ($\pm$ 10%). Nur so läßt sich eine kräftige Tiefbaßwiedergabe realisieren. Baßlautsprecher mit besonders leichten Membranen oder extra starken, teuren Magnetkonstruktionen sind also nicht geeignet.
Der mittlere Schalldruck eines geeigneten 30 cm $\varnothing$ Baßlautsprechers

wird zwischen 50 Hz und 500 Hz mit Hilfe dieses Gehäuses um rund 5 dB erhöht. Spätestens ab 500 Hz sollte ein Mitteltöner hinzugeschaltet werden. Dazu können kräftige Konuslautsprecher oder ebenfalls Hornlautsprecher verwendet werden. Für den Hochtonbereich kommen nur Trichter- oder Hornlautsprecher in Frage.
Die Vorteile dieser Konstruktion liegen in dem hohen Wirkungsgrad, in der Fähigkeit hohe Schalldrücke zu erzeugen und in den geringen Klirr- und Intermodulationsverzerrungen. Allerdings ist dafür ein Subsonicfilter erforderlich (Näheres hierüber im Kapitel »Stereoverstärker«). Die Box kann stehend oder liegend betrieben werden. Sie sollte sich allerdings in der Nähe einer Zimmerwand befinden.
Abschließend sei noch erwähnt, daß es eine große Anzahl unterschiedlicher Expo-Reflex-Gehäuse auf dem Markt gibt. Kaum eine davon eignet sich jedoch zur hochwertigen Musikübertragung. Fast alle verfügen nämlich über eine schwache Tiefbaßwiedergabe, einen extrem unausgeglichenen Frequenzgang und ein ganz miserables Impulsverhalten. Diese Gehäusekonstruktionen sind in der Regel für Live-Konzerte vorgesehen, bei denen sie extrem hohe Lautstärken erzeugen müssen – auf Kosten der Klangqualität. Im Zweifelsfall ist es besser, auf andere Gehäusearten zurückzugreifen.

4.7 Expo-Transmissionline-Gehäuse

Expo-Transmissionline-Gehäuse werden auch als »Rear-Loaded-Horns« bezeichnet, weil bei ihnen die Rückseite der Lautsprechermembran an ein Horn angekoppelt ist.
Es ist jedoch angebracht, zwischen zwei Varianten von Expo-Transmissionline-Boxen zu unterscheiden. Die eine arbeitet vornehmlich als Expo-Box und macht extrem große Gehäuse erforderlich. Die zweite Version ähnelt eher einer Transmissionline, bei der der Trichtereffekt den Schalldruck im Baßbereich noch etwas erhöht. Solche Konstruktionen erfreuen sich seit Jahren großer Beliebtheit – einige davon allerdings in tiefbaßschwacher Miniausführung in Kombination mit Breitbandlautsprechern.
Zunächst aber zur ersten Gruppe. In der Praxis empfiehlt es sich, folgende Kriterien zu erfüllen, damit die Expo-Boxen eine befriedigende Baßwiedergabe aufweisen:

1. Für eine kräftige Tiefbaßwiedergabe sollte die Freiluftresonanzfrequenz des Tieftöners (f_o) etwa zwischen 20 Hz und 35 Hz liegen und der totale Q-Faktor (Q_t) zwischen 0,3 und 0,5.

2. Der Lautsprecher sollte über eine Druckkammer an das Horn angepaßt werden, deren Grenzfrequenz unter 200 Hz liegt. Andernfalls wird die Mitteltieftonwiedergabe beeinträchtigt. Frequenzen oberhalb 200 Hz sollten hauptsächlich direkt von der Membranvorderseite in den Hörraum gelangen.
3. Für einen guten Kompromiß zwischen einem hohen Wirkungsgrad und geringen nichtlinearen Verzerrungen sollte die Halsfläche A_H etwa halb so groß sein wie die Membranoberfläche.
4. Um einen ausgeglichenen Frequenzgang und eine kräftige Tiefbaßwiedergabe zu erzielen, sollte die Mundfläche A_H wenigstens 3500 cm^2 betragen. Außerdem muß die Box in der Nähe einer Raumecke aufgestellt werden.
5. Die Hornlänge x_{max} sollte wenigstens 2 m betragen, damit sich der unvermeidliche akustische Kurzschluß bei Frequenzen mit sehr großer Wellenlänge erst unterhalb 40 Hz bemerkbar macht. Eine Hornverkürzung wie bei dem Eckhorn wäre hier also sinnlos.
6. Das Verhältnis zwischen der kürzesten und der längsten Wegstrecke vom Trichterhals zum Trichtermund darf höchstens 1:2 und muß wenigstens 1:1,5 betragen. Andernfalls entsteht eine ausgeprägte Frequenzgangsenke durch akustischen Kurzschluß bei $\frac{c}{x_{max}}$, hier etwa 150 Hz (vergl. Kapitel »Transmissionline-Gehäuse«).
7. In den Knick- oder Faltstellen des Trichters sollten kleine abgewinkelte Bretter angebracht werden, damit die praktische Ausführung des Trichterverlaufs nicht zu sehr vom errechneten Kurvenverlauf abweicht. Andernfalls verschlechtert sich der Frequenzgang.

Die konsequente Berücksichtigung dieser Kriterien ist außerordentlich wichtig für eine HiFi-gerechte Auslegung des Baßhorns. Es halten aber nur die wenigsten konventionellen Hörner diesen Forderungen stand. Die Folge ist, daß die meisten »Rear-Loaded-Horns« über äußerst mäßige Tiefbaßeigenschaften verfügen sowie über einen besonders welligen Frequenzgang. Wenn sie in bestimmten Kreisen trotzdem recht beliebt sind, so liegt das u. a. an den positiven Vorurteilen, die viele Leute gegenüber solchen Lautsprecherboxen haben. Nicht zuletzt hat auch die einschlägige Literatur dazu beigetragen, Expohörner als nahezu fehlerfrei anzusehen, als das Non-plus-Ultra im Lautsprecherbau. Leider wird hier immer wieder Qualität mit Quantität verwechselt. Praktisch alle Baßlautsprecher sind in Exponential-Gehäusen zwar lauter als in anderen Gehäusekonstruktionen; ihr Frequenzgang, Impulsverhalten und z. T. auch ihre nichtlinearen Verzer-

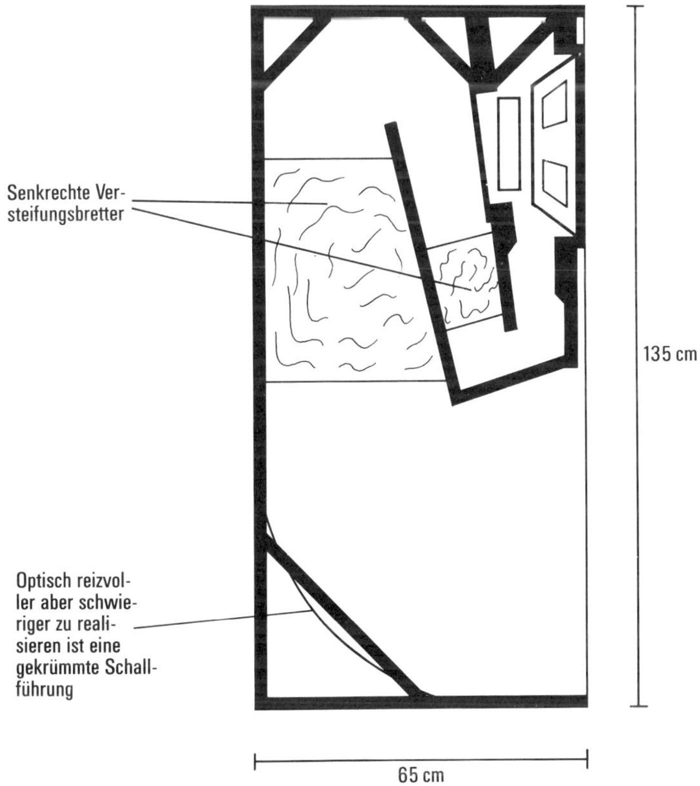

Abbildung 78: Die Gesamtbreite dieser Box beträgt 60 cm. Ein genauer Bauplan befindet sich am Ende dieses Buches.

rungen sind meistens aber alles andere als vorbildlich, wie Messungen und Vergleichstests zeigen. Nur bei sehr sorgfältiger Konstruktion und optimaler Aufstellung im Hörraum können Exponential-Gehäuse mit anderen Gehäusearten klanglich Schritt halten. Ihr wesentlicher Vorteil liegt darin, daß sie einen höheren Wirkungsgrad aufweisen und daß mit ihnen höhere Lautstärken erzeugt werden können.
In Abb. 78 wird ein »Rear-Loaded-Horn« vorgestellt, daß sich auch für HiFi-Wiedergabe eignet.

Konstruktionsdaten:

$A_H = 450\ cm^2$
$A_M = 3500\ cm^2$
$x_{max} = 2{,}35\ m$
$k = 0{,}87$
$V_D \sim 14\ l$

(damit das Druckkammervolumen stimmt, sind die Aussparungen in den Platten hinter dem Tieftöner nur dann vorzunehmen, wenn die Einbautiefe des Lautsprechers sie erforderlich macht).
Mit diesem Horn lassen sich extrem hohe Lautstärken im Baßbereich realisieren, denn es erhöht den Schalldruck bei niedrigen Frequenzen um bis zu 10 dB (→ Lautstärke-Verdoppelung).
Da Fußboden und Wände bei Baßhörnern immer mehr oder weniger eine (notwendige) Verlängerung des eigentlichen Trichters darstellen, hat die Aufstellung einer solchen Box im Hörraum allerdings einen überdurchschnittlichen Einfluß auf den Frequenzgang und den Klang. Nur wenn die hier vorgestellte Expo-Transmissionline in der Nähe einer Raumecke aufgestellt wird, weist sie einen noch relativ ausgeglichenen Frequenzgang zwischen 40 Hz und 600 Hz auf. »In der Nähe« bedeutet jedoch keinesfalls, daß sie direkt in die Ecke gerückt werden muß. Bei ausgeprägten Raumresonanzen kann ein Wandabstand von etwa einem Meter sogar recht vorteilhaft sein.
Spätestens ab 600 Hz sollte ein Mitteltöner angekoppelt werden. Außerdem ist ein Subsonic-Filter zur Unterdrückung tieffrequenter Störungen unbedingt erforderlich (s. Kapitel »Stereoverstärker«).
Der Nachteil dieses »Rear-Loaded-Horn« liegt in den nicht gerade geringen Abmessungen. Allerdings kann die Box auch liegend betrieben werden. Das hat den Vorteil, daß sich die aufgesetzten Mittel- und Hochtöner bei sitzenden Zuhörern nicht weit über der Ohrhöhe befinden.
Die zweite Variante der Expo-Transmissionline-Gehäuse eignet sich aufgrund der geringeren Abmessungen schon besser für normale Wohnräume. Der prinzipielle Unterschied zur ersten Version liegt darin, daß es sich hier weniger um eine reine Expo-Box handelt, sondern eher um eine Transmissionline, deren Wirkung aber verändert und dabei z. T. erhöht wird.
Für eine befriedigende Wiedergabequalität empfielt es sich, folgende Bedingungen zu erfüllen:

1. Für eine kräftige Tiefbaßwiedergabe sollten die Werte für Freiluftresonanzfrequenz und Q-Faktor des Baßlautsprechers zwischen $f_o = 25$ Hz, $Q_t \geq 0{,}4$ und $f_o = 35$ Hz, $Q_t \geq 0{,}6$ liegen.
2. Um klangliche Verfärbungen im Tief-Mitteltonbereich zu vermeiden, sollte die obere Grenzfrequenz der Druckkammer etwa bei 200 Hz liegen.
3. Für einen noch relativ ausgeglichenen Frequenzgang und geringe nichtlineare Verzerrungen sollte die Halsfläche (A_H) wenigstens halb so groß sein wie die effektive Membranfläche.
4. Die Mundöffnung (A_M) sollte so dimensioniert sein, daß sich für den Trichter eine untere Grenzfrequenz (f_{gr}) von etwa 100 Hz ($\pm$10%) ergibt. Bei der Aufstellung der Box in der Nähe einer Raumecke sollte die Öffnungsfläche (A_M) daher etwa 1200 cm^2 betragen. Unterhalb 100 Hz wirkt das Gehäuse dann vornehmlich als Transmissionline.
5. Die Expo-Transmissionline sollte eine mittlere Länge (x_{max}) von mindestens 2 m aufweisen. Unterhalb $\frac{344}{4 \cdot x_{max}}$; Hz führt das Transmissionline-Prinzip ja zu einer abgeschwächten Wiedergabe.
6. Das Verhältnis zwischen der kürzesten und der längsten Wegstrecke vom Trichterhals zum Trichtermund muß für einen ausgeglichenen Frequenzgang kleiner als 1:2 und größer als 1:1,5 sein.
7. In den Faltstellen des Trichters sollten kleine abgewinkelte Bretter angebracht werden.

Abbildung 79 zeigt den Aufbau einer Expo-Transmissionline die diese Kriterien erfüllt.

Konstruktionsdaten:

$A_H = 200\ cm^2$
$A_M = 1200\ cm^2$
$x_{max} = 2$ m
$k = 0{,}9$
$V_D \sim 6$ l

(damit das Druckkammervolumen stimmt, ist bei Tieftönern mit geringer Einbautiefe ein Zusatzbrett hinter dem Lautsprecher erforderlich).
Für diese Expo-Transmissionline sind Tieftöner mit ca. 25 cm ∅ zu verwenden. Der Schalldruckgewinn, den diese Konstruktion im Baßbereich maximal einbringt, liegt bei 5 dB. Der Frequenzgang und der Klang sind auch hier vom Aufstellungsort abhängig. Für eine kräftige Tiefbaßwiedergabe

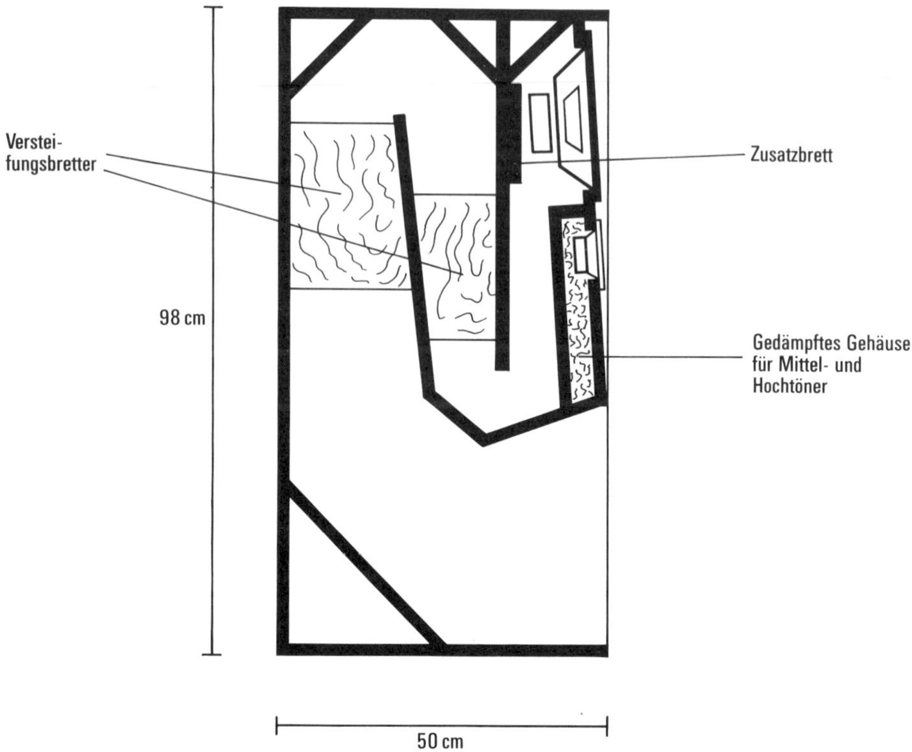

Abbildung 79: Die Gesamtbreite dieser Box beträgt 38,3 cm. Ein genauer Bauplan befindet sich am Ende dieses Buches.

sollte sich die Box in der Nähe einer Raumecke befinden. Im Baßbereich weist die Box wie alle Expo-Boxen einen etwas welligen Frequenzgang auf, was sich gehörmäßig jedoch nicht störend bemerkbar macht. Ab 400 Hz oder 500 Hz ist ein Mitteltöner hinzuzuschalten. Damit sich Mittel- und Hochtöner nicht zu weit unterhalb der Ohrhöhe befinden, sind sie hier nebeneinander zu montieren.
Das Gehäuse für den Mittel- und Hochtöner ist übrigens ein Bestandteil des Baßhorns. Wenn Mittel- und Hochtöner vom Gehäuse getrennt plaziert werden sollen (z. B. auf der Box), darf das kleine Gehäuse also nicht einfach fortgelassen werden. Auch Expo-Transmissionline-Boxen reagieren empfindlich auf Frequenzen unter 20 Hz. Es ist daher ein entsprechendes Subsonic-Filter im Verstärker erforderlich.

Die Eigenschaften von Exponential- und von Transmissionline-Boxen werden mittlerweile hinreichend bekannt sein und müssen hier nicht noch einmal aufgeführt werden. Es soll aber noch auf ein besonderes Phänomen aufmerksam gemacht werden. Expo-Boxen wird allgemein eine besonders gute Impulswiedergabe nachgesagt. Messungen zeigen aber, daß sie bei mittlerer Lautstärke anderen Konstruktionen darin weit unterlegen sind. Übliche Impulsmessungen übergehen jedoch die Tatsache, daß Hornlautsprecher auch bei höheren Lautstärken noch nicht »schlapp machen«. Immerhin kann sich die vom Verstärker zugeführte Leistung bei Musikwiedergabe kurzfristig auf das 50-fache des Durchschnittswertes erhöhen, wenn beispielsweise ein kurzer Paukenschlag wiedergegeben werden muß. Schon bei mittelhoher Lautstärke aber werden viele gewöhnliche Lautsprecherkonstruktionen davon total überfordert. Die Membranen schnellen kurzfristig und kaum sichtbar jeweils bis zum »Anschlag« vor und zurück, und in Wirklichkeit werden nicht die extrem tiefen Frequenzen lauter, sondern die Verzerrungen und der höhere Baß. Gerade hier aber zeigt sich die Überlegenheit von Hornlautsprechern, denn sie sind – bei ordentlicher Konstruktion – in der Lage, auch tieffrequente Impulse selbst bei hohen Lautstärken noch relativ verzerrungsarm zu übertragen. Expohörner ermöglichen also eine höhere *Dynamik* bei der Musikwiedergabe und liefern eine kräftigere Baßwiedergabe als andere Gehäusearten. Die Magnete geeigneter Tieftöner für Expo-Boxen dürfen aber nicht zu stark sein.

4.8 Grundsätzliches über Lautsprechergehäuse

4.8.1 Gehäusewände

Es versteht sich von selbst, daß die Gehäusewände von Lautsprecherboxen möglichst massiv sein müssen, um auch bei hohem Schalldruck nicht mitzuschwingen. Mitschwingende Wände führen zu einem welligen Frequenzgang und zu einer mulmigen, unpräzisen Wiedergabe im Baßbereich. Aus diesem Grunde ist es vorteilhaft, relativ starke Holzwände (19–22 mm) zu verwenden und diese im Gehäuseinneren zusätzlich zu versteifen. Das kann mit kleinen Holzbrettern oder Dachlatten (z. B. 3 · 5 cm) geschehen, die an den Wänden angebracht werden. Anstelle von Span-, Tischler- oder Sperrholzplatten können selbstverständlich auch Materialien wie Leichtbeton oder Marmor verwendet werden, was allerdings mit einem enormen (finanziellen) Aufwand verbunden ist.

Bis zu welchem Grad eine Wandversteifung überhaupt sinnvoll ist, ist schwer zu sagen, denn in Wohnräumen befinden sich üblicherweise eine ganze Reihe von »Mitschwingern« direkt in Boxennähe. Dazu zählen Fenster, Schranktüren, Zimmertüren, Regalbretter etc. Die Vorteile von extrem steifen und schweren Gehäusewänden machen sich daher bei Untersuchungen in schallgedämpften Meß- und Testräumen wesentlich stärker bemerkbar als in der Praxis, d. h. in normalen Wohnräumen. Ein guter Kompromiß zwischen Aufwand und Ergebnis wird immer noch mit genügend starken Spanplatten erzielt, die im Gehäuseinneren zusätzlich versteift werden.
Spanplatten neigen übrigens nicht so stark zu Eigenschwingungen wie z. B. Massivholzplatten; sie haben nämlich eine höhere innere Dämpfung, d. h. sie setzen einen großen Teil der ihnen (durch die Schwingungen der Tieftönermembran) zugeführten Energie in Molekülreibung und damit in Wärme um. Elastischen Materialien fehlt diese Eigenschaft weitgehend.

4.8.2 Stehende Wellen

Ganz gleich ob es sich um einen Wohnraum oder um den Innenraum einer Lautsprecherbox handelt: sobald parallel gegenüberliegende Wände mit im Spiel sind, treten stehende Wellen auf. Abbildung 80a) bis d) soll das veranschaulichen.
Auch wenn es sich hier um eine Vereinfachung der wirklichen Vorgänge handelt, so wird doch deutlich, daß stehende Wellen einen unangenehmen Einfluß auf den Klang einer Box haben können – zumindest dann, wenn die Schwingungen so stark werden, daß sie durch die Lautsprechermembran oder eventuelle Gehäuseöffnungen in den Hörraum gelangen. Sie können den Frequenzgang und das Impulsverhalten einer Lautsprecherbox im Tief- und Mitteltonbereich erheblich beeinträchtigen.
Besonders deutlich treten stehende Wellen hervor, wenn der Abstand zwischen den Wänden genau einer Wellenlänge entspricht. Beträgt der Abstand zwischen den Seitenwänden einer Box z. B. 40 cm = 0,4 m, so ist vor allem bei $f_r = \frac{344}{0,4} = 860$ Hz eine Resonanzüberhöhung zu erwarten.
Weitere Überhöhungen können sich bei $0,5 \cdot f_r$, $2 \cdot f_r$, $3 \cdot f_r$ usw. bemerkbar machen (s. hierzu auch Diagr. 53).
Bei üblichen Lautsprechergehäusen treten zwischen Schall- und Rückwand, Boden- und Deckelplatte und zwischen den Seitenwänden stehende Wellen auf. Extrem ungünstig sind daher würfelförmige Gehäuse, da bei ihnen alle stehenden Wellen zwischen den Wänden die gleichen Frequen-

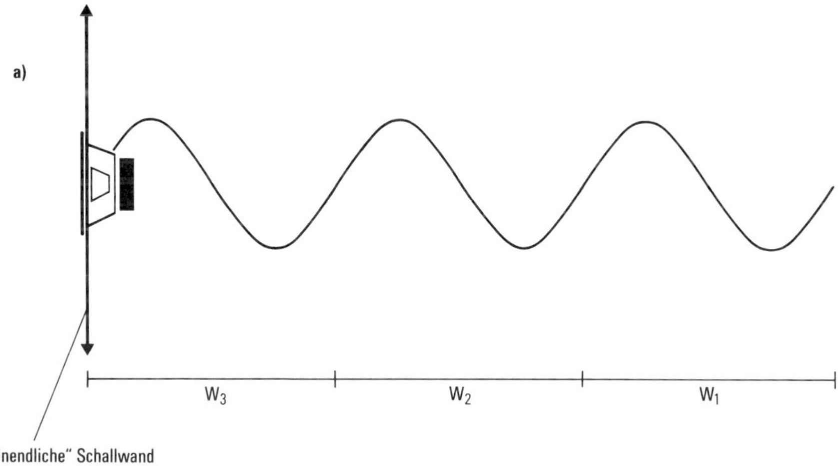

Abbildung 80a: Kann sich der rückwärtig abgestrahlte Schall ungehindert vom Lautsprecher fortbewegen, gibt es keine Probleme mit stehenden Wellen. Anders verhält es sich jedoch, wenn der Schallwand noch eine Wand gegenüberliegt, wie die Rückwand einer Box.

zen aufweisen. Keine Probleme mit stehenden Wellen zeigen dagegen kugel- oder pyramidenförmige Gehäuse. Günstig sind auch Innenabmessungen im Verhältnis von 2,5 : 1,6 : 1 oder 4 : 1,6 : 1,25 bei den üblichen quaderförmigen Gehäusen. Wie lassen sich Probleme mit stehenden Wellen in Lautsprecherboxen aber vermeiden?

Kommt ein kugel- oder pyramidenförmiges Gehäuse nicht in Betracht, können Reflexionen von den Wänden mit Hilfe von Dämmaterialien (Mineralwolle, Naturwolle, Polyesterwatte, Akustik-Schaumstoff) abgeschwächt werden.

Da bei üblichen Gehäuseabmessungen besonders im Mitteltonbereich stehende Wellen auftreten, müssen Zweiwegboxen, bei denen der Tieftöner auch noch einen Teil der Mitteltonwiedergabe übernimmt, etwa zu zwei Dritteln mit Dämmaterial gefüllt werden. Die kleinen Abdeckungen oder Gehäuse von Konusmitteltönern müssen sogar vollständig gedämpft werden.

Bei den Gehäusen für Baßlautsprecher lassen sich stehende Wellen auch durch das Anbringen von kleinen Holzbrettern an den Innenwänden abschwächen und nach höheren Frequenzen verschieben.

Reflexion von W_1

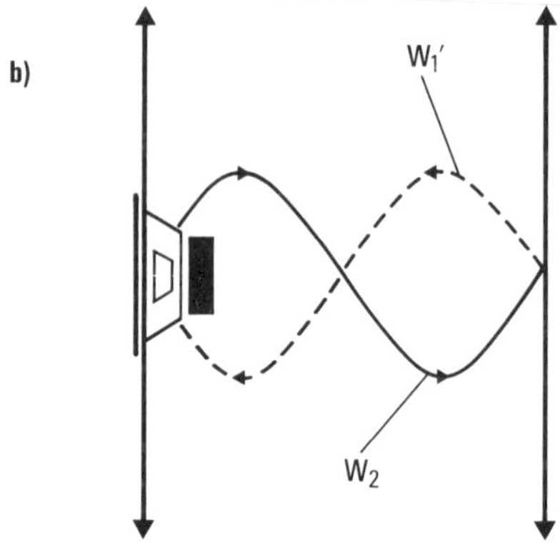

Abbildung 80b: Während der Lautsprecher nach W_1 eine weitere Schallwelle produziert (W_2), wird die erste (W_1) von der gegenüberliegenden Wand reflektiert (W_1').

Reflexion von W_2

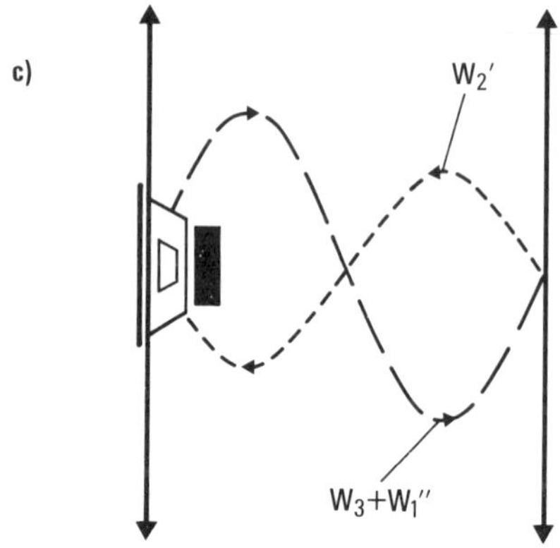

Abbildung 80c: Wieder an der Schallwand angelangt, wird W_1 zum zweiten mal reflektiert und addiert sich nun zu W_3. W_3 wird dementsprechend lauter. Wenig später addiert sich der reflektierte Wellenzug W_2' zum neu produzierten W_4. Dann gelangen die Reflexionen von W_3 und W_1 wieder zur Schallwand und addieren sich zu W_5. Das geht nun immer so weiter, wobei das ursprüngliche Signal wesentlich verstärkt wird. Die Welle kann sich nämlich nicht weiter fortbewegen; sie »steht«.

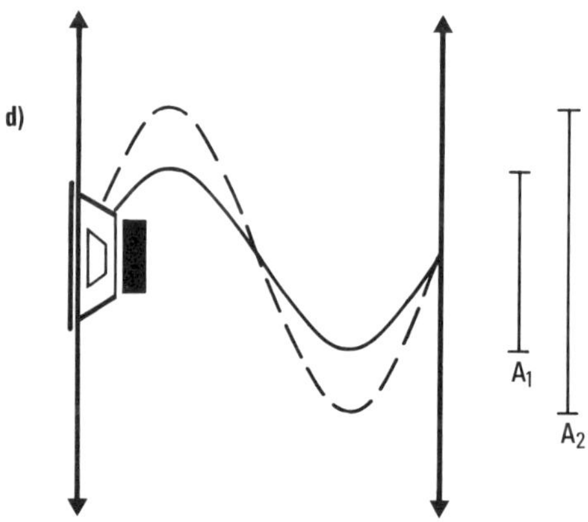

Abbildung 80d:
A_1 = Ursprünglich korrekte Amplitude.
A_2 = Tatsächliche Amplitude der stehenden Welle.

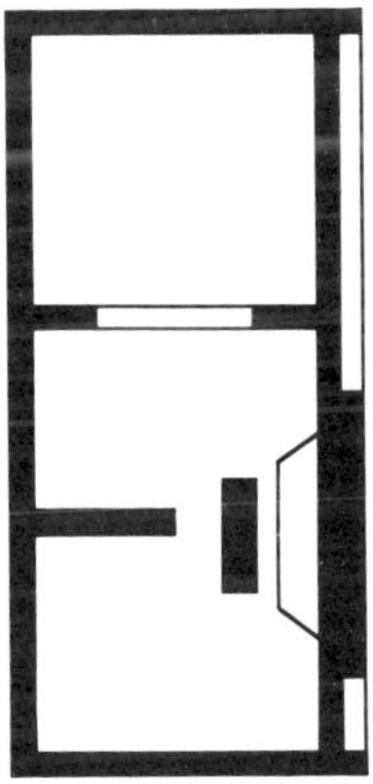

Abbildung 81: Holzbretter zur Verminderung stehender Wellen im Gehäuse können gleichzeitig zur Wandversteifung dienen.

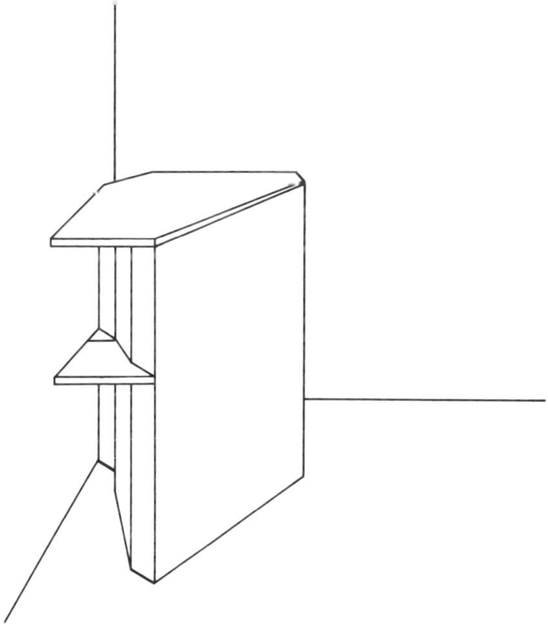

Abbildung 82: Bei Exponential-Boxen, die noch Frequenzen oberhalb etwa 400 Hz übertragen sollen, kann eine zusätzliche Aufteilung des Trichters Probleme mit stehenden Wellen beseitigen.

4.8.3 Dämmaterialien

Auch Dämmaterialien haben keinesfalls alle die gleiche Wirkung. Weit verbreitet sind Mineralwolle (Steinwolle) und Naturwolle. Den wesentlichen akustischen Unterschied zwischen beiden bewirkt der größere Durchmesser der Wollfasern. Effektiv führt er dazu, daß die Schallabsorbtion von Naturwolle im Mitteltonbereich wesentlich geringer ist und daß auch die Verringerung der Schallgeschwindigkeit im Gehäuse nicht so groß ist wie bei der Verwendung von Mineralwolle. Vereinfacht ausgedrückt bedeutet das, daß Naturwolle weniger effektiv ist als Steinwolle. Lediglich im Tiefbaßbereich verändern sich die Verhältnisse geringfügig zugunsten der Naturwolle. Allerdings ist zu berücksichtigen, daß auch die jeweilige Dichte der Materialien einen wesentlichen Einfluß auf die akustischen Eigenschaften hat.

Mineralwolle ist von allen Dämmaterialien am billigsten und wird bislang von den meisten Boxenherstellern bevorzugt. Sie hat allerdings den Nachteil, daß sie bei der Verarbeitung auf der Haut juckt und kratzt. Dafür ist sie

im Gegensatz zur Naturwolle völlig immun gegen Mottenbefall und sackt mit der Zeit nicht in sich zusammen. Als weitere Dämmaterialien sind im Fachhandel Polyesterwatte und Akustik-Schaumstoff erhältlich, die zwar nicht billig, dafür aber, wie auch die Naturwolle, »hautschonend« bei der Verarbeitung sind.
Die Aufgaben von Dämmaterialien sind erstens, das effektive Gehäusevolumen (bzw. die Röhrenlänge bei Transmissionlines) zu vergrößern und zweitens, Resonanzen im Gehäuseinneren abzuschwächen. Wie wirkungsvoll diese Aufgaben erfüllt werden, läßt sich kaum theoretisch ermitteln. Vor allem die Fülldichte und der Anbringungsort (z. B. in der Gehäusemitte, an den Gehäusewänden etc.) haben einen großen Einfluß auf die Wirkung. In Zweifelsfällen sollte daher ruhig ein wenig experimentiert werden, bis das Ergebnis klanglich befriedigt.

4.8.4 Frontverkleidungen

In vielen Fällen wird die Schallwand einer Lautsprecherbox mit Metallgitter oder Stoff versehen. Dabei ist darauf zu achten, daß solche Gitter möglichst viele und möglichst große Öffnungen haben und nur wenig Schall zurück zum Lautsprecher reflektieren. Außerdem dürfen Metallgitter nicht mitschwingen und somit die Baßwiedergabe beeinträchtigen.
Bei Bespannstoffen ist auf eine größtmögliche Schall- und Luftdurchlässigkeit zu achten. Dichtgewebte Stoffe haben besonders im Hochtonbe-

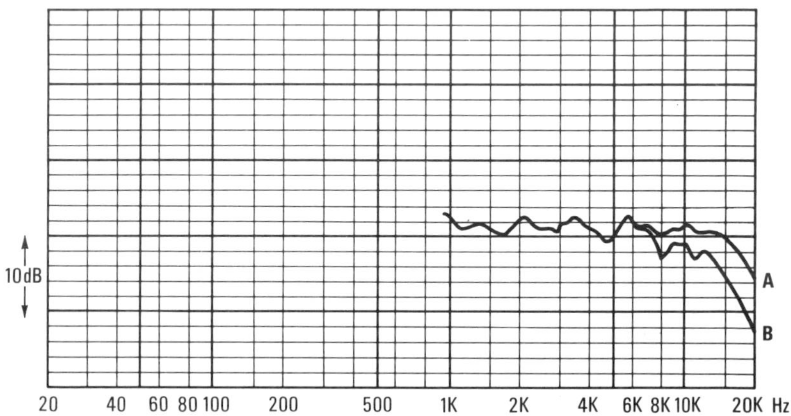

Diagramm 43:
Kurve A: Ohne Frontbespannung; Kurve B: Mit ungünstiger Frontbespannung.

reich einen negativen Einfluß auf den Klang. Besser ist es, spezielle Lautsprecherbespannstoffe zu verwenden, die im Fachhandel erhältlich sind. Noch besser allerdings wäre es – zumindest für den Hochtonbereich – gänzlich auf eine Frontbespannung zu verzichten. Bespannstoffe eignen sich übrigens auch sehr gut zum Schutz der Lautsprecherrückseite vor Mineralfasern und -splittern, denn sie ist besonders luft- und schalldurchlässig (vergl. hierzu Abb. 56, 61, 66, 74). Diagramm 43 zeigt den Einfluß einer ungünstigen Frontbespannung auf den Frequenzgang im Hochtonbereich.

Mit dem Tacker wird der Bespannstoff auf einem Holzrahmen befestigt. Klettenbänder halten den Bespannrahmen auf der Schallwand fest.

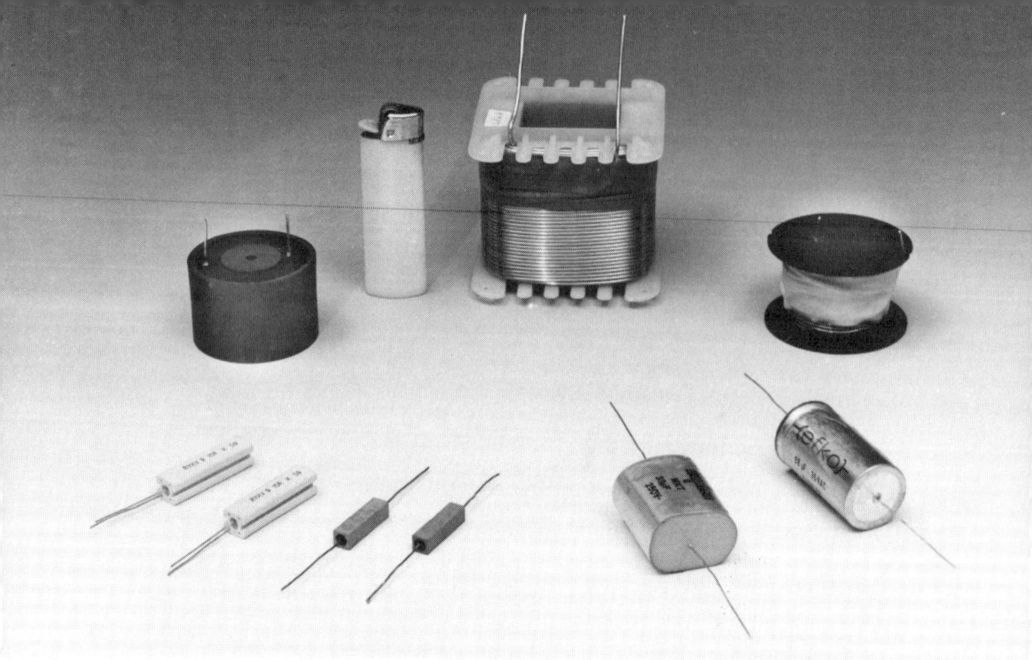

Bauteile für Frequenzweichen. Oben: Glockenkern-Ferritspule (3,9 mH), Luftspulen (3 mH und 0,56 mH). Unten: Widerstände (11 und 5 Watt), Folienkondensator (33 μF) und Elko (68 μF).

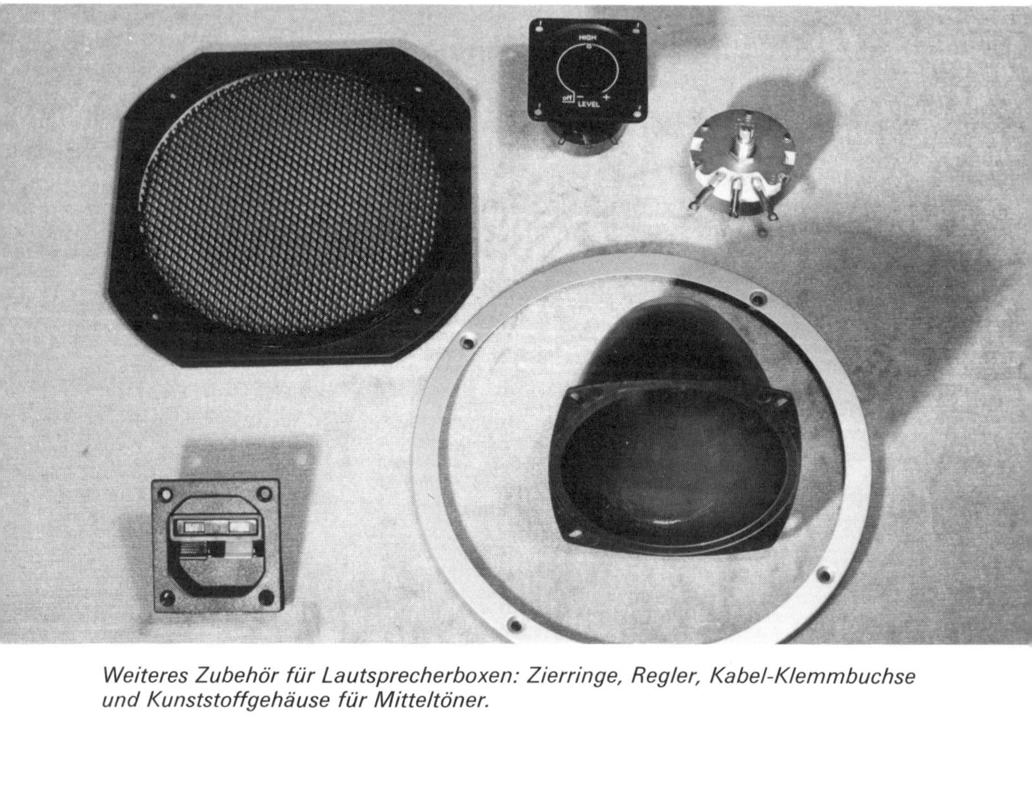

Weiteres Zubehör für Lautsprecherboxen: Zierringe, Regler, Kabel-Klemmbuchse und Kunststoffgehäuse für Mitteltöner.

5 Frequenzweichen

5.1 Butterworth-Filter

Da ein einzelner Lautsprecher nicht in der Lage ist, den gesamten Frequenzbereich zwischen 40 Hz und 16 kHz verfärbungsarm wiederzugeben, ist es erforderlich, wenigstens zwei verschiedene Lautsprecher in einer HiFi-Box zu betreiben. Jeder dieser Lautsprecher erhält dabei nur einen Teil der vom Verstärker gelieferten Signale. In einer Zweiwegkombination wird dem Mitteltieftonlautsprecher beispielsweise der Frequenzbereich von 40 Hz bis 2 kHz zugeführt, dem Mittelhochtöner dann der Bereich von 2 kHz bis 16 kHz. Bei Dreiwegboxen sind es dagegen drei Teilbereiche, bei Vierwegboxen vier Teilbereiche. Hauptaufgabe der Frequenzweiche ist es nun, diese Aufteilung in verschiedene Frequenzbereiche zu bewerkstelligen, so daß der Tieftöner nur die niedrigen Frequenzen erhält, der Hochtöner nur die hohen usw.

Es gibt mehrere verschiedene Typen von Frequenzweichen, die alle ihre Vorzüge und Nachteile haben. Am weitesten verbreitet und am einfachsten zu handhaben sind die sogenannten »Butterworth-Filter«, die hier deshalb näher beschrieben werden sollen.

Aber auch von Butterworth-Filtern gibt es verschiedene Ausführungen. Gebräuchlich sind vor allem Filter zweiter und dritter Ordnung. Je höher die Ordnung, desto mehr Bauteile (Spulen und Kondensatoren) werden benötigt und desto höher ist der Spannungsabfall pro Oktave. Diagramm 44 zeigt die theoretische Dämpfung von Butterworth-Filtern erster bis vierter Ordnung bei einer Übergangsfrequenz von 1 kHz.

5.1.1 Butterworth-Filter 1. Ordnung (6 dB/Okt.)

Butterworth-Filter 1. Ordnung sind von allen Frequenzweichen am einfachsten aufzubauen. Zweiwegweichen 1. Ordnung bestehen z. B. lediglich aus einer Drosselspule für den Tieftöner und einem Kondensator für den Hochtöner. Die erforderlichen Werte lassen sich leicht errechnen:

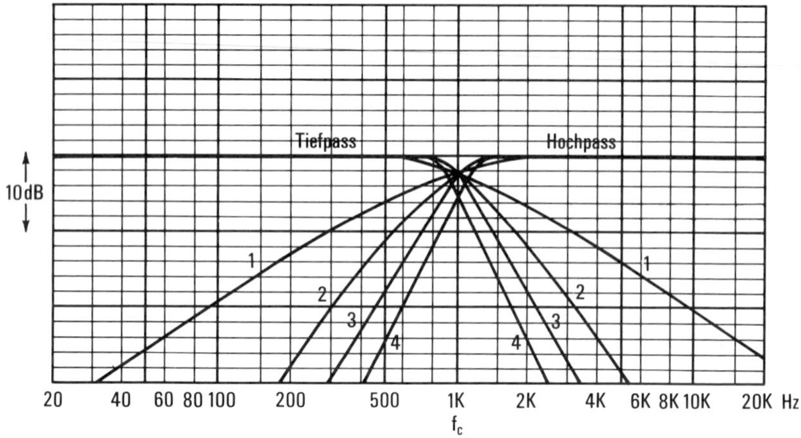

Diagramm 44: f_c = Übergangsfrequenz; (1), (2), (3), (4) = Filter erster, zweiter, dritter und vierter Ordnung.
Die Senke bei der Übergangsfrequenz verschwindet in der Praxis, da dieser Bereich ja von beiden Lautsprechern übertragen wird.

Spule (Induktivität)

$$L = \frac{160 \cdot Z}{f_c}; \text{ mH}$$

Kondensator (Kapazität)

$$C = \frac{160\,000}{Z \cdot f_c}; \text{ µF}$$

wobei Z = Impedanz des Lautsprechers in Ohm
f_c = gewünschte Übergangsfrequenz in Hz
mH = Millihenry, Maßeinheit für Induktivitäten
µF = Microfarad, Maßeinheit für Kapazitäten

Die Konstante setzt sich aus einem Vielfachen der Kreiszahl π zusammen. Bei der Spule in einem Butterworth-Filter erster Ordnung beträgt sie z. B.

$$\frac{10^3}{2 \cdot \pi} = \frac{1000}{2 \cdot 3{,}14} = 159{,}2 \sim 160.$$

Haben die verwendeten Lautsprecher eine Impedanz von 8 Ω und liegt die gewünschte Übergangsfrequenz bei 2 kHz, so gilt:

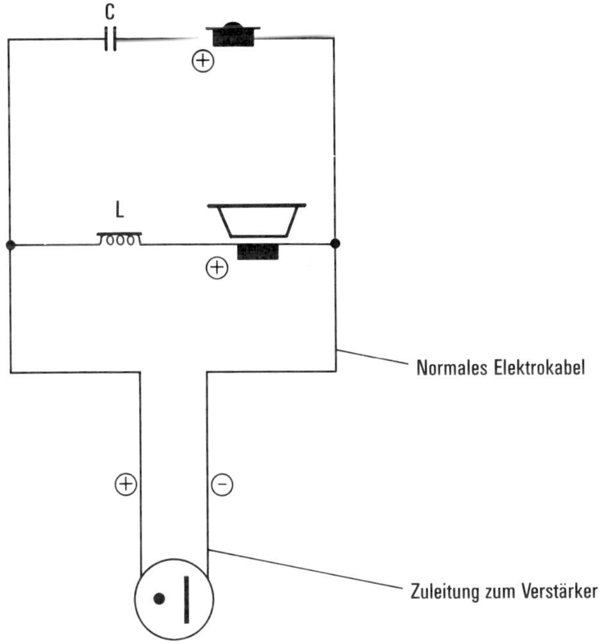

Abbildung 83: Der Pluspol ist immer folgendermaßen gekennzeichnet: Lautsprecher: Rote Markierung an oder nahe bei einer der Anschlußstellen für das Kabel; Kabel: geriffelte Ader; DIN-Stecker: dünner, runder Anschlußstift; Verstärker: bei DIN-Buchse wie oben; bei Anschlußklemmen die rote Klemme.

$$L = \frac{160 \cdot 8}{2000}\ \text{mH}$$

$$= 0{,}64\ \text{mH}$$

und

$$C = \frac{160\,000}{8 \cdot 2000}\ \mu\text{F}$$

$$= 10\ \mu\text{F}$$

Den Aufbau der Weiche zeigt Abbildung 83.

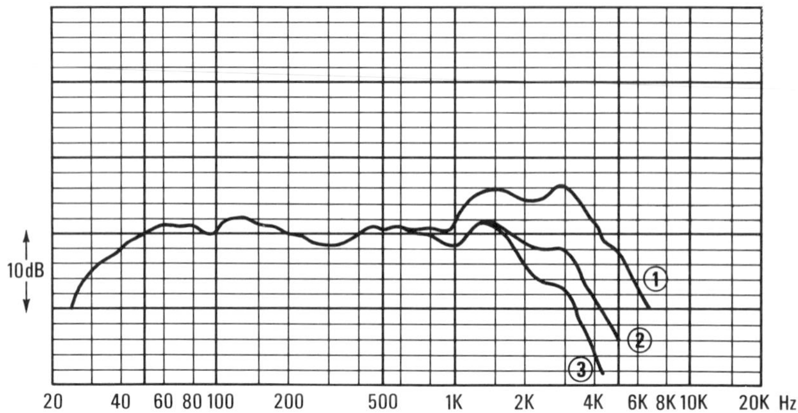

Diagramm 45:
Kurve 1: Frequenzgang ohne Filter.
Kurve 2: Mit Filter 1. Ordnung und Frequenzgangkorrektur (f_c = 1 kHz).
Kurve 3: Mit Filter 2. Ordnung und Frequenzgangkorrektur.

Filter erster Ordnung haben den Vorteil, daß sie theoretisch das Phasen- und Impulsverhalten der Lautsprecher kaum beeinflussen. In der Praxis führen sie aber zu störenden Überlagerungen von Schallwellen, da sich die Einsatzbereiche der Lautsprecher weit überlappen. Auch haben Filter erster Ordnung unnötig hohe Intermodulationsverzerrungen zur Folge, vor allem, weil sie niedrige Frequenzen nicht in ausreichendem Maße von den Mittel- und Hochtönern fernhalten. Letzteres kann sogar zur Zerstörung der Lautsprecher bei höheren Lautstärken führen. Und schließlich kommt noch hinzu, daß es mit Filtern 1. Ordnung kaum gelingt, Unregelmäßigkeiten im Frequenzgang der Lautsprecher ausreichend zu kompensieren. Diagramm 45 veranschaulicht das anhand des (noch recht unproblematischen!) Frequenzgangs eines 20 cm Baßlautsprechers mit Kunststoffmembran, der unterhalb 2 kHz eingesetzt werden soll.

5.1.2 Butterworth-Filter 2. Ordnung (12 dB/Okt.)

Die Bauteile eines Butterworth-Filters 2. Ordnung sind folgendermaßen zu errechnen:

$$L = \frac{225 \cdot Z}{f_c}; \ \text{mH}$$

$$C = \frac{112\,500}{Z \cdot f_c}; \ \mu F$$

Da Baßlautsprecher wegen der Schallbündelung bei höheren Frequenzen den Mitteltonbereich besonders laut wiedergeben, erhält die Frequenzweiche die zusätzliche Aufgabe, diesen Fehler zu kompensieren (vergl. Diagramm 45). Eine exakte Frequenzgangkorrektur ist allerdings aufgrund fehlender Meßprotokolle oft nicht möglich. In der Praxis wird bei vielen Boxen jedoch schon eine akzeptable Korrektur erreicht, wenn die in Reihe zum Tieftöner geschaltete Spuleninduktivität verdoppelt bis verdreifacht wird. Soll ein Tiefmitteltonlautsprecher beispielsweise bis 2 kHz wirksam sein, so ergeben sich daraus für die Bauteile des Tiefpasses folgende Werte:

LS-Impedanz 8 Ω

$$L = 2{,}5 \cdot \frac{225 \cdot 8}{2000} = 2{,}25 \text{ mH}$$

$$C = \frac{112\,500}{8 \cdot 2000} = 7 \mu F$$

LS-Impedanz 4 Ω

$$L = 2{,}5 \cdot \frac{225 \cdot 4}{2000} = 1{,}12 \text{ mH}$$

$$C = \frac{112\,500}{4 \cdot 2000} = 14 \ \mu F$$

Die tatsächlichen Werte für 8 Ω Tieftöner sind dann L = 2,2 mH und C = 6,8 µF und für 4 Ω Versionen L = 1,2 mH und C = 15 µF, denn nicht alle beliebigen Induktivitäten und Kapazitäten sind im Fachhandel erhältlich.
Da die meisten Hochtöner zwischen 1,5 kHz und 5 kHz lauter sind als im Obertonbereich, empfiehlt es sich, auch hier eine Frequenzgangkorrektur vorzunehmen. Dazu sollte die Kondensatorkapazität vor dem Hochtöner etwa halbiert werden. (Bei 8 Ω Hochtönern kann stattdessen auch die Spuleninduktivität halbiert werden.) Es gibt allerdings Fälle, in denen eine speziell auf den Lautsprecher abgestimmte Frequenzgangkorrektur erforderlich ist, das gilt auch für manche Mitteltöner.
Den Aufbau einer typischen Zweiweg-Weiche mit einer Übergangsfrequenz von 2 kHz einschließlich Frequenzgangkorrektur zeigt Abbildung 84.
Es ist darauf zu achten, daß Tief- und Hochtöner nun verpolt angeschlossen werden, d. h. der Pluspol der Zuleitung liegt am Minuspol des Hochtöners. Eine Frequenzweiche bewirkt nämlich eine Phasendrehung, die durch das Umpolen des Hochtöners weitgehend aufgehoben werden kann. Bleiben Tief- und Hochtöner dagegen gleich gepolt, arbeiten sie im Übergangsbereich gegenphasig, und es entsteht eine Senke im Frequenzgang

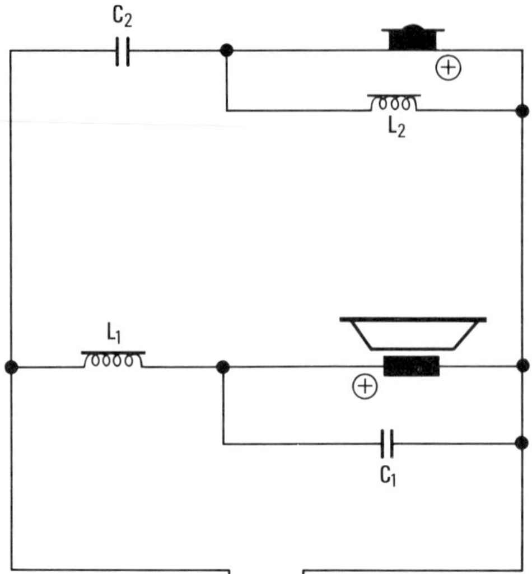

Abbildung 84:

Impedanz 8 Ω:	*Impedanz: 4 Ω:*
L_1 = 2,2 mH	L_1 = 1,2 mH
L_2 = 0,4 mH	L_2 = 0,4 mH
C_1 = 6,8 μF	C_1 = 15 μF
C_2 = 6,8 μF	C_2 = 6,8 μF

(vergl. Diagramm 12). In der Praxis spielen dabei aber auch noch die Laufzeitunterschiede zwischen dem Hörer und den einzelnen Lautsprecherchassis eine maßgebliche Rolle, so daß die Umpolung nicht in allen Fällen vorteilhaft ist.

Selbstverständlich ist eine Frequenzgangkorrektur auch bei Dreiweg-Kombinationen erforderlich. Eine ausreichende Korrektur wird häufig schon erreicht, wenn die Spuleninduktivität vor dem Tieftöner verdoppelt wird und wenn die Kondensatorkapazitäten vor Mittel- und Hochtöner etwas gegenüber den errechneten Werten verringert werden. Ohne eine Frequenzgangkorrektur würde die Mitteltonwiedergabe in den meisten Fällen zu laut und klanglich stark verfärbt, vor allem deshalb, weil Tieftöner dort zu ausgeprägten Membranresonanzen neigen. Bei Butterworth-Filtern 2. Ordnung kommt aber noch hinzu, daß sie normalerweise zu einer leichten Anhebung im Frequenzgang im Bereich der Übergangsfrequenzen führen. Auch diese Schwäche muß also ausreichend kompensiert werden.

Und schließlich sei noch erwähnt, daß die erforderliche Frequenzgangkorrektur für den Tieftöner auch mit Hilfe des Kondensators vorgenommen

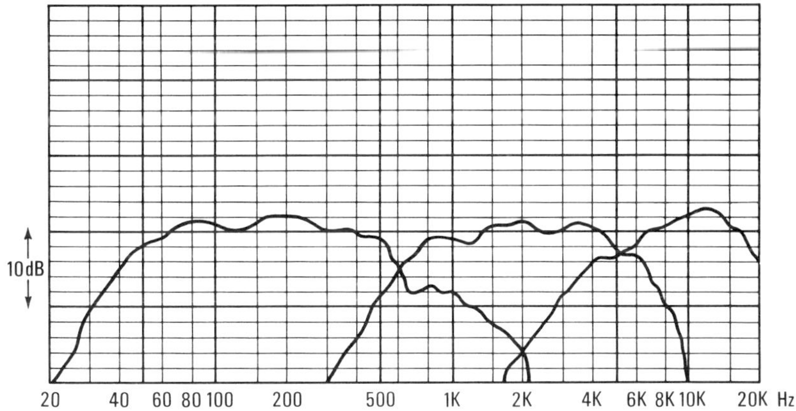

Diagramm 46

werden kann. So erhöhen viele Fertigboxenhersteller die Kondensatorkapazität parallel zum Tieftöner anstelle der Drosselspule. Das ist zwar etwas billiger, birgt aber u. U. zwei wesentliche Nachteile, denn erstens ergibt sich daraus oft ein Schalldruckverlust von 1–2 dB im Bereich der Resonanzfrequenz, und zweitens wird dann zumindest bei 4 Ohm Boxen das Impedanzminimum von 4 Ohm unterschritten.
Abbildung 85 zeigt den typischen Aufbau einer Dreiweg-Weiche 2. Ordnung. Hier ist der Mitteltöner verpolt anzuschließen. Die Übergangsfrequenzen sind 600 Hz und 4,5 kHz.
Das obige Diagramm zeigt, wie sich die Dreiwegweiche auf den Frequenzgang eines Tief-, Mittel- und Hochtöners auswirken kann, vorausgesetzt, daß die Lautsprecher den gleichen Wirkungsgrad aufweisen.
Die kleinen Senken bei den Übergangsfrequenzen (theoretisch bei 600 Hz und 4,5 kHz in Diagramm 46) verschwinden in der Praxis, da hier ja jeweils zwei Lautsprecher gleichzeitig wirksam sind.
Besonders wichtig ist eine Frequenzgangkorrektur auch bei der Verwendung von Hornlautsprechern im Hochtonbereich. Fast alle Hochtonhörner werden ja zum Mitteltonbereich hin wesentlich lauter (vergl. Diagramm 24a und b).
Dieser Effekt wird besonders deutlich, wenn den Hörnern eine akustische Linse vorgesetzt wird, was in den meisten Fällen jedoch zur Vergrößerung des Abstrahlwinkels empfehlenswert ist. Um einen ausgeglichenen Frequenzgang zu erhalten, ist die Kondensatorkapazität auf 1,8 µF festzule-

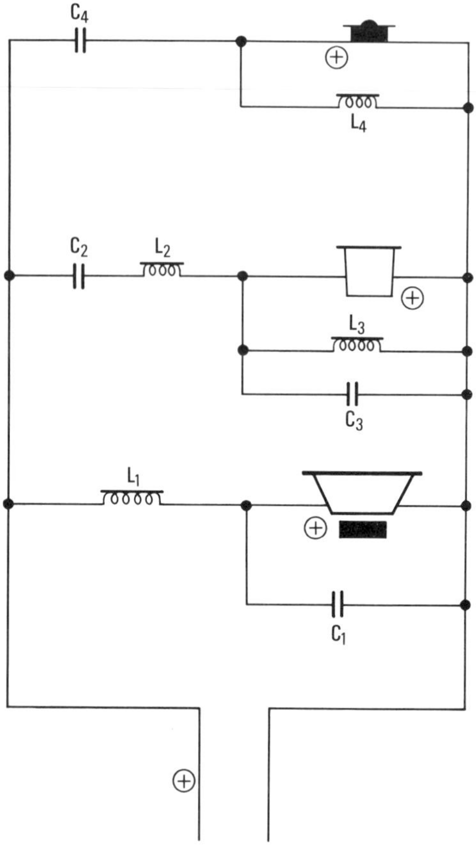

Abbildung 85:

Impedanz 8 Ω:

$L_1 = 6$ mH
$L_2 = 0{,}4$ mH
$L_3 = 3$ mH
$L_4 = 0{,}4$ mH
$C_1 = 22$ μF
$C_2 = 15$ μF
$C_3 = 3{,}3$ μF
$C_4 = 2{,}2$ μF

Impedanz: 4 Ω:

$L_1 = 3$ mH
$L_2 = 0{,}2$ mH
$L_3 = 1{,}4$ mH
$L_4 = 0{,}18$ mH
$C_1 = 47$ μF
$C_2 = 33$ μF
$C_3 = 6{,}8$ μF
$C_4 = 4{,}7$ μF

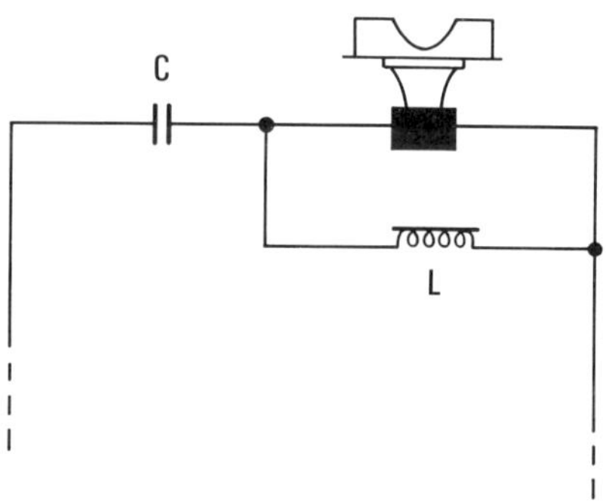

Abbildung 86:
Impedanz 8 Ω
$C = 1{,}8$ μF
$L = 0{,}22$ mH bis $0{,}4$ mH

gen. Außerdem ist bei der Verwendung von besonders breitwinklig abstrahlenden Akustiklinsen die Spuleninduktivität um bis zu 50% zu verringern. Mit einem Butterworth-Filter 2. Ordnung ergäbe sich bei einer Übergangsfrequenz von 4 kHz daher eine Schaltung wie in Abb. 86.

Nur bei wenigen Hochtonhörnern kann völlig auf eine Frequenzgangkorrektur verzichtet werden. Andere dagegen verlangen eine speziell abgestimmte Korrektur. Bei den Bauvorschlägen am Schluß dieses Buches werden solche Eigenarten entsprechend berücksichtigt. Außerdem machen auch manche Mitteltöner eine kleine Frequenzgangkorrektur erforderlich.

5.1.3 Butterworth-Filter 3. Ordnung (18 dB/Okt.)

Butterworth-Filter 3. Ordnung sind schon recht kompliziert aufzubauen. Dafür weisen sie aber eine hohe Spannungsdämpfung auf, was in vielen Fällen wünschenswert ist. Hoch- und Tiefpaß müssen bei ihnen nach unterschiedlichen Gleichungen errechnet werden.

Tiefpass

$$L_1 = \frac{240 \cdot Z}{f_c} \; ; \; \text{mH}$$

$$L_2 = \frac{80 \cdot Z}{f_c} \; ; \; \text{mH}$$

$$C_1 = \frac{212\,000}{f_c \cdot Z} \; ; \; \mu\text{F}$$

Soll ein Baßlautsprecher mit 8 Ω Impedanz bis 600 Hz betrieben werden, so ergibt sich:

$$L_1 = \frac{240 \cdot 8}{600} \, \text{mH} = 3{,}2 \, \text{mH}$$

$$L_2 = \frac{80 \cdot 8}{600} \, \text{mH} \sim 1{,}1 \, \text{mH}$$

$$C_1 = \frac{212\,000}{8 \cdot 600} \, \mu\text{F} = 44 \, \mu\text{F}$$

Um den Frequenzgang des Tieftöners zu linearisieren, sollte L_1 etwa verdoppelt werden. L_1 weist dann 6,4 mH statt der errechneten 3,2 mH auf.

$$C_1 = \frac{106\,000}{f_c \cdot Z} \; ; \; \mu F$$

$$C_2 = \frac{318\,000}{f_c \cdot Z} \; ; \; \mu F \qquad \text{Hochpass}$$

$$L_1 = \frac{120 \cdot Z}{f_c} \; ; \; mH$$

Soll ein Hochtöner mit 8 Ω Impedanz oberhalb 4 kHz eingesetzt werden, ergibt sich daraus:

$$C_1 = \frac{106\,000}{4000 \cdot 8} \; ; \mu F = 3{,}3 \; \mu F$$

$$C_2 = \frac{318\,000}{4000 \cdot 8} \; ; \mu F = 10 \; \mu F$$

$$L_1 = \frac{120 \cdot 8}{4000} \; ; mH = 0{,}24 \; mH$$

Bei Hornlautsprechern, deren Frequenzgang linearisiert werden muß, ist C_1 auf 1,5 μF festzulegen. Bei der Verwendung von Akustiklinsen muß auch C_2 verringert werden; höchstens jedoch um die Hälfte.
Abbildung 89 zeigt den schematischen Aufbau eines Dreiweg-Filters 3. Ordnung. Übergangsfrequenzen etwa 600 Hz und 4,5 kHz. Auch hier ist der Mitteltöner wieder verpolt anzuschließen.

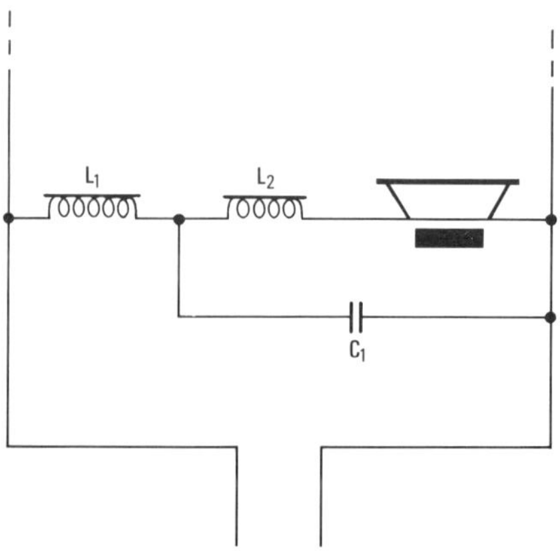

Abbildung 87: Tiefpaß

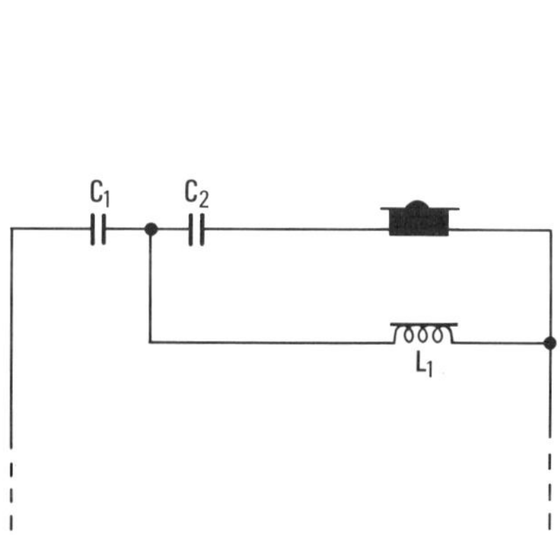

Abbildung 88: Hochpaß

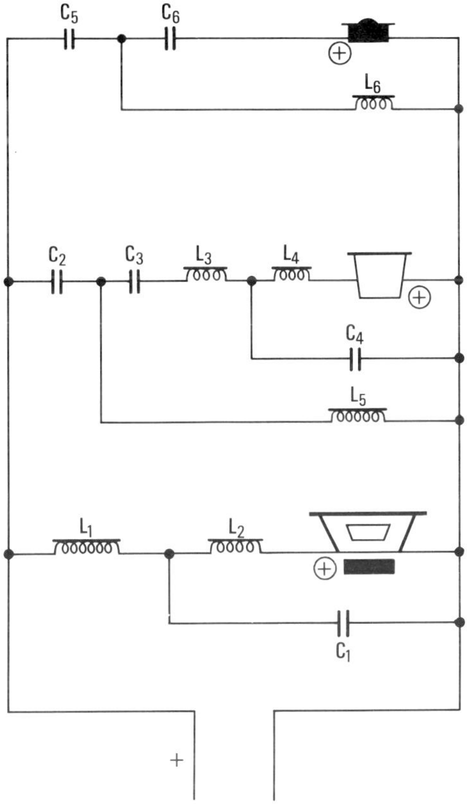

Abbildung 89: Impedanz 8 Ω

$L_1 = 6$ mH
$L_2 = 1{,}2$ mH
$L_3 = 0{,}4$ mH
$L_4 = 0{,}14$ mH
$L_5 = 1{,}4$ mH
$L_6 = 0{,}22$ mH
$C_1 = 47$ µF
$C_2 = 22$ µF
$C_3 = 68$ µF
$C_4 = 6{,}8$ µF
$C_5 = 3{,}3$ µF
$C_6 = 8$ µF

5.1.4 Butterworth-Filter 4. Ordnung

Butterworth-Filter 4. Ordnung sind recht aufwendig. Ihr Einsatz lohnt sich nur in Ausnahmefällen, z. B. wenn ein Mittel- oder Hochtonhorn bis dicht an seine untere Grenzfrequenz eingesetzt werden soll oder wenn die Übergangsfrequenz in der Nähe einer ausgeprägten Lautsprecherresonanz liegt. Hoch- und Tiefpaß errechnen sich wie folgt:

Hochpaß:

$$C_1 = \frac{85\,000}{f_c \cdot Z}\ ;\ \mu F \qquad L_1 = \frac{100 \cdot Z}{f_c}\ ;\ mH$$

$$C_2 = \frac{170\,000}{f_c \cdot Z}\ ;\ \mu F \qquad L_2 = \frac{450 \cdot Z}{f_2}\ ;\ mH$$

Tiefpaß:

$$L_1 = \frac{300 \cdot Z}{f_c} \quad ; \ mH \qquad C_1 = \frac{250\,000}{f_c \cdot Z} \quad ; \ \mu F$$

$$L_2 = \frac{150 \cdot Z}{f_c} \quad ; \ mH \qquad C_2 = \frac{56\,000}{f_c \cdot Z} \quad ; \ \mu F$$

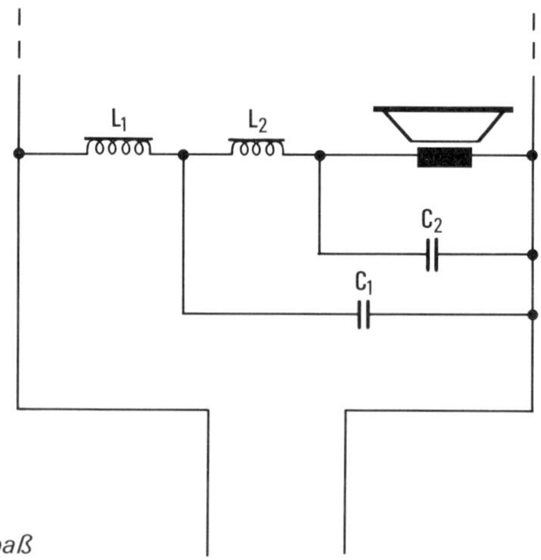

Abbildung 90: Tiefpaß

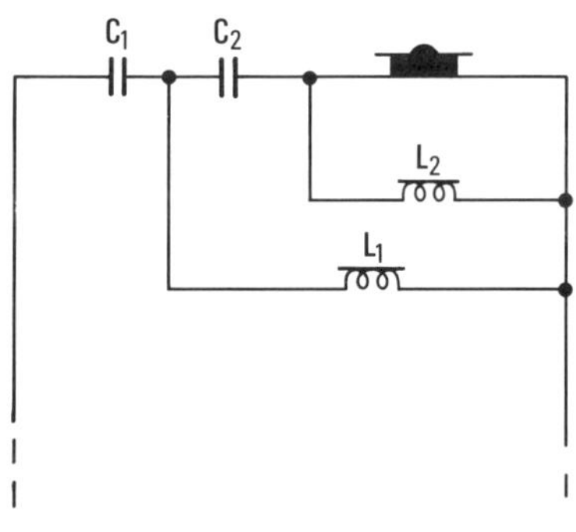

Abbildung 91: Hochpaß

5.1.5 »Phasenlineare« Frequenzweichen und Vierweg-Boxen

Es wurde bereits mehrfach darauf hingewiesen, daß Frequenzweichen Phasendrehungen bei den eingespeisten elektrischen Signalen verursachen. Mit Hilfe eines »filler drivers« lassen sich diese Probleme reduzieren. Ein »filler driver« ist nichts anderes als ein Mitteltonlautsprecher, der mit einem Hoch- und Tiefpaß 1. Ordnung ausgerüstet ist und ein übliches Filter 2. oder 3. Ordnung ergänzt.
Wenn überhaupt, dann werden solche »filler driver« meist in Zweiweg-Kombinationen eingesetzt, wobei alle Chassis gleich zu polen sind (Pluspol der Lautsprecher an Pluspol der Zuleitung). Entscheidend ist dabei, daß trotz der Verwendung eines Mitteltöners die Bauteile der Frequenzweiche nur für eine Übergangsfrequenz (z. B. 2 kHz) ausgelegt werden, auch C_c und L_c. Bei der Verwendung von Butterworth-Filtern 2. Ordnung ist C_c allerdings gegenüber dem errechneten Wert für ein Filter 1. Ordnung um 40 % zu erhöhen, L_c ist dann um 30 % zu verringern. Auf die sonst meist erforderlichen Widerstände für den Mitteltöner kann bei einem filler-driver in der Regel verzichtet werden.
Unter optimal gewählten Meßbedingungen (Mikrofon in Position 1 bei Abb. 24 und 25) sind Lautsprecherboxen mit »filler driver« sogar in der Lage, sogenannte *Rechtecksignale* nahezu unverändert wiederzugeben. Diagramm 47 soll das verdeutlichen (nach Baekgaard).
Die Unterschiede zwischen einer normalen und einer phasenkorrigierten Box scheinen gravierend zu sein. Tatsächlich reagiert das Gehör auf Phasendrehungen aber ganz anders als »objektive« Meßapparaturen. Die Fähigkeit einer Lautsprecherbox, Rechtecksignale ungestört zu reproduzieren, ist in der Praxis von völlig untergeordneter Bedeutung. Ja, Versuche weisen darauf hin, daß es sinnvoller ist, einen Mitteltöner auch wirklich zur Wiedergabe des Mitteltonbereichs einzusetzen. Wird er lediglich als filler-driver genutzt, müssen Hoch- und Tieftöner zum größten Teil die Mitteltonwiedergabe übernehmen, wodurch sich die Gefahr klanglicher Einbußen beträchtlich erhöht.
Abschließend noch ein paar allgemeine Bemerkungen. Statt Zweiweg- und Dreiwegboxen können natürlich auch Vierweg- oder gar Fünfwegkombinationen aufgebaut werden. Neben dem hohen finanziellen Aufwand erhöht sich mit der Anzahl der Bauteile aber auch die Anzahl möglicher Störfaktoren, die den Klang einer Box verschlechtern statt verbessern.
Das macht sich schon bei Vierwegkombinationen deutlich bemerkbar. Vergleichstests in Fachzeitschriften belegen immer wieder, daß es selbst

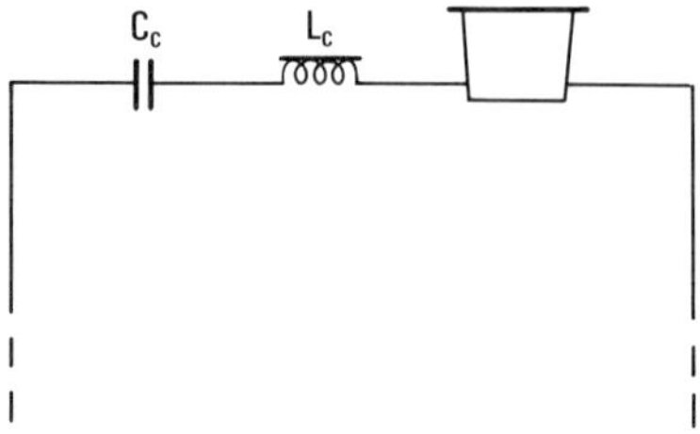

Abbildung 92: Schaltung für einen »filler driver«

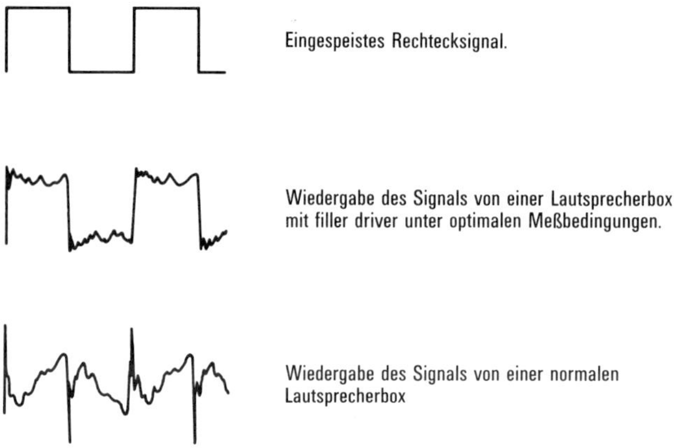

Diagramm 47

weitbekannten Fertigboxenherstellern oft nicht gelingt, solchen Konstruktionen einen ausgewogenen Klang zu entlocken. Das zeigt, daß die einzelnen Bauteile nicht voneinander isoliert betrachtet werden dürfen. Vielmehr beeinflussen sich alle Kondensatoren, Spulen und Lautsprecher mehr oder weniger gegenseitig. Beim Selbstbau von Lautsprecherboxen stehen aber nicht einmal die erforderlichen Meßgeräte zu Verfügung, mit denen sich eventuelle Störfaktoren genau erfassen und reduzieren lassen. Es ist daher ratsam, sich auf drei Glieder bei Filtern und Lautsprechern zu beschränken, dafür aber hochwertige und störungsunanfällige Bauteile zu verwenden.

5.2 Das Zusammenschalten von Spulen, Widerständen und Kondensatoren

Nicht immer sind die errechneten Werte für Spulen, Widerstände und Kondensatoren im Fachhandel direkt erhältlich. Meistens müssen Abweichungen in Kauf genommen werden. Liegen diese Abweichungen unter 10%, ist das völlig unkritisch. Anstelle einer Spule mit 3,24 mH kann also auch ohne weiteres eine Spule mit 3 mH oder mit 3,5 mH verwendet werden. Anstelle eines Kondensators mit 9,5 µF ist dementsprechend einer mit 10 µF einzusetzen. Aber auch bei einer zulässigen Abweichung von bis zu 10% von den Berechnungen ist längst noch nicht jeder Wert erhältlich. Häufig ist es daher erforderlich, zwei Spulen, Kondensatoren oder Widerstände miteinander zu kombinieren, um die errechneten Werte zu erhalten. Werden Spulen, Widerstände oder Lautsprecher in Reihe geschaltet, addieren sich ihre Werte.

Beispiel:

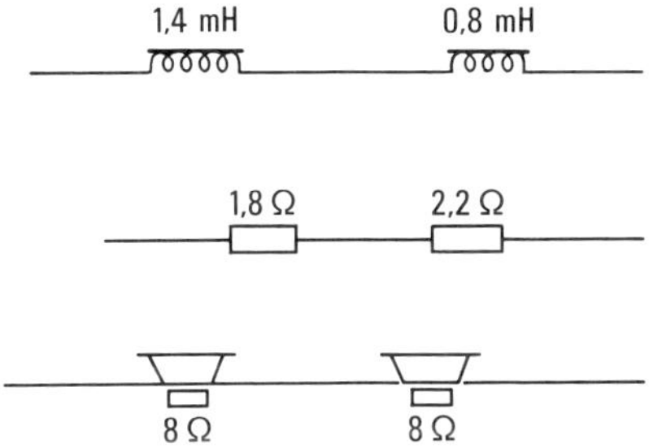

1,4 mH + 0,8 mH = 2,2 mH

1,8 Ω + 2,2 Ω = 4 Ω

8 Ω + 8 Ω = 16 Ω

Abbildung 93a

Kondensatoren müssen dagegen parallel geschaltet werden, wenn sich ihre Kapazitäten addieren sollen. *Beispiel:*

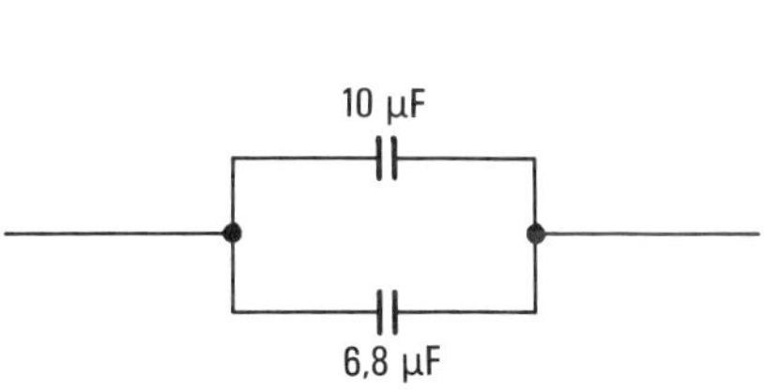

10 µF + 6,8 µF = 16,8 µF

Abbildung 93b

Werden Spulen, Widerstände oder Lautsprecher parallel geschaltet, verringert sich ihr Widerstand bzw. ihre Impedanz. *Beispiel:*

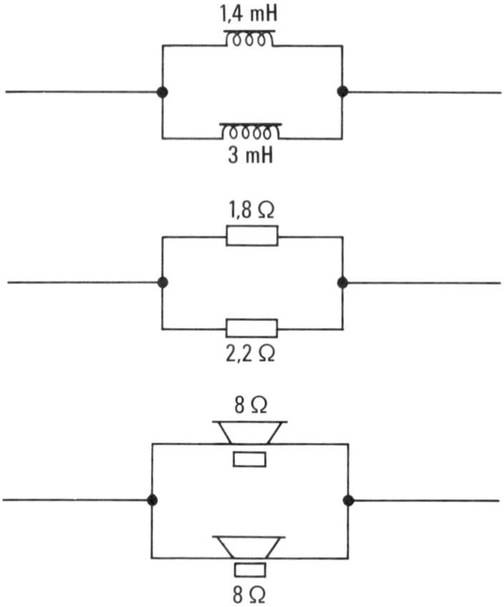

$$\frac{3 \cdot 1{,}4}{3 + 1{,}4}\,\text{mH} = \frac{4{,}2}{4{,}4}\,\text{mH} = 0{,}95\ \text{mH}$$

$$\frac{1{,}8 \cdot 2{,}2}{1{,}8 + 2{,}2}\,\Omega = \frac{3{,}96}{4}\,\Omega = 1\ \Omega$$

$$\frac{8 \cdot 8}{8 + 8}\,\Omega = \frac{64}{16}\,\Omega = 4\ \Omega$$

Abbildung 93c

Entsprechendes gilt für Kondensatoren, die in Reihe geschaltet werden:

$$\frac{6{,}8 \cdot 10}{6{,}8 + 10}\,\mu\text{F} = \frac{68}{16{,}8}\,\mu\text{F} = 4\ \mu\text{F}$$

Abbildung 93d

5.3 Die Auswahl der Bauteile

Selbstverständlich sollten die Bauteile einer Frequenzweiche hochwertig sein. Widerstände, Spulen und Kondensatoren sollten daher möglichst eine *Toleranz* von ±10% aufweisen; d. h. die tatsächlichen Werte dürfen nur um bis zu 10% von den aufgedruckten Werten abweichen. Immerhin sind die Fertigungsstreuungen bei Lautsprecherchassis doch so groß, daß der hohe finanzielle Aufwand für eine Frequenzweiche mit extrem geringen Toleranzwerten kaum zu rechtfertigen ist – es sei denn, die Frequenzweiche wird für Studiozwecke speziell auf handselektierte Lautsprecherchassis abgestimmt und eingemessen.

Kondensatoren: Für den Hochtonbereich sollten möglichst *Folienkondensatoren* (bzw. Metall/Papier- oder Polyesterkondensatoren) verwendet werden.
Folien-Kondensatoren sind teurer als *Elektrolytkondensatoren* (kurz: Elkos). Dafür weisen sie meist einen geringeren Verlustwiderstand und ein besseres Impulsverhalten bei sehr hohen Frequenzen auf. Ein hoher Verlustwiderstand tritt vor allem bei Billigst-Kondensatoren auf, die dann nur zum Teil wie ein reiner Kondensator, zum anderen Teil aber wie ein Ohm'scher Widerstand wirken.
Für den Mittel- und den Tieftöner reichen schon übliche *Tonfrequenzkondensatoren* aus, die wenigstens 60 Volt vertragen sollten. Werden ungepolte bzw. *bipolare Elkos* verwendet, genügt für Lautsprecherboxen mit maximal 150 Watt Belastbarkeit sogar schon eine Spannungsfestigkeit von 40 Volt. Gewöhnliche gepolte Elkos, wie sie für Radios, Fernseher etc. verwendet werden, sind nicht zu empfehlen. Bei vielen von ihnen weicht die tatsächliche Kapazität von den aufgedruckten Werten ab, und sie altern u. U. auch relativ schnell. Minderwertige Kondensatoren können den Klang eines Lautsprechers sogar erheblich beeinträchtigen.

Spulen: Für Frequenzweichen kommen sowohl *Luftspulen* als auch *Ferritspulen* in Betracht. Luftspulen reagieren weniger empfindlich auf kurzzeitige Überlastungen. Ferritspulen haben dagegen den Vorteil, daß sie etwas billiger sind und über einen geringeren Gleichstromwiderstand verfügen.
Der Gleichstromwiderstand einer Spule beeinflußt den Wirkungsgrad, den Frequenzgang und das Impulsverhalten eines Lautsprechers. Mit Hilfe der Gleichungen und Diagramme in den Kapiteln »Konuslautsprecher« und »Geschlossene Gehäuse« läßt sich dieser Einfluß an Beispielen durchrechnen. Beträgt der Gleichstromwiderstand einer Spule z. B. 20% der Impedanz (entspricht 1,6 Ω bei 8 Ω Impedanz), so verringert er den Wirkungsgrad um 20% und erhöht den Q-Faktor um rund 15%. Ein um 20% verringerter Wirkungsgrad bedeutet einen Schalldruckverlust von 1 dB und ist daher kaum wahrnehmbar. Auch die Erhöhung des elektrischen Q-Faktors (Q_e) und damit des totalen Q-Faktors ist noch unkritisch, in vielen Fällen sogar wünschenswert. Kleinste Undichtigkeiten im Gehäuse sowie schalldämpfende Materialien, die sich in der Nähe des Baßlautsprechers befin-

den, reduzieren nämlich normalerweise den mechanischen Q-Faktor (Q_m) des Tieftöners und damit auch den totalen Q-Faktor. Der Gleichstromwiderstand der Spule vor dem Tieftöner kann diesen Fehler teilweise kompensieren. In der Praxis sind allerdings schon 10%–15% der Lautsprecherimpedanz als Grenze zu betrachten. Hinzu kommen nämlich noch der Widerstand des Lautsprecherkabels und der Innenwiderstand des Verstärkers. (Näheres im Kapitel »Lautsprecherkabel«).
Sicherlich sind Veränderungen des Impulsverhaltens eines Lautsprechers mit einigem Meßaufwand auch dann schon nachweisbar, wenn der Gleichstromwiderstand einer in Reihe geschalteten Spule nur 1% der Lautsprecherimpedanz beträgt. Im Vergleich mit anderen Einflußfaktoren wie Membran-, Gehäuse- und Hörraumresonanzen ist die Wirkung von Drosselspulen auf das Impulsverhalten eines Lautsprechers aber geradezu lächerlich gering. Empfehlungen für Spulen mit superdickem und superteurem Kupferdraht können hier daher nicht ausgesprochen werden.
Um den Gleichstromwiderstand nicht zu hoch werden zu lassen und um ein einwandfreies Funktionieren der Spulen in jeder Situation (z. B. bei starker kurzfristiger Belastung durch Impulse) sicherzustellen, sollte der Drahtdurchmesser aber ein Mindestmaß nicht unterschreiten. Für Zweiwegboxen mit einer Impedanz von 8 Ω und einer Gesamtbelastbarkeit von maximal 70 Watt ist für den Tieftöner eine Spule mit einer Drahtstärke von 0,8 mm bereits ausreichend. Bei Dreiwegboxen mit einer Belastbarkeit von maximal 150 Watt an 8 Ω sollte die Spule für den Tieftöner einen Draht von mind. 0,95 mm ∅ aufweisen, und bei maximal 300 Watt Gesamtbelastbarkeit der Kombination sollte die Drahtstärke schon etwa 1,1 mm betragen. Stattdessen können aber auch zwei Spulen mit doppelt hoher Induktivität aber nur 0,8 mm Drahtstärke parallel geschaltet werden. Für die Mittel-und Hochtöner reicht in der Regel schon eine Drahtstärke von 0,7 mm völlig aus.
Übrigens: Lautsprecher mit einer Impedanz von nur 4 Ohm benötigen kleinere Induktivitäten, aber größere Drahtstärken für die Spulen.

5.4 Die Impedanzkorrektur bei Tieftönern

Bei der Berechnung der Frequenzweichen wurde bisher davon ausgegangen, daß die Lautsprecherimpedanz im gesamten Hörbereich konstant 8 Ω oder 4 Ω beträgt. Dies ist jedoch selten der Fall. Bei seiner Resonanzfrequenz zeigt fast jeder Lautsprecher eine Spitze im Impedanzverlauf, und nach höheren Frequenzen macht sich die Induktivität der Schwingspule

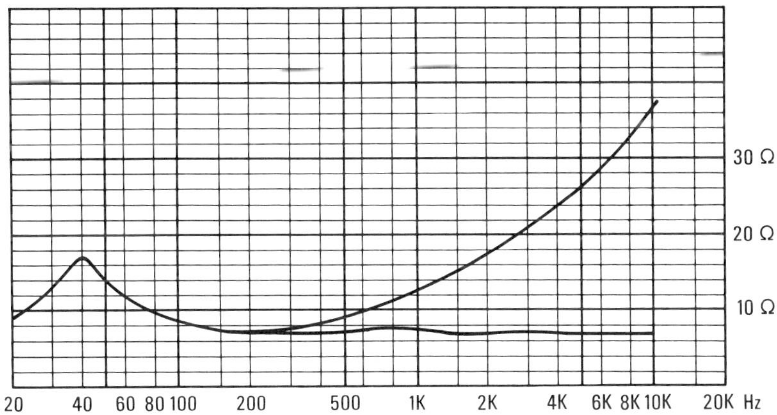

Diagramm 48/49: Typischer Impedanzverlauf eins Tieftöners. Untere Kurve: Korrigierter Impedanzverlauf.

deutlich bemerkbar, was vor allem bei Baßlautsprechern mit ihren großen Spulen zum Problem werden könnte. Wenn die Impedanz nicht mehr stimmt, ist ja auch die Berechnung der Frequenzweiche nicht mehr korrekt. Mit Hilfe einer einfachen Schaltung kann der Impedanzverlauf korrigiert werden, was allerdings nur in wenigen Fällen wirklich notwendig ist.
Eine solche Korrekturschaltung besteht lediglich aus einem Widerstand und einem Kondensator. Der Widerstand R entspricht der angestrebten Impedanz des Tieftöners, in der Regel also 4 oder 8 Ohm. Die erforderliche Kondensatorenkapazität ist durch die Induktivität der Schwingspule festgelegt:

$$C = \frac{1000 \cdot L}{R^2}\ ;\ \mu F \qquad \begin{array}{l} L = \text{Schwingspuleninduktivität} \\ R = \text{Widerstand in Ohm} \end{array}$$

Hat der Tieftöner eine Impedanz in Höhe von 8 Ohm und eine Induktivität von 0,65 mH, so ergibt sich für den Kondensator:

$$C = \frac{1000 \cdot 0{,}65}{8^2} = \frac{650}{64} = 10{,}1\ \mu F$$

Da Angaben über die Schwingspuleninduktivität eines Lautsprechers selten erhältlich sind, sollen hier einige Werte für Korrekturschaltungen angegeben werden, die experimentell ermittelt wurden. Es handelt sich dabei um Überschlagswerte, die jedoch auch mit unterschiedlichen Laut-

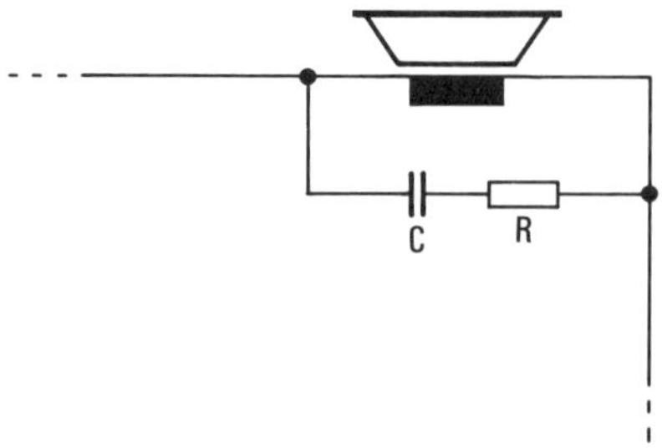

Abbildung 94: Praktische Ausführung einer entsprechenden Impedanzkorrektur.

sprechern eine völlig ausreichende Impedanzglättung bewirken. Die jeweilige Lautsprecherimpedanz beträgt 8 Ohm. R ist daher 8,2 Ω.

Schwingspulendurchmesser	benötigte Kapazität C
bis 3,8 cm	6,8 µF
bis 7,5 cm	10 µF
bis 10 cm	15 µF

Ausnahmen bilden:
- Lautsprecher mit vierfacher statt zweifacher Schwingspulenwicklung. Hier sind die für C angegebenen Werte zu verdreifachen.
- Lautsprecher mit verkupfertem Polkern o. ä. Hier ist keine Impedanzglättung erforderlich.

Einen nennenswerten Einfluß auf die Wirkung eines Tiefpasses hat eine Impedanzkorrektur allerdings nur bei Filtern 1. Ordnung (die ohnehin kaum verwendet werden) und bei Übergangsfrequenzen höher als 600 Hz. In den meisten Fällen stellt sie also eher eine »Schönheitskorrektur« dar.
Die Glättung des Impedanzverlaufs im Bereich der Resonanzfrequenz eines Lautsprechers ist nicht empfehlenswert. Im Baßbereich würde eine solche Korrektur in der Regel nur die Tiefbaßwiedergabe schwächen, und auch im Mittel- und Hochtonbereich sind optimal abgestimmte Impedanzkorrekturen recht aufwendig und nur in Ausnahmefällen sinnvoll. Große Abweichungen der Impedanz treten bei fast allen Mittel- und Hochtönern nämlich erst außerhalb ihres optimalen Einsatzbereichs auf. Bei der Verwendung von Spannungsteilern oder handelsüblichen Lautstärkereglern verschwinden solche Impedanzmaxima ohnehin weitgehend.

5.5 Der Wirkungsgrad der Chassis einer Kombination

Werden verschiedene Lautsprecher miteinander kombiniert, so ist darauf zu achten, daß sie etwa den gleichen Wirkungsgrad aufweisen. Dazu sollte zunächst einmal der tatsächliche Schalldruck des Tieftöners bekannt sein, bzw. der Referenzwirkungsgrad. Meistens wird jedoch als »mittlerer Schalldruck« ein um 3 bis 6 dB höherer Wert genannt.

Wird der mittlere Schalldruck eines Tieftöners beispielsweise mit 93 dB bei 1 Watt Eingangsleistung und 1 Meter Abstand angegeben, so können im Baßbereich höchstens 90 dB einkalkuliert werden. Ein weiteres dB geht meist in der Frequenzweiche verloren, so daß für den Mitteltöner schon ein Schalldruck von 89 dB bei 1 W/1 m genügt. Um einen besonders breitbandigen Klang zu erhalten, senken viele Fertigboxenhersteller den Mitteltonbereich sogar noch um 2–4 dB ab. Wegen der unvermeidlichen Schallbündelung dynamischer Hochtöner und wegen der stärkeren Schallabsorption der Luft bei hohen Frequenzen darf der Schalldruck des Hochtöners dagegen ruhig 2 dB mehr betragen, hier also ca. 91 dB/1 W/1 m. Größere Abweichungen beeinträchtigen den Frequenzgang und damit den Klang einer Kombination.

Ist eines der Lautsprecherchassis zu laut – meistens ist es der Mitteltöner – so muß ein Spannungsteiler oder ein Lautstärkeregler davorgesetzt werden, um den mittleren Schalldruck an die anderen Chassis anzupassen. Lautstärkeregler für 8 Ω-Lautsprecher sind mit unterschiedlichen Belastbarkeiten überall im Fachhandel erhältlich.

Bei einer Belastbarkeit von ca. 100 Watt pro Box sollten die Widerstände wenigstens 5 Watt vertragen, wenn sie Hochtönern zugeschaltet werden und 11 Watt, wenn sie Mitteltönern zugeschaltet werden. Bei Lautsprecherkombinationen mit bis zu 150 Watt sollten sie schon 11 Watt bzw. 22 Watt vertragen, und bei Boxen mit max. 300 Watt Belastbarkeit sind für den Hochtöner 11 bis 22 Watt Widerstände und für den Mitteltöner 22 bis

Tabelle 11: Die Werte für R_1 und R_2 hängen davon ab, wie stark der Spannungsteiler dämpfen soll.

Dämpfung	8 Ω Impedanz		4 Ω Impedanz	
– 2 dB	R_1 = 1,8 Ω	R_2 = 33 Ω	R_1 = 1 Ω	R_2 = 18 Ω
– 4 dB	R_1 = 2,7 Ω	R_2 = 15 Ω	R_1 = 1,5 Ω	R_2 = 6,8 Ω
– 6 dB	R_1 = 3,9 Ω	R_2 = 8,2 Ω	R_1 = 2,2 Ω	R_2 = 3,9 Ω
– 8 dB	R_1 = 4,7 Ω	R_2 = 5,6 Ω	R_1 = 2,7 Ω	R_2 = 2,7 Ω
–10 dB	R_1 = 5,6 Ω	R_2 = 3,9 Ω	R_1 = 2,7 Ω	R_2 = 1,8 Ω

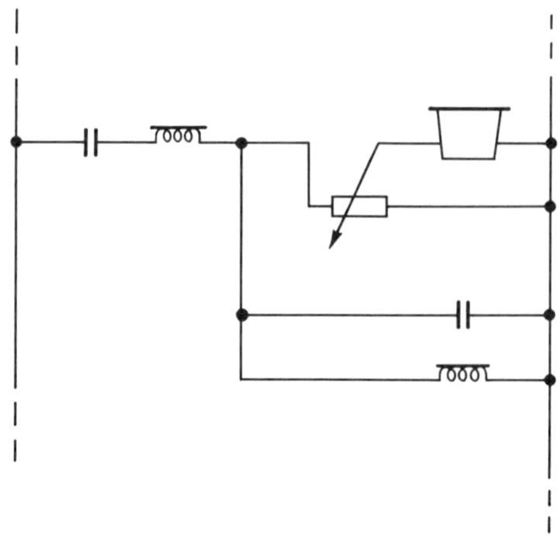

Abbildung 95: Anschluß eines Lautstärkereglers.

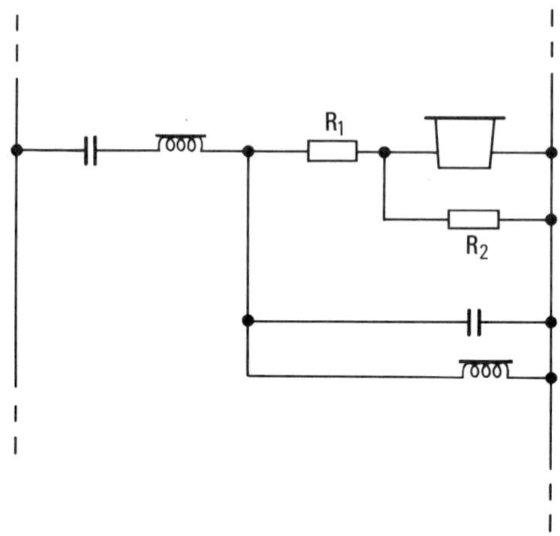

Abbildung 96: Spannungsteiler für den Mitteltöner anstelle eines Lautstärke-reglers.

50 Watt-Widerstände erforderlich. Hierfür können dann mehrere 11 Watt Widerstände parallel geschaltet werden. Solch hohe Belastbarkeiten sollen auch bei Dauerbetrieb der Boxen ein Überhitzen der Widerstände verhindern. Und schließlich sei noch erwähnt, daß Spannungsteiler und Regler die effektive Belastbarkeit der jeweiligen Lautsprecherchassis erhöhen. Bei einer Dämpfung von 2 dB werden ja bereits 35% der zugeführten Leistung in den Widerständen verbraucht. Bei 4 dB sind es sogar 60% der elektrischen Leistung und bei 10 dB sind es 90%.

5.6 Der Aufbau von Frequenzweichen in der Praxis

Die Spulen, Kondensatoren und Widerstände einer Frequenzweiche können z. B. auf einer Lochplatine miteinander verlötet werden. Solche Platinen sind im Fachhandel erhältlich.

Eine andere Möglichkeit besteht darin, die Bauteile auf einem Holzbrett zu befestigen und dann miteinander zu verdrahten. Hierbei ist zu beachten, daß Spulen nur mit nicht-magnetischen Messingschrauben festgeschraubt werden dürfen, keinesfalls mit Eisenschrauben, die die Induktivität beeinflussen. Außerdem sollten Spulen in einem Abstand von wenigstens 2 cm voneinander und 10 cm von den Lautsprechermagneten montiert werden, um sie von magnetischen Störfeldern zu isolieren. Ansonsten sind der Phantasie beim räumlichen Aufbau der Frequenzweiche keine Grenzen gesetzt. Statt Lötverbindungen können auch Lüsterklemmen benutzt werden, die Teile können statt verschraubt auch auf die Holzplatte geklebt werden, und anstelle eines Eigenbaus kann eine bereits vorhandene Frequenzweiche entsprechend umgerüstet werden. In allen Fällen sollte man aber darauf achten, daß die Frequenzweiche so im Gehäuse befestigt wird, daß sie bei niedrigen Frequenzen nicht anfängt zu vibrieren und somit unangenehme Nebengeräusche verursacht.

5.7 Lautsprecherkabel

Die Wahl des Lautsprecherkabels ist unproblematischer als oft behauptet wird.

Um eine geringe Kabelinduktivität zu erhalten, sollten die Adern der Zuleitung grundsätzlich dicht nebeneinander liegen. Ein Verflechten der Adern miteinander führt zwar zu der geringstmöglichen Kabelinduktivität, hat andererseits aber den Nachteil, daß nun die Kabelkapazität steigt und kritische Werte annehmen kann. Insider schwören allerdings auf Koaxial-

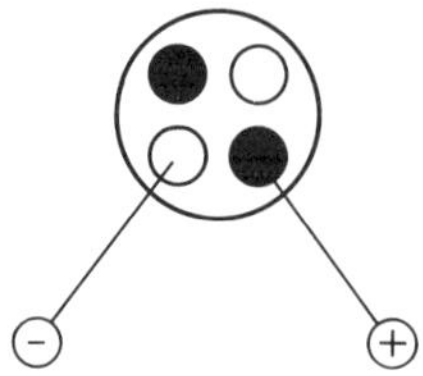

Abbildung 97: Bei mehradrigen Kabeln sind die einander gegenüberliegenden Adern miteinander zu verbinden.

kabel, ähnlich denen in der Hochfrequenztechnik, mit relativ hoher Kapazität, aber geringem induktiven und Ohm'schen Widerstand.

Der Ohm'sche Widerstand des Kabels ist mit dem Gleichstromwiderstand von Drosselspulen vor dem Tieftöner vergleichbar. Er beeinflußt also den Wirkungsgrad, den Frequenzgang und das Impulsverhalten im Baßbereich – meist aber in noch geringerem Maße als die Spulen. Hierzu gesellt sich noch der Innenwiderstand des Verstärkers, der aber in der Regel unter 0,2 Ohm liegt (entspricht einem Dämpfungsfaktor von $\frac{1}{0{,}2} \cdot 8 = 40$ an 8 Ω Impedanz bzw. 20 an 4 Ω Impedanz). Erst wenn Innenwiderstand des Verstärkers plus Ohm'scher Widerstand der Spulen und des Kabels zusammen mehr als 20% der Lautsprecherimpedanz ausmachen, wird ihr Einfluß gehörmäßig wahrnehmbar. Problematisch wird das in der Regel jedoch erst, wenn 40% der Impedanz überschritten werden.

Wer ganz auf Nummer Sicher gehen will, sollte bei 8 Ω-Boxen nur einen Kabelwiderstand von 0,3 Ω zulassen. Für ein zweiadriges Normalkabel mit einer Querschnittsfläche von 0,75 mm^2 je Ader entspricht das einer Länge von 5 Metern. Bei 1,5 mm^2 je Ader sind es max. 10 m Länge. Bei Längen von über 10 m sollten mehradrige Kabel oder besonders dicke Ausführungen verwendet werden, um klangliche Einbußen zu vermeiden.

Nichtsdestotrotz ist das Lautsprecherkabel immer noch das stärkste Glied in der HiFi-Kette – die Lautsprecher sind dagegen nach wie vor das schwächste. Wer ernsthaft den Klang seiner Lautsprecherboxen verbessern will, sollte sein Augenmerk auch wirklich auf diese richten und vor allem auf die Aufstellung der Boxen im Hörraum, die einen gravierenden Einfluß auf die Wiedergabequalität hat (s. Kapitel »Wohnraumakustik«).

Eine Empfehlung für bestimmte »Wunderkabel« kann hier also nicht ausgesprochen werden. Im Gegenteil: es gibt Fälle in denen sich manche »Superkabel« eher negativ bemerkbar machen.

6 Wohnraumakustik

Nicht selten wird viel Geld in gute Lautsprecher investiert, und doch läßt das Ergebnis sehr zu wünschen übrig. Häufig wird nämlich die Tatsache übersehen, daß die akustischen Eigenschaften des Hörraums einen enormen Einfluß auf den Klang der Lautsprecher haben. Auch Lautsprecherboxen der Spitzenklasse können sich in einem akustisch ungünstigen Raum ganz miserabel anhören. Die wesentlichen akustischen Eigenschaften von Wohnräumen sollen hier deshalb ein wenig erläutert werden.

6.1 Problematische Reflexionen

Zu dem *Direktschall*, also dem Schall, der vom Lautsprecher direkt zum Hörer gelangt, addiert sich Sekundenbruchteile später Schall, der von Gegenständen und Wänden reflektiert wurde. *Erste Reflexionen* bewirken vor allem einen langsameren Anstieg der vom Lautsprecher produzierten Impulse. Spätere Reflexionen, d. h. der *Nachhall*, bewirkt dagegen ein langsameres Abklingen.

Während der Direktschall zum gehörmäßigen Erkennen und zum stereophonen Orten von Stimmen und Instrumenten (Links-Rechts-Effekt) dient, entscheiden die ersten Reflexionen auch über die Klarheit, Räumlichkeit und die tatsächlich empfundene Lautstärke. Der erst später aus allen Richtungen eintreffende Nachhall liefert dagegen vornehmlich Informationen über die Größe des Hörraums und seine akustischen Eigenschaften.

Die Grenze zwischen ersten Reflexionen und dem Nachhall bildet der Zeitfaktor. In einem guten Konzertsaal treffen die ersten starken Reflexionen 10 ms bis 50 ms nach dem Direktschall ein $\left(1\ \text{ms} = \frac{1}{1000}\ \text{Sekunde}\right)$, der Nachhall nach etwa 50 ms. Die gesamte Nachhallzeit beträgt in großen Konzertsälen sogar mehr als 2 Sekunden.

Für übliche Hörräume lassen sich diese Zahlen jedoch nicht übernehmen, denn Wohnräume haben völlig andere akustische Eigenschaften. Auf-

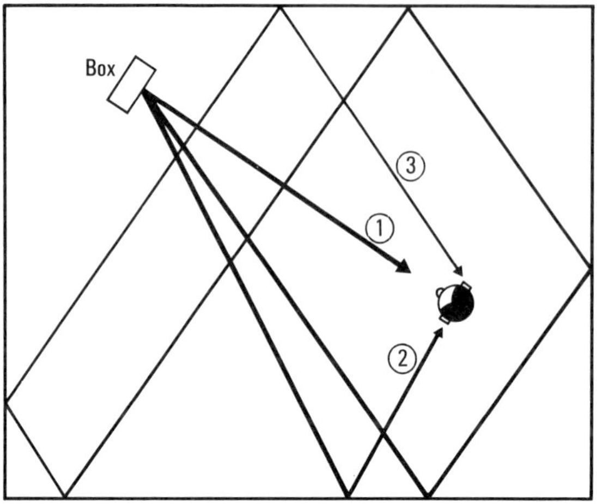

Abbildung 98: ① = *Direkter Schall;* ② = *Erste Reflexion(en);* ③ = *Nachhall (später eintreffende Reflexionen)*

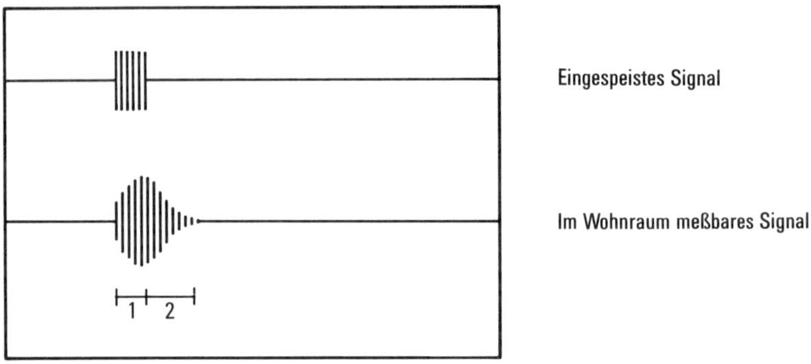

Abbildung 99: ① = *Anhallzeit;* ② = *Nachhallzeit.*

grund ihrer wesentlich geringeren Abmessungen beträgt die Nachhallzeit hier je nach Frequenz nur 0,2 bis 0,6 Sekunden, im Baßbereich allerdings häufig eine Sekunde und mehr. Auch treffen die ersten schallstarken Reflexionen in Wohnräumen wesentlich früher ein (schon in den ersten 10 ms). Abbildung 100 soll diese Unterschiede veranschaulichen. (s. a. Abbildung 105)

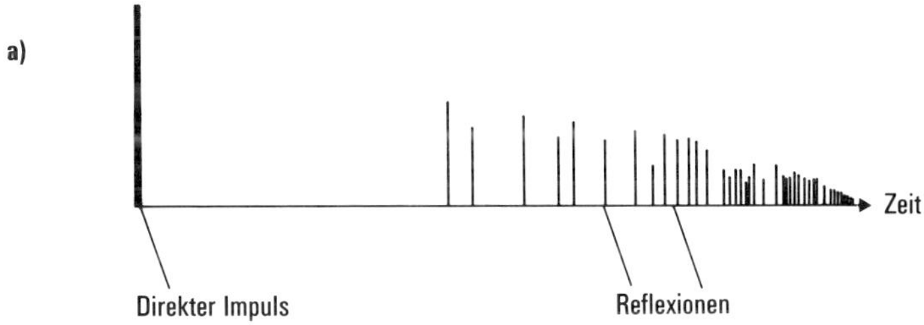

Abbildung 100a: Reflexionen in einem Konzertsaal.

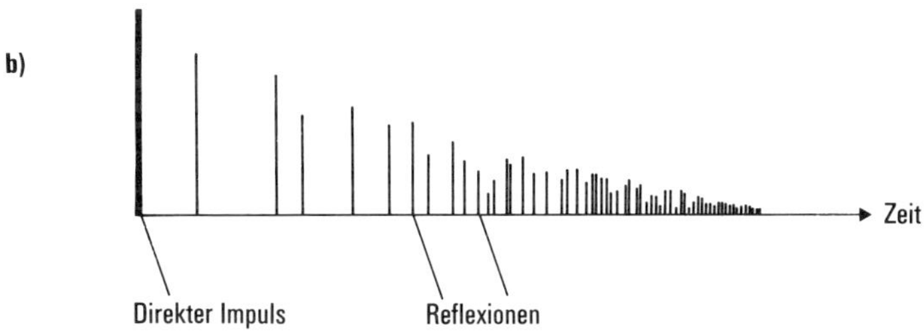

Abbildung 100b: Reflexionen in einem Wohnraum.

Die schallstarken Reflexionen eines Wohnraums innerhalb der ersten Millisekunden nach einem Impuls beeinflussen zunächst einmal die tatsächlich empfundene Lautstärke, denn sie addieren sich ja zum Direktschall. Außerdem verändern sie die stereophone Ortung von Instrumenten, denn folgen erste Reflexionen schon kurz nach dem direkten Impuls, so hat das Gehör Schwierigkeiten zu unterscheiden, wo dieser herkam – von der Box (direkt) oder z. B. von einer Wand (reflektiert). Und schließlich wird auch die Klarheit der Wiedergabe durch frühe, starke Reflexionen beeinträchtigt. Erste Reflexionen bestimmen ja die Anhallzeit, d. h. den Einschwingvorgang.
Dazu muß man wissen, daß das menschliche Gehör Instrumente und Stimmen vornehmlich anhand der Frequenz und der Intensität ihrer Obertöne unterscheidet (die übrigens den Klirrverzerrungen eines Lautsprechers ähneln). Vor allem beim Einschwingen eines Klangs haben Frequenzen und Intensität der Obertöne bei jedem Instrument eine ganz spezielle Zusammensetzung. Schon die Analyse dieses Einschwingvorgangs ermöglicht unserem Gehör sofort zu erfassen, welches Instrument diesen oder jenen Klang erzeugt hat: eine Geige oder eine Gitarre. Ja, das Einschwingverhal-

ten läßt sogar erkennen, daß ein Instrument bei der Aufnahme sehr laut gespielt wurde, auch wenn es später relativ leise von einer Stereoanlage wiedergegeben wird.
Selbst wenn die Lautsprecher in der Lage sind, die Einschwingvorgänge exakt nachzuvollziehen, so können frühe Schallreflexionen von Gegenständen oder Zimmerwänden diese Vorgänge wieder verändern und eine undeutliche, unpräzise Wiedergabe bewirken. Das ist vor allem dann der Fall, wenn Lautsprecherboxen in unmittelbarer Nähe von Regalen, Fernseher, Möbelstücken oder Zimmerwänden aufgestellt werden, was möglichst vermieden werden sollte.
Erst Reflexionen die später als 2 ms nach dem Direktschall beim Hörer eintreffen, werden diesbezüglich allmählich unkritisch – vorausgesetzt, sie sind nicht übermäßig laut.
Nach den ersten Reflexionen und dem Nachhall können in Wohnräumen aber auch Echos auftreten. Echos sind einzelne starke Reflexionen, die später als 50 ms nach dem Direktschall eintreffen, die aber überdurchschnittlich laut und daher ebenfalls recht problematisch sind.
Besonders auffällig sind die sogenannten *»Flatterechos«*, die dadurch entstehen, daß mittel- bis hochfrequente Schallwellen zwischen zwei sich gegenüberliegenden Wänden hin- und hergeworfen werden und noch wirksam sind, wenn der Lautsprecher längst andere Signale produziert. Die Musikwiedergabe wird unter solchen Umständen hallig und »verwaschen«, weil die Nachhallzeit für bestimmte einzelne Frequenzen extrem lang ist. Durch ein Händeklatschen an verschiedenen Stellen des Raumes lassen sich Flatterechos leicht gehörmäßig ausfindig machen.
Fazit: Störende Reflexionen, d. h. besonders laute und vor allem zu frühe Reflexionen im Wohnraum, müssen verhindert oder abgeschwächt werden, wenn eine akzeptable Lautsprecherwiedergabe erreicht werden soll.
Die Unterschiede zwischen einer extrem starken und einer ebenso schwachen Dämpfung lassen sich mit Hilfe einer lauten Stimme in einem relativ leeren, kahlen Raum, z. B. dem Badezimmer, und in freier Natur verdeutlichen: beide Male wirkt die Stimme recht unterschiedlich. Eine Verringerung störender Reflexionen erhält man durch einen ausreichenden Abstand der Boxen von Wänden und Gegenständen und natürlich mit Hilfe schallabsorbierender Materialien. Bei niedrigen Frequenzen sind auch »Hindernisse« wie Tische oder Sitzmöbel sehr effektiv (nicht direkt vor oder neben die Boxen stellen!) und vor allem »Mitschwinger« wie Holzvertäfelung, Holzschränke, Türen, speziell angebrachte dünne Sperrholz-,

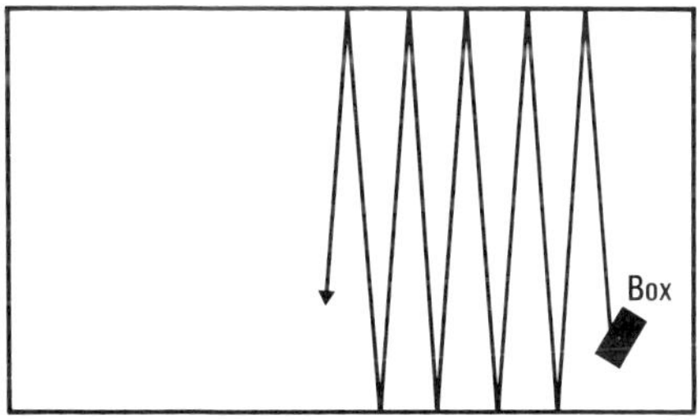

Abbildung 101: Flatterecho.

Weich- oder Hartfaserplatten, große Fenster etc. Werden solche »Mitschwinger« allerdings bei ihrer Resonanzfrequenz angeregt (z. B. ein Fenster, wenn ein dröhnender Lastwagen vorbeifährt), können sie auch selbst unangenehme Geräusche hervorrufen.

Zur *Absorption* mittlerer und hoher Frequenzen benötigt man poröse Stoffe: z. B. dichte Vorhänge (besonders vor großen Fenstern), Teppiche, Polstermöbel, Wandteppiche, Felle, evtl. auch Bücherregale etc. Besonders wirksam sind 3–4 cm starke Mineralfaserplatten (Steinwolle), die mit dekorativem Stoff bespannt oder hinter Wandteppichen angebracht werden.

Vor allem in der unmittelbaren Nähe der Lautsprecher, wenn diese z. B. an einer Wand stehen, sowie an der Zimmerwand hinter dem Hörer (Reflexionen von hinten sind besonders irritierend) tragen schallabsorbierende Materialien dazu bei, die Räumlichkeit, Natürlichkeit und Klarheit der Lautsprecherwiedergabe zu verbessern – solange man es mit der Dämpfung nicht gerade übertreibt.

Hohe Frequenzen werden allerdings schon durch die Luft ausreichend stark absorbiert.

Zwar ist der vom Hörer insgesamt empfangene Schall auch in einem Konzertsaal zu etwa 90% indirekt bzw. reflektiert – Reflexionen sind also nicht grundsätzlich störend – nur sind die Reflexionen dort von ganz anderer Qualität als im Wohnraum (vergl. Abbildung 100). In der Werbung für *Indirektstrahler*, d. h. an die Wände strahlende Lautsprecher, werden diese Tatsachen meistens übergangen.

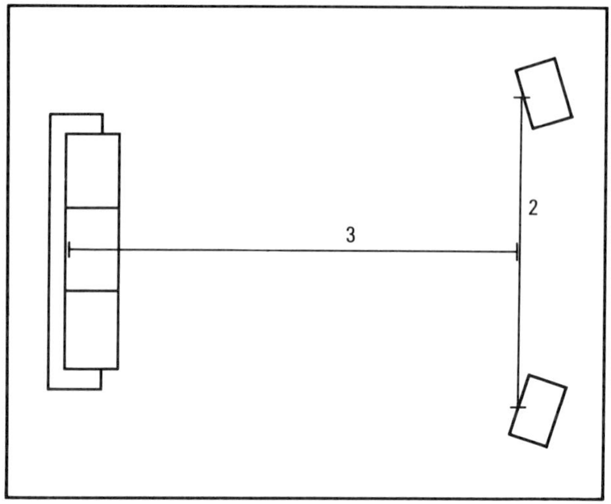

Abbildung 102

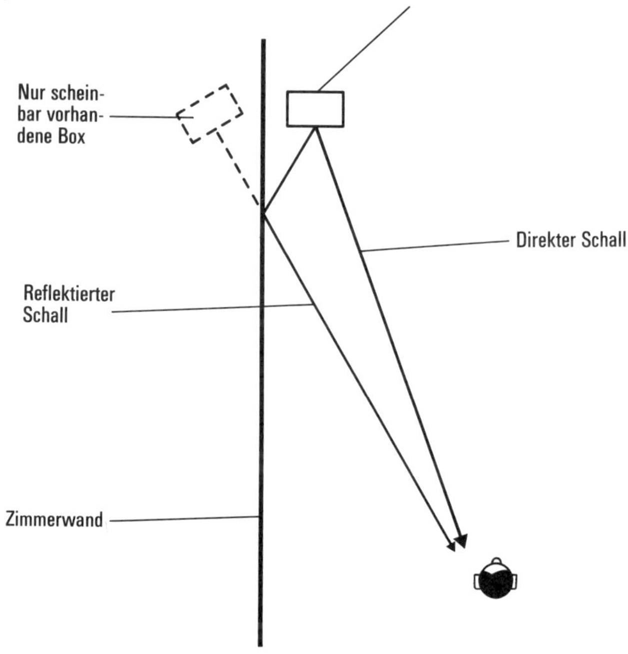

Abbildung 103

6.2 Stereophonie und räumliche Wiedergabe

Sinn und Zweck stereophoner Musikaufnahmen ist es, eine Ortung einzelner Musikinstrumente zwischen ganz links und ganz rechts zu ermöglichen. Schon hier treten aber die ersten Schwierigkeiten auf. Ganz weit links und ebensoweit rechts bedeutet für große Sinfonieorchester etwas völlig anderes als für Popgruppen oder ein Gitarrenduett. Normalerweise ist es jedoch nicht möglich, die *Stereo-Basisbreite* auf die jeweilige Schallplatte abzustimmen. Es muß daher eine Mittellösung gefunden werden.

In der Praxis hat sich für den Abstand der Boxen voneinander und zu dem Hörer ein Verhältnis von ungefähr 2:3 bis 2:4 als günstig erwiesen. Abbildung 102 soll das verdeutlichen.

Aber nicht nur der Abstand zwischen den Lautsprechern und zu dem Hörer ist entscheidend, sondern auch der Abstand der Lautsprecher von benachbarten Wänden.

Es wurde bereits darauf hingewiesen, daß das Ohr nicht nur direkten Schall von den Lautsprechern, sondern auch Reflexionen von Gegenständen und Zimmerwänden empfängt. Reflexionen, die innerhalb der ersten 2–4 ms nach dem Direktschall zum Trommelfell gelangen, können aber vom direkten Schall nicht unterschieden werden. Im Klartext bedeutet das u. a.: sind die Mittel- und Hochtöner (für tiefe Frequenzen sind diese Betrachtungen irrelevant) nur 70 cm oder weniger von einer Wand entfernt, so registriert das Ohr u. U. eine weitere Lautsprecherbox, wo gar keine ist. Daraus resultiert eine ungenaue stereophone Ortbarkeit.

Zusätzlich muß mit einem welligen Frequenzgang und einem hörbar schlechteren Impulsverhalten gerechnet werden – kurz: die linearen Verzerrungen steigen beträchtlich an (vergl. Mapp).

Diese klanglichen Einbußen lassen sich vermeiden, wenn die Mittel- und Hochtöner in einem Abstand von ca. 1 m von Möbeln und Wänden aufgestellt und zum Hörer hin abgewinkelt werden (s. Abbildung 104a).

Sind diese Maßnahmen nicht möglich, kann man sich mit schalldämpfenden Materialien behelfen, die Reflexionen abschwächen (Wandteppiche, dicke Vorhänge, mit Stoff bespannte Mineralfaserplatten, Felle etc.).

Auch bei einem Wandabstand von einem Meter oder mehr, treten natürlich Reflexionen auf, nur kann sie das Ohr schon als solche identifizieren, was für die stereophone Ortbarkeit und für die Natürlichkeit und Klarheit der Wiedergabe vorteilhaft ist.

Zu frühe Reflexionen sind gewissermaßen auch mit langen Ein- und Ausschwingzeiten von Lautsprechermembranen vergleichbar. Sie beeinflus-

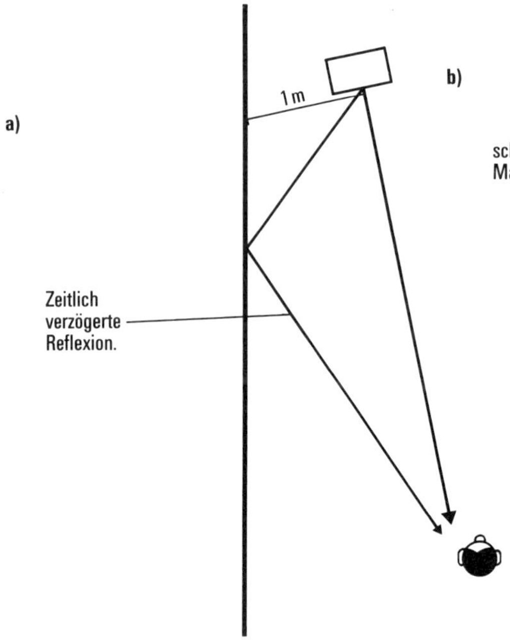

Abbildung 104a

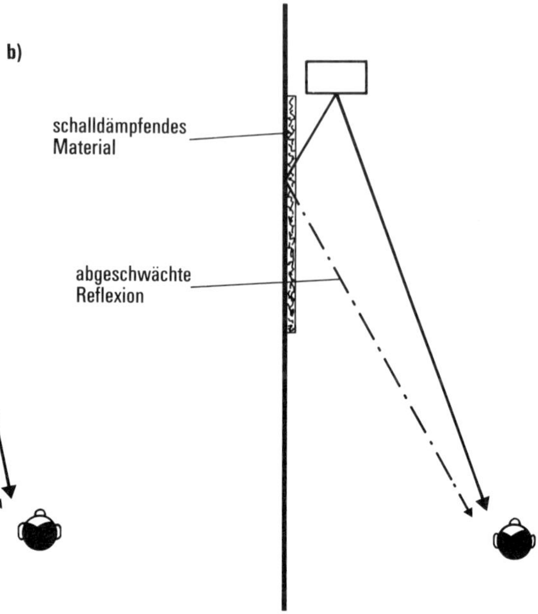

Abbildung 104b

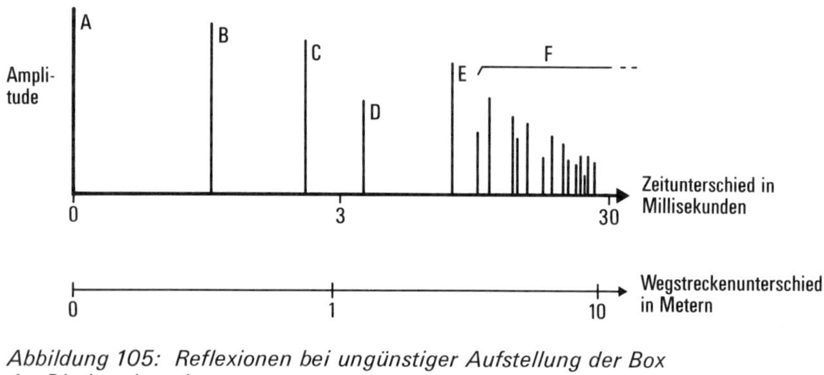

Abbildung 105: Reflexionen bei ungünstiger Aufstellung der Box
A: Direkter Impuls

Problematische Reflexionen
B: Von einer Seitenwand
C: Von der Wand hinter der Box

Spätere Reflexionen
D: Vom Fußboden
E: Von der Zimmerdecke
F: Mehrfach reflektierte Wellenfronten

sen den Aufbau der sogenannten »ersten Wellenfront«, die den Hörer erreicht und für die räumliche und klangliche Präzision weitaus wichtiger ist als es spätere Reflexionen sind. Genau genommen betrifft das nicht nur die Reflexionen von Zimmerwänden und Möbeln, sondern auch die von der Schallwand einer Lautsprecherbox – wenn auch in geringerem Maße.
Trotzdem haben die später als 2–4 ms nach dem Direktschall eintreffenden Reflexionen ebenfalls deutliche Auswirkungen auf den Klang einer Lautsprecherbox. Auch sie sind für die subjektiv empfundene Lautstärke, für die Räumlichkeit und für die Durchsichtigkeit und Klarheit des Klangs mitentscheidend, nur sind sie unproblematischer.
Fertigboxenhersteller versuchen auf unterschiedliche Weise, die Reflexionen des Hörraums bei der Lautsprecherkonstruktion miteinzubeziehen. Zwei völlig verschiedene Ausgangspositionen sollen hier kurz skizziert werden.
Die erste besagt ungefähr folgendes: Die akustischen Eigenschaften eines Konzertsaals werden bei Schallplattenaufnahmen bereits berücksichtigt. Entweder wird die Musik nämlich in einem akustisch günstigen Konzertsaal mit Mikrophonen aufgenommen, oder aber ein Raumklangeffekt (künstlicher Hall) wird, z. B. bei Studioaufnahmen, auf elektronischem Weg hinzugemischt. Folglich ist es am besten, wenn die Lautsprecher keinen Raumklang mehr hinzufügen, sondern direkt zum Hörer strahlen. Sie sollten daher einen eher kleinen Abstrahlwinkel aufweisen, um entsprechend wenige bzw. schwache Reflexionen hervorzurufen.
Vor allem elektrostatische und magnetostatische Lautsprecher, die hier allerdings nicht näher besprochen wurden, sowie viele Hornlautsprecher erfüllen diese Bedingungen. Bei ordentlicher Konstruktion klingen sie tatsächlich sehr sauber, präzise und ortungsscharf.
Der Nachteil ist jedoch, daß Lautsprecher mit geringerem Abstrahlwinkel genau auf den Hörer ausgerichtet sein müssen. Wer etwas seitlich von den Boxen sitzt, muß einen welligen Frequenzgang und eine stark eingeschränkte stereophone Räumlichkeit in Kauf nehmen. Außerdem übersehen Vertreter dieses Konzepts, daß echter Nachhall im Konzertsaal auch von den Seiten, von hinten und von oben auf den Hörer trifft, der von der Schallplatte wiedergegebene Nachhall erreicht den Hörer dagegen direkt von vorne aus den beiden Lautsprecherboxen.
Und die andere Position besagt: Im Konzertsaal empfängt der Hörer hauptsächlich indirekten, reflektierten Schall. Folglich muß das auch im Hörraum erreicht werden. Dazu werden die Boxen so konstruiert, daß sie auch nach den Seiten, nach hinten und manchmal auch nach oben mittlere und hohe

Frequenzen abstrahlen. Hierfür werden von manchen Herstellern sogar Breitbandlautsprecher eingesetzt, andere bestücken alle vier Längswände des Gehäuses mit Mittel- und Hochtönern usw.

Der Vorteil solcher Konstruktionen liegt darin, daß sie auch bei ungünstigen Hörerpositionen nicht viel anders klingen als im direkten Schallfeld – ein Effekt der von vielen sehr geschätzt wird.

Der Nachteil dabei ist jedoch, daß eine genaue Ortung von Instrumenten wegen der vielen starken Reflexionen kaum noch gelingt und daß Soloinstrumente oder Stimmen räumlich aufgebläht werden. Hierbei spielt auch die Tatsache eine Rolle, daß sich die auf Schallplatte konservierte Konzertsaalakustik und die nun überbetonte Wohnraumakustik auf befremdliche Weise addieren. Da die reflektierenden Wände und Gegenstände außerdem verschiedene Frequenzen unterschiedlich stark reflektieren, können sich Welligkeiten im Frequenzgang ergeben, und auch die Impulswiedergabe wird alles andere als vorbildlich. Worin liegt aber nun eine akzeptable Lösung?

Zunächst einmal soll festgehalten werden, daß eine gerichtete oder gebündelte Abstrahlung bei tiefen Frequenzen (unterhalb etwa 400 Hz) aufgrund der großen Wellenlängen nicht möglich ist. Interessant sind all diese Betrachtungen also nur für den Mittel- und Hochtonbereich.

Hier hängt die Entscheidung hauptsächlich vom Aufstellungsort der Lautsprecher innerhalb des Hörraums ab. Für Lautsprecherboxen, die mit dem Rücken in der Nähe einer Wand oder gar in einem Regal stehen, und das ist erfahrungsgemäß häufig der Fall, kommen nur Direktstrahler in Betracht. Aber auch dann können sich erste Reflexionen störend bemerkbar machen, denn selbst bei Direktstrahlern gelangt ja ein Teil des Schalls nach den Seiten und nach hinten. Dieser Anteil ist jedoch weitaus geringer und unproblematischer als bei Indirektstrahlern und läßt sich mit Hilfe von Dämmaterialien auf ein unkritisches Maß abschwächen. Es ist allerdings darauf zu achten, daß Direktstrahler einen genügend großen Abstrahlwinkel aufweisen, damit auch seitlich sitzende Zuhörer noch in den Genuß eines guten Klangs kommen können.

Im übrigen sollte der Begriff Direktstrahler nicht zu wörtlich genommen werden. Schon bei einem Hörabstand von 4 m erreicht den Hörer nämlich auch bei der Verwendung üblicher Konus-, Kalotten- und einiger Hornlautsprecher größtenteils indirekter Schall, der zu einem räumlichen Klangeindruck beiträgt.

Umgekehrt verhält es sich bei Indirektstrahlern. Auch sie strahlen einen Teil des Schalls direkt zum Hörer ab. Damit es bei Indirektstrahlern nicht zu

störenden Überlagerungen zwischen direktem und indirektem Schall kommt, ist es auch bei ihnen besonders wichtig, das Eintreffen des indirekten Schalls um einige Millisekunden zu verzögern. In der Praxis bedeutet das, daß Indirektstrahler mehr als 70 cm von allen reflektierenden (Wand-) Flächen entfernt aufgestellt werden müssen. Aber auch dann klingen viele Indirektstrahler noch nicht befriedigend.
Genauso wichtig wie der Zeitunterschied zwischen Direktschall und Reflexionen ist nämlich der Lautstärkeunterschied. Sind die Reflexionen zu laut (bei Indirektstrahlern sind sie häufig sogar viel lauter als der Direktschall), so führt das ebenfalls zu langen Einschwingvorgängen und zu einer undeutlichen, ungenauen und räumlich aufgeblähten Wiedergabe.
Und noch ein weiteres Problem tritt bei fast allen Indirektstrahlern auf. Die Verwendung von Mittel- und Hochtönern an mehreren Gehäusewänden führt nämlich dazu, daß der Direktschall der einzelnen Lautsprecherchassis, je nach ihrer Position, mehr oder weniger verzögert und damit phasenverschoben beim Hörer eintrifft. Solche unkontrollierbaren Überlagerungen der direkten Schallwellen der Lautsprecher führen zu einem unsauberen Klang, ähnlich wie zu frühe schallstarke Reflexionen.
All diese Probleme lassen sich allerdings umgehen, wenn man lediglich die Rückwand einer Box mit einem Mittelhochtöner ausstattet, der bei ausreichendem Wandabstand nicht zu lauten und zeitlich genügend verzögerten Indirektschall hinzufügt. Bei den Bauvorschlägen am Ende dieses Buches befindet sich ein Bauplan für solch einen »Dipolstrahler«, der eine sehr weiträumige und trotzdem verfärbungsarme Wiedergabe ermöglicht.
Fazit: Es kommt nicht nur darauf an, wie präzise eine Lautsprecherbox die elektrischen Signale vom Verstärker in Schall umwandelt; genauso wichtig ist, was der Hörraum mit diesem Schall macht.
Eben hier liegen auch die Grenzen superstarker Magnete, extrem geringer Fertigungstoleranzen bei den Bauteilen für die Frequenzweiche, der Abstimmung des Frequenzgangs mit Hilfe teurer Meßgeräte auf ± 1 dB und der modischen »Superkabel« für die Stromzufuhr. All diese Dinge machen eine Box teurer, während die Vorteile, die solche »Verbesserungen« der Werbung nach einbringen sollen, in der Praxis sehr gering sind. Sicherlich sind sie in reflexionsarmen Testräumen durchaus meßbar, nur lebt niemand in solchen Räumen.
Sinnvoller ist es, etwas Zeit für die Verbesserung der Akustik des Hörraums bzw. zur optimalen Aufstellung der Lautsprecher zu verwenden, als viel Geld für ein paar Minimaldetails auszugeben.
Abschließend soll noch ein weiterer Aspekt erwähnt werden, der die

stereophone Wiedergabe von Lautsprecherboxen betrifft. Neben der Links-Rechts-Ortung sollen Lautsprecher ja auch Instrumente oder Stimmen räumlich exakt abbilden, die sich genau in der Mitte befinden. Im Idealfall ortet man z. B. einen Sänger oder Radiosprecher genau in der Mitte zwischen den Lautsprecherboxen und nicht in der linken oder rechten Box. Gerade dieser Effekt ist in der Praxis jedoch schwer zu realisieren. Er ist nämlich nur dann gewährleistet, wenn die Schallwellen von beiden Boxen mit gleicher Amplitude und Phase beim Hörer eintreffen. Schon ein geringer Unterschied zwischen beiden Boxen, wie er bei etwas seitlicher Hörposition auftritt, führt dazu, daß das Gehör den Schall vornehmlich der näheren Box zuordnet. Hinzu kommen Auslöschungen und Anhebungen durch Interferenzen zwischen beiden Lautsprecherboxen, die bewirken, daß schon bei geringen Kopfbewegungen mal die linke und mal die rechte Box lauter erscheint. Das führt u. U. zu einem »Wandern« der Schallquelle. Diese Probleme treten sowohl bei Direktstrahlern als auch bei Indirektstrahlern auf. Indirektstrahler, die viele schallstarke Reflexionen erzeugen, sind jedoch besser in der Lage, solche Schwierigkeiten zu kaschieren – allerdings zum Preis einer insgesamt unexakteren räumlichen und impulsmäßigen Wiedergabe. Eine wirklich originalgetreue räumliche Wiedergabe ist sowohl mit Direktstrahlern als auch mit Indirektstrahlern allenfalls dann möglich, wenn der Hörer von beiden Boxen gleich weit entfernt ist und wenn die Lautsprecher nicht zu frühe und nicht zu laute Reflexionen erzeugen. Eine weitere, keinesfalls selbstverständliche Voraussetzung ist aber auch eine genügend hohe Qualität der Schallplattenaufnahme.

6.3 Die baßverstärkende Wirkung von Zimmerwänden

Unterhalb von 300–500 Hz strahlen dynamische Tieftöner den Schall gleichförmig nach allen Seiten ab. Stellt man eine Box direkt an eine Wand, wird der nach hinten abgestrahlte Schall reflektiert und addiert sich nun zu dem frontal abgestrahlten.

Steht die Box nahe genug an der Wand, ergibt sich daraus eine Anhebung des Schalldrucks um bis zu 3 dB. Nahe bedeutet: weniger als ein Viertel der Wellenlänge der Frequenz, die der Lautsprecher produziert. Da der reflektierte Wellenzug dem direkten nacheilt, ist ihre Phasenlage niemals völlig gleich. Bei bestimmten Frequenzen ist die Phase sogar um 180° verschieden, und der Lautsprecher zeigt dort eine Absenkung, statt einer Anhebung im Frequenzgang. Diagramm 50 soll das verdeutlichen.

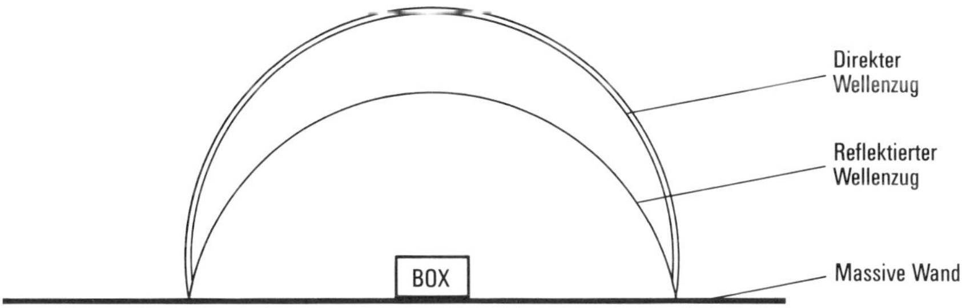

Abbildung 106

Beträgt die Entfernung z. B. 0,35 m, so ist $f_x = \frac{344}{0{,}35}$ Hz $\sim$ 1000 Hz. Etwa bei 0,4 · f_x, hier also bei 400 Hz, kommt es zu einer Senke im Frequenzgang, unterhalb etwa 0,25 · f_x, hier 250 Hz, zu einer Anhebung.

Dieser Effekt läßt sich natürlich steigern, wenn man der Wand noch eine zweite hinzufügt. Die maximale Anhebung liegt dann bei + 6 dB, die Senke etwa bei − 3 dB.

Eine maximale Wirkung läßt sich erreichen, wenn die Box auf dem Boden und an zwei Zimmerwänden steht – also in einer Raumecke. Ist der Abstand zu allen Wänden gleich groß, ergibt sich theoretisch eine Veränderung des Frequenzgangs wie in Diagramm 51.

Um einen extrem welligen Frequenzgang zu vermeiden, ist es sinnvoll, unterschiedliche Entfernungen zwischen dem Baßlautsprecher und den einzelnen Zimmerwänden zu wählen.

Die Entfernungen können dabei auf den Frequenzgang der Box abgestimmt werden. Diagramm 52 zeigt den theoretischen Frequenzverlauf einer Box mit einer Resonanzfrequenz f_2 = 50 Hz und einem Q-Faktor Q_2 = 0,7. Mit Hilfe benachbarter Zimmerwände ließe sich theoretisch ein ausgeglichener Frequenzgang bis ca. 30 Hz herstellen. Der Wirkungsgrad im Baßbereich würde außerdem deutlich gesteigert.

Der Tieftöner müßte dazu 30 cm vom Boden, 50 cm von der nächsten Wand und ca. 1,2 m von einer anderen Wand entfernt sein.

Auch einigen Fertigboxen-Herstellern sind diese Zusammenhänge bekannt, ermöglichen sie doch wesentlich günstigere Prospektangaben. Bei vergleichenden Lautsprechertests in Fachzeitschriften werden diese Tatsachen dagegen nicht immer berücksichtigt.

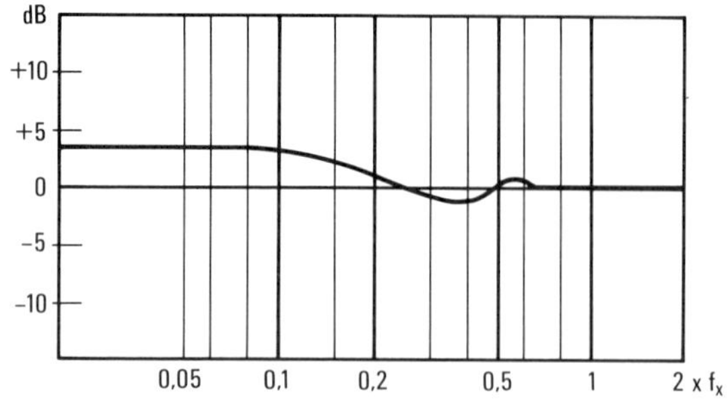

Diagramm 50: Einfluß einer Wand auf den Frequenzgang einer Lautsprecherbox (nach Allison)
f_x ist die Frequenz, deren Wellenlänge der kürzesten Entfernung von der Baßmembran zu einer Zimmerwand (oder zum Fußboden) entspricht.

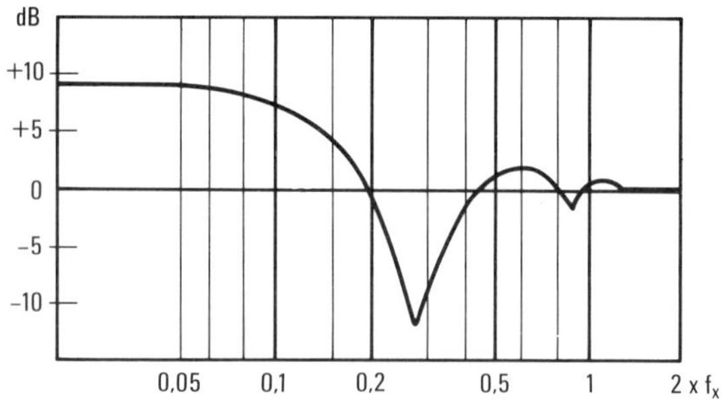

Diagramm 51

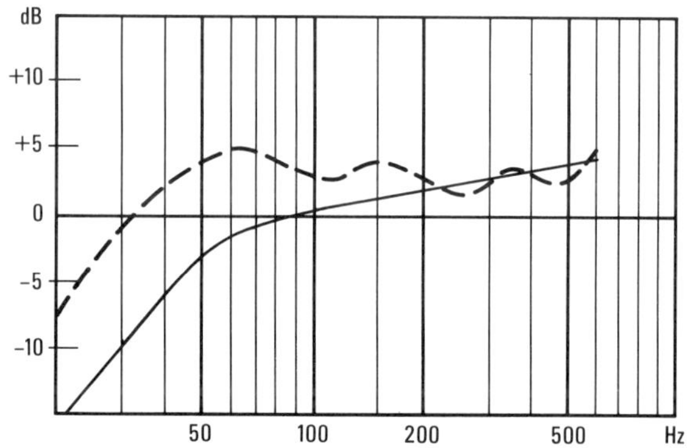

Diagramm 52

Aber – und nun kommt eine wesentliche Einschränkung – bisher war lediglich von drei beteiligten Wänden die Rede. Wohnräume haben aber fast ausnahmslos sechs Wände, einschließlich Fußboden und Decke. Den drei bisher berücksichtigten Wänden liegen ja drei weitere direkt gegenüber, und auch diese Wände reflektieren Schall. Wird der Schall zwischen den Wänden hin- und hergeworfen, treten Störungen auf, die den Frequenzgang und das Impulsverhalten einer Lautsprecherbox im Baßbereich erheblich beeinträchtigen.

6.4 Raumresonanzen

Ähnlich wie Flatterechos entstehen Raumresonanzen zwischen zwei parallel gegenüberliegenden Wänden. Durch das Zusammenwirken von direktem und reflektiertem Schall werden bestimmte Frequenzen dabei enorm verstärkt, andere abgeschwächt.

Der Hergang verläuft ungefähr folgendermaßen: Eine vom Lautsprecher produzierte Wellenfront wird von der gegenüberliegenden Wand reflektiert und kehrt zurück zur Lautsprecherbox. Die Wand hinter der Box reflektiert den Schall ein zweites Mal, und diese zweite Reflexion addiert sich nun zu der Wellenfront, die der Lautsprecher gerade neu produziert. Das Ergebnis ist eine hörbare Verstärkung des neu produzierten Signals. Abbildung 107 soll das verdeutlichen.

Zu diesem Zeitpunkt produziert die Box gerade eine neue, direkte Wellenfront (D_5). Fast gleichzeitig wird eine bereits reflektierte Wellenfront (R_1) von der Wand hinter der Box zum zweiten Male reflektiert. Die neu produzierte direkte und die zweifach reflektierte Welle werden sich wenig später addieren und gegenseitig verstärken ($D_5 + R_1$).

Allerdings handelt es sich hier um eine vereinfachte Darstellung, denn tatsächlich treten Raumresonanzen zwischen allen sechs einander gegenüberliegenden Wänden auf.

Besonders deutlich machen sich solche Resonanzen bemerkbar, wenn der Abstand zwischen den Wänden einer halben oder einer ganzen Wellenlänge entspricht. Tabelle 12 zeigt, bei welchen Frequenzen ausgeprägte Resonanzen, je nach Raumabmessungen, zu erwarten sind.

Je besser die Resonanzen auf unterschiedliche Frequenzen verteilt sind, desto schwächer sind sie ausgeprägt. Extrem kritisch sind daher Raumabmessungen wie z. B. 5 m · 5 m · 2,5 m für die Länge · Breite · Höhe. Sie führen zu besonders stark ausgeprägten Resonanzen und damit zu einem extrem welligen Frequenzgang bei einem äußerst miserablen Impulsver-

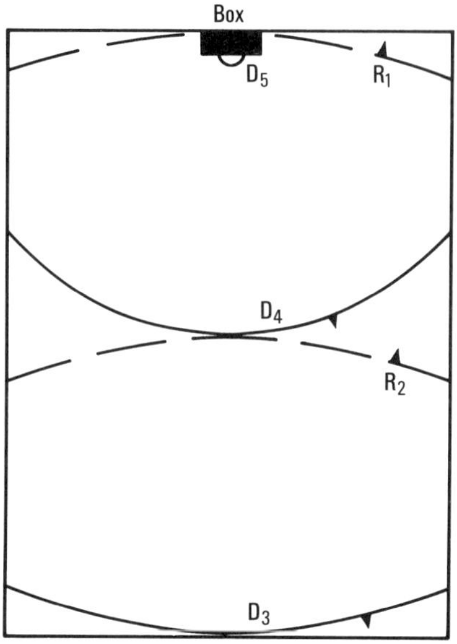

Abbildung 107:
D = Direkte Wellenfront
R = Reflektierte Wellenfront

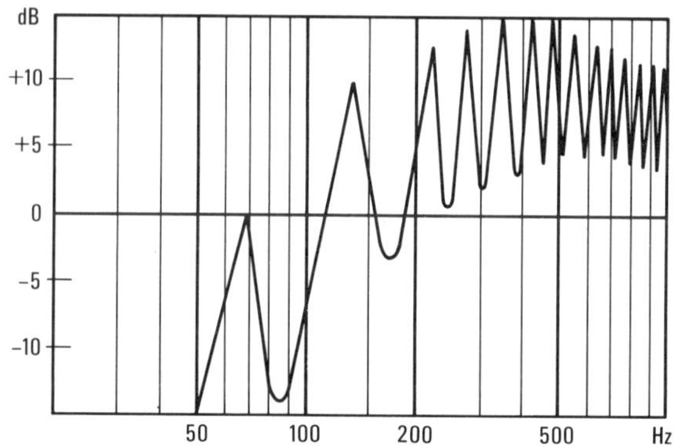

Diagramm 53: Der Einfluß von Raumresonanzen auf den Frequenzgang einer Box. Hier wurde nur eine Dimension, die Höhe des Raums berücksichtigt (H = 2,5 m).

halten. Räume mit relativ elastischen Wänden, Decken oder Fußböden aus Holz, Fachwerk, Rigips o. ä. neigen allerdings weniger zu ausgeprägten Resonanzen als Räume, deren Wände aus hartem Mauerwerk oder Beton sind. Das liegt daran, daß mitschwingende Wandflächen weniger Schall in den Raum zurückwerfen, sondern stattdessen in Bewegung umsetzen, daß sie den tieffrequenten Schall sozusagen teilweise vernichten.

Tabelle 12

Wandlänge (-breite, - höhe)	Kritische Resonanzen	
2 m	170 Hz	85 Hz
2,5 m	140 Hz	70 Hz
3 m	115 Hz	57 Hz
3,5 m	100 Hz	50 Hz
4 m	85 Hz	43 Hz
4,5 m	75 Hz	38 Hz
5 m	70 Hz	35 Hz
5,5 m	62 Hz	31 Hz
6 m	57 Hz	29 Hz
7 m	50 Hz	25 Hz
8 m	43 Hz	21 Hz

Selbstverständlich treten auch noch bei höheren Frequenzen Resonanzen auf; dort sind sie jedoch unkritischer, da sie voneinander weniger isoliert sind. Zwischen den einzelnen Resonanzspitzen machen sich deutliche Antiresonanzsenken im Frequenzgang bemerkbar. Diagramm 53 soll das veranschaulichen.

Wie sehr solche Resonanzspitzen im Frequenzgang ausgeprägt sind, hängt von verschiedenen Faktoren ab:

1. Vom Volumen des Raums. Je kleiner ein Hörraum ist, desto isolierter und wirksamer sind die Resonanzen und Antiresonanzen unterhalb 200 Hz und desto schwächer ist oft die Tiefbaßwiedergabe.
2. Von den Wandabmessungen. Besonders problematisch sind quadratische Räume oder gar würfelförmige. Erzeugen alle sich gegenüberliegenden Wände die gleichen Resonanzfrequenzen, wie das beim würfelförmigen Raum der Fall ist, treten sie besonders ausgeprägt und laut aus dem Frequenzgang hervor. Besser sind Größenverhältnisse von 2,3 : 1,4 : 1 bis 2,6 : 1,7 : 1 (Länge : Breite : Höhe).
3. Von der Aufstellung der Boxen im Raum. Diagramm 54 zeigt das am Beispiel eines recht kleinen und damit akustisch besonders problematischen Wohnraums (s. a. Diagramm 2, 11, 41, 42).

   Wird eine Box auf den Boden und an einer Wand oder gar in einer Ecke aufgestellt, sind besonders stark ausgeprägte Resonanzspitzen im Tiefbaßbereich zu erwarten. Bei der Aufstellung der Box in der Raummitte liegen die stärksten Resonanzen bei etwas höheren Frequenzen und sind weniger ausgeprägt. Sehr niedrige Frequenzen werden dann allerdings abgeschwächt, was ebenfalls die Wiedergabequalität beeinträchtigt.

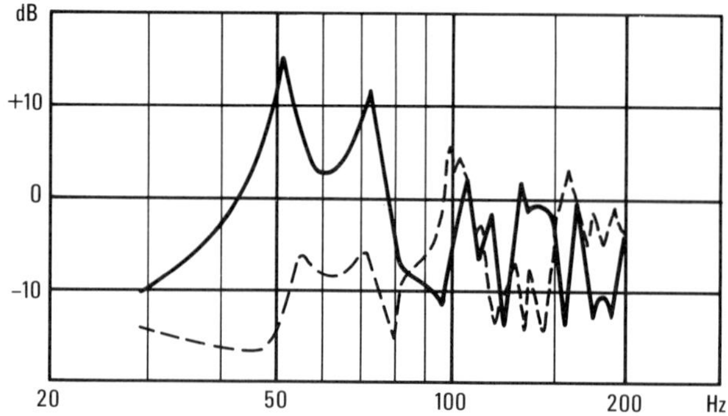

Diagramm 54 – – – – – – Raummitte ———— Raumecke

4. Von der Position des Hörers. Die Position des Meßmikrophons oder des Hörers im Raum hat ähnliche Auswirkungen auf den meßbaren und hörbaren Frequenzgang wie die Position der Box. Aber auch wenn sich zwei Hörer nicht direkt in einer Raumecke, wohl aber in deren unmittelbarer Nähe befinden, so können sich für beide trotzdem, je nach der Distanz zu allen anderen Wänden des Raums, ganz unterschiedliche Frequenzgänge im Baßbereich ergeben (s. Diagramm 55).

Selbstverständlich treten solch starke Pegelunterschiede bei üblichen Frequenzgangmessungen nicht in Erscheinung, denn diese werden sinnvollerweise unter günstigeren Bedingungen erstellt. Normalerweise sollen Frequenzgangmessungen ja Eigenschaften eines Lautsprechers demonstrieren und nicht die des dafür benutzten Meßraums.
Die Diagramme 54, 55 zeigen aber, daß in der Praxis der Frequenzgang einer Lautsprecherbox unterhalb etwa 200 Hz größtenteils vom Hörraum abhängig ist – sogar noch mehr als von dem verwendeten Baßlautsprecher. Das gilt zumindest für Wohnräume üblicher Abmessungen.
Aber nicht nur der Frequenzgang, sondern auch das Impulsverhalten im Baßbereich wird von den Raumresonanzen bestimmt. Diagramm 56 zeigt zunächst einen künstlich erzeugten Impuls oder Ton-Burst, dann die Wiedergabe des Impulses vom Tieftöner ohne Raumeinflüsse und schließlich die Wiedergabe in einem normalen Wohnraum, wenn eine seiner Raumresonanzen angeregt wird. Während der Q-Faktor hochwertiger Baßlautsprecher im Gehäuse (Q_2) zwischen 0,7 und 1,4 liegt, weisen Raumresonanzen oftmals Q-Faktoren in Höhe von 3 bis 6 auf (vgl. Abb. 54).

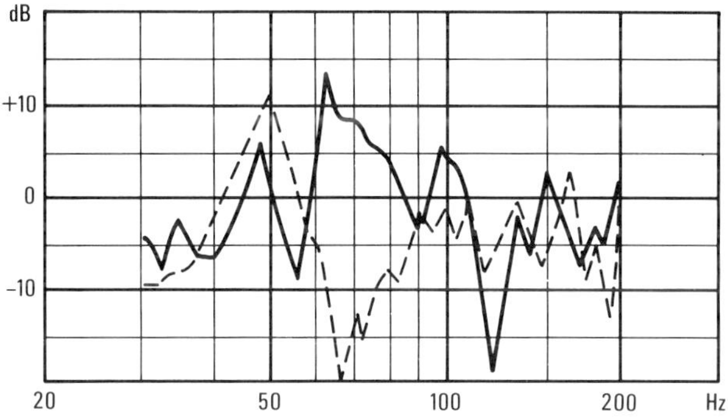

Diagramm 55 - - - - - - - Hörer1 ———— Hörer2

Auch hier wird noch einmal deutlich, warum die Abstimmung des Frequenzgangs einer Box auf ± 1 dB, der Einsatz total stabiler Gehäuse aus Marmor oder Beton und die Verwendung von Spulen und Kabeln mit extrem dickem Querschnitt für den Baßbereich kaum sinnvoll sind.
Der Werbung nach sollen all diese Maßnahmen, die häufig mit einem enormen finanziellen Aufwand verbunden sind, den Frequenzgang und das Impulsverhalten einer Lautsprecherbox im Baßbereich verbessern. Tatsächlich sind diese Verbesserungen aber so gering, daß sie sich nur in aufwendigen Testverfahren und in reflexionsarmen Meßräumen nachweisen lassen.
In der Praxis hängen Frequenzgang und Impulswiedergabe im Baßbereich größtenteils von den akustischen Verhältnissen im Hörraum ab.
Schon ein Verrücken der Lautsprecherboxen um nur 50 cm kann auf den Lautsprecherklang Auswirkungen haben, die die »Verbesserungen« der zuvor genannten Maßnahmen um ein Vielfaches übertreffen. Zusammenfassend kann man sagen:
Um Beeinträchtigungen des Frequenzgangs und des Impulsverhaltens im Baßbereich so gering wie möglich zu halten, sollten in Wohnräumen sowohl für die Lautsprecherplazierung als auch für die Hörposition weder Raumecken noch die Raummitte gewählt werden.
Eine weitere Verbesserung kann mit Hilfe von »Mitschwingern« wie Holzvertäfelungen und mit Hilfe von »Hindernissen« wie Möbeln erreicht werden. Es gibt allerdings Fälle, wo all dies aus gestalterischen Gründen nicht möglich oder nicht erwünscht ist. Ein Beispiel soll das verdeutlichen.
Ein akustisch extrem ungünstiger Raum mit Wänden aus hartem Mauer-

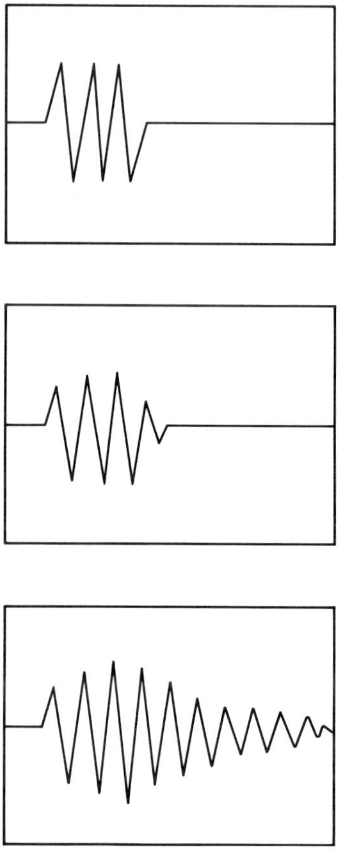

Eingespeistes Signal.

Vom Lautsprecher wiedergegebenes Signal.

Vom Raum verändertes Signal.

Diagramm 56

werk hat die Abmessungen 4,3 · 4,3 · 2,15 m (L · B · H). Bei 40 Hz, 80 Hz und 160 Hz sind dementsprechend Resonanzen zu erwarten (s. Tabelle 12). Zu diesen »Axialresonanzen« gesellen sich sogenannte »Tangentialresonanzen« bei

$$f = \frac{c}{\sqrt{L^2 + B^2}}\ ;\ \text{Hz} \quad \text{sowie bei} \quad f = \frac{2\,c}{\sqrt{L^2 + B^2}}\ ;\ \text{Hz},$$

hier 56 Hz und 113 Hz (vergl. Beranek).

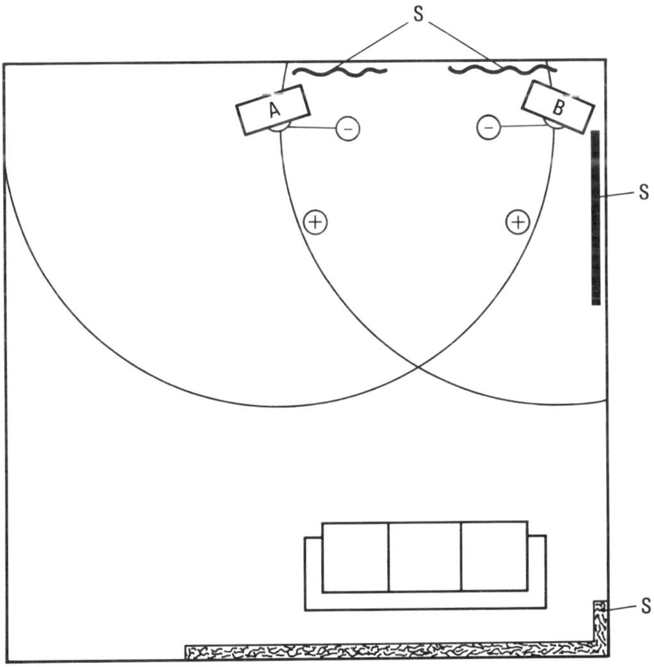

Abbildung 108

Am kritischsten ist jedoch der Bereich um 80 Hz, da sowohl die Länge als auch die Breite und die Höhe des Raums hier eine Resonanzspitze erzeugen. Wird die Lautsprecherbox in eine der Raumecken gestellt, muß bei 80 Hz mit einer extremen Überhöhung im Frequenzgang und mit einem besonders schlechten Impulsverhalten gerechnet werden.

Ist eine Aufstellung der Box in der Ecke jedoch unumgänglich, gibt es trotzdem eine akzeptable Lösung für das Problem.

Dazu sollte sich der Tieftöner zunächst einmal nicht in Bodennähe befinden (Box auf den »Kopf« stellen, oder auf einem Podest liegend betreiben). Außerdem muß die für Stereobetrieb erforderliche zweite Box von der ersten etwa eine halbe Zimmerlänge entfernt aufgestellt werden; hier 2 m bis 2,3 m. Der Frequenzbereich, dessen halbe Wellenlänge dem Abstand der beiden Tieftöner voneinander entspricht, wird dadurch deutlich abgeschwächt. Denn trifft eine von der Box A produzierte Wellenfront bei Box B ein, so ist sie gegenphasig zu der Wellenfront, die Box B gerade produziert. Gegenphasige Wellenfronten schwächen einander ab und verringern somit die Resonanzüberhöhung ganz erheblich. Abbildung 108 soll das

veranschaulichen. Übrigens tragen auch gleichfrequente Reflexionen von den Zimmerwänden maßgeblich zu diesem Effekt bei.
Die Abbildung zeigt auch, wo in diesem Fall schallabsorbierende Materialien für mittlere bis hohe Frequenzen (S in Abbildung 108) besonders wirkungsvoll wären. Zusammenfassend läßt sich sagen:
In quadratischen Wohnräumen sollten sich die Tieftöner möglichst 1 m oder mehr über dem Fußboden befinden, und sie sollten einen Abstand voneinander haben, der der halben Raumlänge entspricht – zumindest dann, wenn eine der Boxen in der Ecke steht.
Eckhörner, die ja direkt in den Raumecken stehen müssen, eignen sich kaum für quadratische Wohnräume. Ein akzeptabler Klang kann mit ihnen aber vielleicht noch erreicht werden, wenn man für die zweite Eckbox eine »künstliche« Raumecke mit Hilfe einer kleinen Holzwand schafft.
Die zweite, etwa an der Wandmitte befindliche Box weist übrigens in allen Fällen eine schwächere Tiefbaßwiedergabe auf als die Box in der Ecke. Gehörmäßig wirkt sich das jedoch nicht negativ aus, da das Ohr Frequenzen unterhalb etwa 300 Hz nicht richtungsmäßig orten kann.
Grundsätzlich ist es daher auch möglich, niedrige Frequenzen nur von einer Baßbox, von einem sogenannten »Subwoofer« abstrahlen zu lassen. Die Übergangsfrequenz zu den Mitteltönern sollte dann 200 Hz nicht überschreiten, und der Subwoofer muß zwischen beiden Mittel-Hochtoneinheiten plaziert werden. Andernfalls können sich klangliche Einbußen ergeben, aufgrund von zu großen Laufzeitunterschieden zwischen den Boxen oder aufgrund von Verzerrungsprodukten des Tieftöners (Klirr, Intermodulationen, Membranresonanzen), die bereits im Mitteltonbereich liegen und durchaus ortbar sind.

7 Stereoverstärker

Die Qualität von Verstärkern konnte schon vor Jahren soweit gesteigert werden, daß ihre Klirr- und Intermodulationsverzerrungen weniger als ein Promille (0,1%) betragen. Trotzdem lassen sich in einigen Fällen selbst zwischen Spitzenklassenverstärkern hörbare Unterschiede ausfindig machen. Einige Ursachen für solche Unterschiede sollen hier kurz dargestellt werden, da sie in direkter Beziehung zu den verwendeten Lautsprecherboxen stehen.

7.1 Die Ausgangsleistung

Um auch kurze Impulse bei höheren Lautstärken noch unverzerrt übertragen zu können, darf die Ausgangsleistung eines Verstärkers nicht zu gering sein. Immerhin müssen Verstärker bei lauten Impulsen für Sekundenbruchteile etwa die 50-fache Leistung abgeben, die sie für die Durchschnittslautstärke liefern. Die Dauer- oder Sinusleistung eines Verstärkers sollte daher möglichst genauso groß, eher sogar noch größer sein als die Dauer- oder Nennbelastbarkeit der Boxen – zumindest dann, wenn hohe Lautstärken erzeugt werden sollen. Voraussetzung dafür ist allerdings, daß es sich bei der Belastbarkeitsangabe der Boxen um eine seriöse Angabe handelt, was leider nicht immer der Fall ist.
Als Minimum für die Ausgangsleistung eines Stereoverstärkers ist das zehnfache der Betriebsleistung der Boxen anzusehen. Beträgt die Betriebsleistung für einen Schalldruck von 90 dB bei 1 m Abstand für eine Lautsprecherbox beispielsweise 3 Watt, so sollte der Verstärker wenigstens 30 Watt pro Kanal liefern können (s. a. die Kapitel über den Wirkungsgrad und die Belastbarkeit von Lautsprechern).
Vorsicht ist bei der Betätigung des Höhenreglers am Verstärker oder an Equalizern geboten – zumindest bei hohen Lautstärken. Ein voll aufgedrehter Höhenregler bewirkt, daß dem Hochtöner etwa das Zehnfache an Leistung zugeführt wird wie bei Normalstellung des Reglers. Nur die wenig-

sten Hochtöner (z. B. einige Ringstrahler) halten solchen Belastungen stand, während bei den meisten schon nach kurzer Zeit die Schwingspulen durchbrennen.
Ein Aufdrehen des Baßreglers hat dagegen ein vorzeitiges Clipping des Verstärkers zur Folge, das bei hohen Lautstärken zu überhöhten Verzerrungen und ebenfalls zur Zerstörung der Lautsprecher führen kann. Sinnvoller ist es, die einzelnen Lautsprecherchassis und den Aufstellungsort der Boxen so aufeinander abzustimmen, daß Höhen- und Baßregler bzw. zusätzliche Equalizer gar nicht erst benötigt werden.

7.2 Kapazitive und induktive Lasten

Stereoverstärker sind normalerweise für eine Lautsprecherimpedanz von 4 Ohm (manchmal auch 8 Ohm) ausgelegt. Aufgrund der Eigenschaften der Lautsprecherchassis und der Frequenzweichen ist die Impedanz von Lautsprecherboxen aber selten konstant. In Extremfällen variiert sie zwischen 2 und 60 Ohm. Diese Abweichungen werden von den Kondensatoren und Spulen der Frequenzweichen sowie von den Schwingspulen der Lautsprecher hervorgerufen. Sie sind qualitativ von rein Ohm'schen Widerständen verschieden, denn sie können starke Phasendrehungen mit sich führen. Auf ausgeprägte Unregelmäßigkeiten des Impedanzverlaufs und starke Phasendrehungen reagieren selbst teure Verstärker recht unterschiedlich und werden u. a. auch deshalb verschieden klingen. In Extremfällen produzieren Verstärker dann deutlich erhöhte Modulationsverzerrungen. Vor allem bei Anschlußimpedanzen von weniger als 4 Ohm werden die meisten Verstärker bei höheren Lautstärken völlig überfordert bzw. überlastet. Mit Hilfe von 8 Ω-Lautsprecherchassis, deren Impedanzminimum 5 Ω praktisch nie unterschreitet, und mit Hilfe geeigneter Frequenzweichen sollten solche Störfaktoren so gering wie möglich gehalten werden.

7.3 Subsonic-Filter

Praktisch alle schwingungsfähigen Gegenstände haben eine Resonanzfrequenz. So auch die Tonarm-Tonabnehmerkombination von Plattenspielern. Je nach der dynamischen Masse und der Nachgiebigkeit der Tonabnehmernadel liegt diese Resonanzfrequenz zwischen etwa 5 Hz und 15 Hz. Solch niedrige Frequenzen sind an sich unhörbar, und doch können sie erhebliche Störungen hervorrufen. Auch in den Leerrillen von Schallplatten

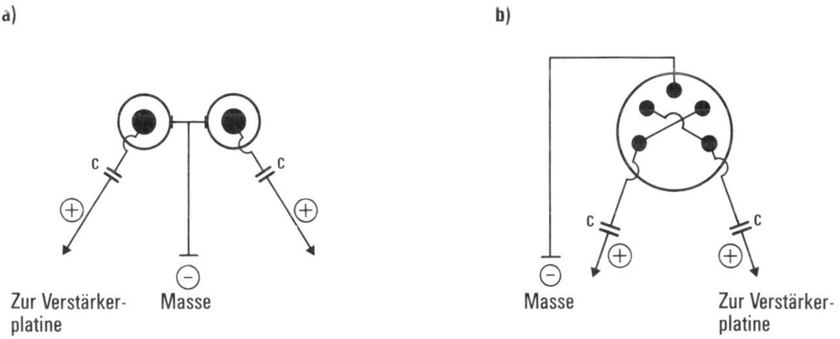

Abbildung 109: a) Cynch-Eingangsbuchsen; b) DIN-Eingangsbuchsen am Verstärker.

machen sie sich durch heftige Membranbewegungen des Tieftöners bemerkbar. Vom Verstärker werden sie nämlich wie normale Tonfrequenzspannungen behandelt und entsprechend verstärkt in die Tieftöner geschickt. Diese sind dann gezwungen, schon bei niedrigen Lautstärken große Amplituden auszuführen, die die hörbaren Tonsignale kräftig modulieren (→ hohe Intermodulationsverzerrungen). Bei hohen Lautstärken können sie die Tieftöner sogar zerstören, da diese ja zur Wiedergabe von Infraschall, d. h. von Frequenzen unter 20 Hz, völlig ungeeignet sind.
Besonders Baßreflex- und (Expo-) Transmissionline-Boxen reagieren auf tiefstfrequente Störungen sehr empfindlich. Früher benutzte man für solche Gehäuse deshalb hart aufgehängte Tieftonchassis, bei denen eine hohe Federkraft der Randaufhängung große Amplituden verhinderte. Hart aufgehängte Tieftönermembranen führen jedoch zu einer schwachen Tiefbaßwiedergabe und sind für HiFi-Anwendungen völlig ungeeignet.
Eine Unterdrückung tieffrequenter Störsignale ist daher nur auf elektronischem Weg sinnvoll, mit Hilfe eines Subsonic-Filters. Dieser Filter sollte bei einer Einsatzfrequenz von 20 Hz eine Spannungsdämpfung von 18 dB/Okt. aufweisen oder unterhalb 30 Hz mit wenigstens 12 dB/Okt. dämpfen. Sogenannte Low- oder Rumpelfilter setzen meist schon oberhalb 40 Hz ein und schwächen auch die Tiefbaßwiedergabe. Eine Verdoppelung der hierfür verantwortlichen Kondensator-Kapazitäten würde meist schon genügen, um ein Rumpelfilter in ein Subsonic-Filter zu verwandeln.
Aber nicht alle Stereoverstärker verfügen über einen solchen Filter. In manchen Fällen muß ein Notbehelf Schlimmeres verhüten. Dazu ist zunächst

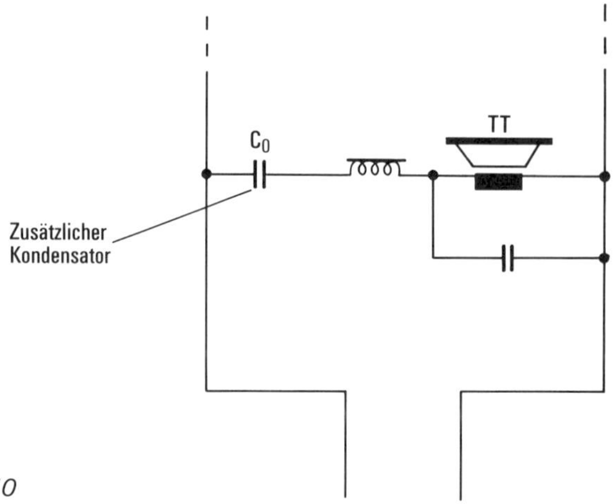

Abbildung 110

ein Kondensator pro Kanal zwischen Vor- und Endverstärker einzusetzen, falls diese trennbar sind. Sind sie nicht trennbar, können die Kondensatoren auch direkt am Phonoeingang angeschlossen werden. In beiden Fällen müssen sie praktisch in der Plusleitung liegen, so daß die Signalspannung sozusagen nur über die Kondensatoren in den (End-)Verstärker gelangen kann (s. Abb. 109).
Die erforderliche Kapazität für die Kondensatoren ist von dem Eingangswiderstand des Verstärkers abhängig. Üblich ist ein Eingangswiderstand von etwa 47 kΩ für Magnettonabnehmer. Bei einer Einsatzfrequenz in Höhe von 25 Hz ergibt sich daraus:

$$C = \frac{160\,000}{47\,000 \cdot 25} = 0{,}136\ \mu F$$

Im Fachhandel sind Kondensatoren mit 0,15 µF erhältlich. Für einen höheren Spannungsabfall pro Oktave müssen aber zusätzlich Kondensatoren vor die Tieftöner geschaltet werden, wie das bei einigen renommierten Fertigboxenherstellern seit längerem geschieht.
Bei einer Impedanz von 8 Ω und einer Einsatzfrequenz von 20 Hz beträgt die erforderliche Kapazität:

$$C_o = \frac{160\,000}{8 \cdot 20}\ \mu F = 1000\ \mu F$$

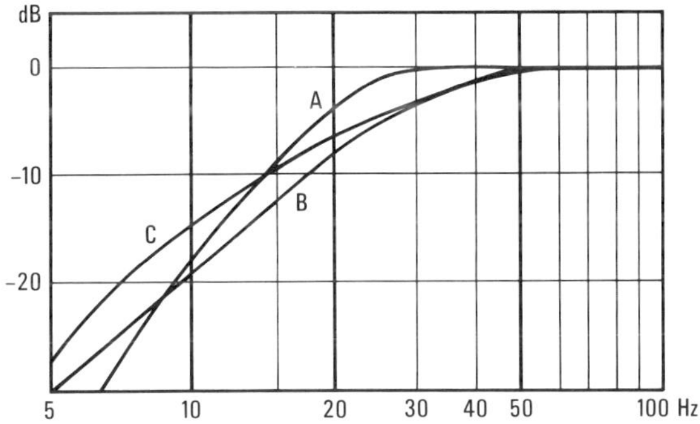

Diagramm 57: A = Filter ab 20 Hz; Dämpfung 18 dB/Okt. B = Filter ab 30 Hz; Dämpfung 12 dB/Okt. C = hier vorgeschlagenes Behelfsfilter.

Für relativ kleine Tieftöner reicht bereits ein hochwertiger Elektrolytkondensator mit 680 µF/50 Volt. Bei Belastbarkeiten von bis zu 150 Watt pro Box sind für C_0 schon 1000 µF/63 Volt zu wählen und für Belastbarkeiten von bis zu 300 Watt sind es 1000 µF/100 Volt. Tonfrequenzkondensatoren sind mit solch hohem Wert nicht mehr erhältlich. Für den Baßbereich genügen aber ohnehin normale Elkos – solange sie nicht von minderer Qualität sind.

Diagramm 57 zeigt den Spannungsabfall pro Oktave von den verschiedenen Filtern. In der Praxis können sich geringfügige Abweichungen ergeben. Das hier vorgeschlagene Filter sollte eher als ein Notbehelf angesehen werden, das den Tieftöner vor extrem hohen Intermodulationsverzerrungen oder gar vor seiner Zerstörung bewahrt. Besser ist der Einsatz eines speziellen Subsonic-Filters, das eventuelle Nebenwirkungen von vornherein ausschließt. Darüberhinaus sind bei dem Behelfsfilter auch die Garantie-Bedingungen des Verstärkerherstellers zu beachten; ein eigenmächtiges Eingreifen in die Elektronik führt in der Regel zum Erlöschen der Gewährleistungs-Verpflichtung des Herstellers oder des Verkäufers.

7.4 Die gehörrichtige Lautstärkekorrektur

Das menschliche Gehör ist keinesfalls für alle Frequenzen gleich empfindlich, vielmehr bevorzugt es den Mitteltonbereich. Im Mitteltonbereich werden nicht nur Verzerrungen deutlicher wahrgenommen; das Gehör

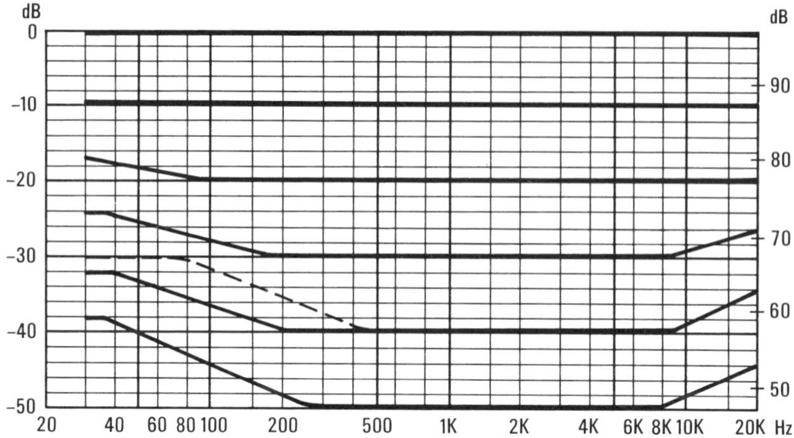

Diagramm 58

empfindet mittlere Frequenzen bei gleichem Schalldruck auch als lauter als tiefe und hohe Frequenzen. Je niedriger der Schalldruck von Tonsignalen ist, desto ausgeprägter wird dieser Effekt.
Treten bei einem Konzert Impulse von 110 dB Schalldruck auf, was für laute Rockmusik durchaus üblich ist, so müßte die Stereoanlage zu Hause ebenfalls einen Schalldruck von bis zu 110 dB erzeugen, damit alle Frequenzbereiche als gleichlaut empfunden werden. Wird die Musik leiser wiedergegeben, z. B. nur mit »Zimmerlautstärke«, so empfindet das Gehör sowohl den oberen Hochtonbereich, vor allem aber den Baßbereich als viel zu leise. Die Musik klingt dann relativ flau und mittenbetont. Ähnlich verhält es sich bei klassischer Musik, nur daß der Schalldruck bei Konzerten selten mehr als 90 dB erreicht.
Da Musik nicht immer nur in der Originallautstärke wiedergegeben wird, sondern meistens leiser, benötigt jeder Stereoverstärker eine spezielle Schaltung, die den Wiedergabefrequenzgang an die Gehöreigenschaften anpaßt. Diese gehörrichtige Lautstärkekorrektur ist bei den meisten modernen Verstärkern durch eine Loudness-, Kontur- oder Lineartaste ein- und ausschaltbar.
Ein Problem ist dabei, daß nicht alle Menschen die gleichen Gehöreigenschaften aufweisen. Verschiedene Untersuchungen – die bekanntesten sind wohl die von Fletcher und Munson – kommen z. T. auch deshalb zu unterschiedlichen Ergebnissen. Tatsächlich sind nicht einmal die Gehör-

eigenschaften eines einzelnen Menschen konstant; sie verändern sich ständig (z. B. bei Krankheit, Streß, nach einer lauten Autofahrt, bei Müdigkeit usw.). Hinzu kommt, daß die jeweilige Lautstärke, die eine Stereoanlage erzeugt, auch von der Ausgangsleistung des Verstärkers, vom Wirkungsgrad der Boxen, vom Hörabstand zu den Lautsprechern, von den akustischen Eigenschaften des Hörraums, von der Aussteuerung der jeweiligen Schallplatte und von der Originallautstärke der Instrumente abhängt.

Eine ideal bemessene Loudnesschaltung kann es daher nicht geben. Bei geringen bis mittleren Lautstärken ist aber zumindest eine ungefähre Kompensation der menschlichen Gehöreigenschaften die Voraussetzung für einen akzeptablen Klang. Leider finden diese Gesichtspunkte nur bei wenigen Herstellern und Testern von Stereoverstärkern die notwendige Beachtung. Die meisten von ihnen genießen Musik wohl vorwiegend bei höheren Lautstärken und bevorzugen dann einen Lautsprecherfrequenzgang ähnlich der 70 dB Kurve im nebenstehenden Diagramm.

Diagramm 58 zeigt, wie eine gut ausgelegte Loudnesschaltung unter üblichen Bedingungen wirken sollte. (Verstärkerleistung 2 · 50 W bis 2 · 100 W, Betriebsleistung der Boxen ca. 2,5 W, Hörabstand 4–6 m).

Die linke dB-Skala bezieht sich auf die Ausgangsleistung des Verstärkers, die rechte dB-Skala auf den entsprechenden Schalldruck, den die Lautsprecher unter den oben genannten Bedingungen erzeugen. Etwa 17 dB der Verstärkerleistung sollten als »Reserve« zur Übertragung von lauten Impulsen einkalkuliert werden. Der mittlere Schalldruck, den die Anlage bei einem Hörabstand von 4–6 m noch produzieren kann, beträgt demnach 80 dB – eine recht hohe Lautstärke. Ein mittlerer Schalldruck von 65 dB könnte als »HiFi-gerechte« Lautstärke bezeichnet werden, 50 dB als »Zimmerlautstärke«.

Die gestrichelte Kurve bei −40 dB veranschaulicht die Wirkung einer ungünstig ausgelegten Loudness-Korrektur, wie sie in vielen handelsüblichen Verstärkern vorzufinden ist. Eine Verdoppelung der hierfür verantwortlichen Kondensator-Kapazitäten würde in den meisten Fällen schon zu einer klanglichen Verbesserung führen.

Viele moderne Verstärker verfügen zusätzlich über eine einschaltbare Lautstärkedämpfung, eine Muting-Taste, mit der die abgegebene Verstärkerleistung um 20 dB reduziert werden kann. Bei zahlreichen Verstärkern mit ungünstig ausgelegter Lautstärkekorrektur sollte diese Taste ständig eingeschaltet sein, sonst sind die Bässe bei mittleren Lautstärken viel zu laut. Die gewünschte Lautstärke muß danach zwar mit dem Lautstärkeregler neu eingestellt werden, der Klang ist dann aber meistens besser. Verfügt ein Verstärker nicht über eine praxisgerecht ausgelegte Loudnesschaltung – und das ist leider häufig der Fall – so ist ein ausgewogener Klang der Stereoanlage bei geringen und mittleren Lautstärken annäherungsweise auch mit Hilfe der Klangregler für Baß und Höhen erreichbar. Bei geringen Lautstärken ist dazu der Baßregler fast ganz und der Höhenregler knapp zur Hälfte aufzudrehen. Bei mittelhohen Lautstärken ist nur noch der Baßregler aufzudrehen, und zwar etwa zur Hälfte, und bei hohen Lautstärken sollten sich beide Regler wieder auf 0, d. h. in Mittelstellung, befinden. Die Loudnessregelung (falls vorhanden) muß dann natürlich ausgeschaltet sein.

Auch sehr hochwertige Lautsprecherboxen klingen bei geringen und mittleren Lautstärken nur dann wirklich gut, wenn der Frequenzgang, wie hier beschrieben, an die Gehöreigenschaften angepaßt wird.

Das Argument »im Konzertsaal gibt es auch keine Loudnesschaltung« zählt nicht, da es bei Live-Konzerten auch keinen Lautstärkeregler gibt, der die Loudnesschaltung ja erst erforderlich macht.

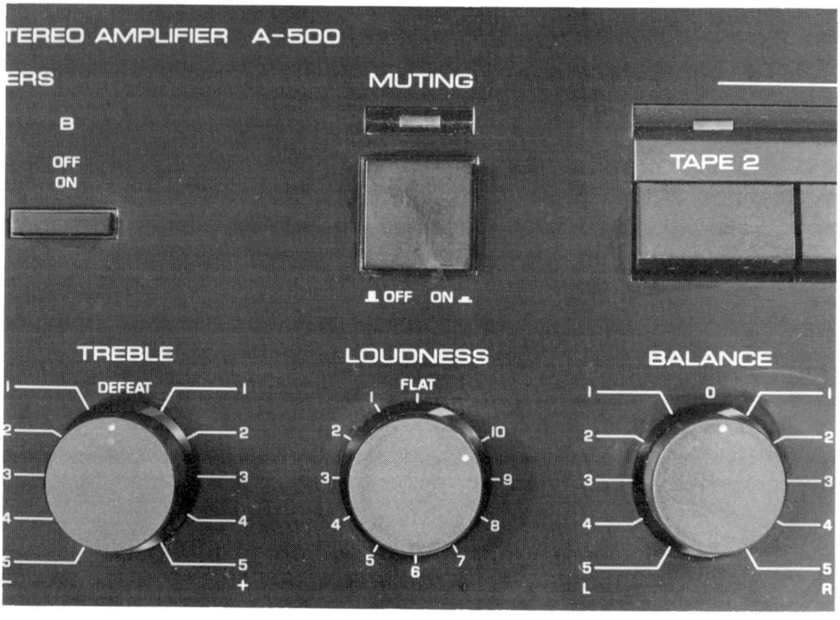

Auch eine regelbare Loudness macht nur Sinn, wenn sie in bezug auf Stärke und Einsatzfrequenz der Baß- und Höhenanhebung gehörgerecht ausgelegt ist.

8 Bauvorschläge

8.1 Allgemeines

Bevor nun eine Reihe von Konstruktionsvorschlägen und Bauplänen dieses Buch abschließen, soll noch auf einige Punkte gesondert hingewiesen werden. Dem aufmerksamen Leser wird auffallen, daß auch bei den hier zum Nachbau empfohlenen Lautsprecherboxen Kompromisse eingegangen werden. Eine kompromißlose Box gibt es nicht, und wenn es sie gäbe, wäre sie wohl auch kompromißlos teuer. Es kommt daher vielmehr darauf an, für eine bestimmte Menge Geld ein Maximum an Qualität zu erhalten. Nicht die Perfektionierung eines technischen Details, sondern möglichst geringe Fehler in allen Bereichen haben dabei im Vordergrund zu stehen.
Es muß aber noch einmal betont werden, daß auch der Hörraum und die anderen Komponenten der Stereoanlage sowie ein ausreichendes Subsonic-Filter für das Gesamtergebnis mitausschlaggebend sind (s. Kapitel »Wohnraumakustik« und »Stereoverstärker«). Außerdem wird empfohlen, die Lautsprecherboxen nach der Fertigstellung mit Hilfe einer geeigneten Testschallplatte auf eventuelle Fehler »abzuklopfen« (s. Kapitel »Das Überprüfen des Frequenzgangs«).
Bei der Auswahl der hier empfohlenen Lautsprecherchassis stand vor allem ein akzeptables Preis-Leistungs-Verhältnis im Vordergrund. Selbstverständlich konnten dabei nicht alle auf dem deutschen Markt erhältlichen Lautsprecher berücksichtigt werden. Die Auswahl beschränkt sich vielmehr auf Chassis, mit denen gute Erfahrungen gemacht wurden und die leicht erhältlich sind. Kennern wird auffallen, daß kaum Produkte von Firmen aufgeführt sind, die sich mit guten Fertigboxen einen Namen gemacht haben. Leider verlangen diese Firmen meist unverhältnismäßig hohe Preise für einzelne Lautsprecherchassis oder Bausätze, um ihre Fertigboxenproduktion nicht durch einen viel billigeren Nachbau zu gefährden. Glücklicherweise gibt es eine Reihe anderer Hersteller, die zivilere Preise für ihre Produkte verlangen und trotzdem z. T. erstklassige Lautsprecher bauen.

Vielen wird auch auffallen, daß es sich fast ausschließlich um Lautsprecher mit einer Impedanz von 8 Ω handelt. Gegenüber 4 Ω-Versionen weisen sie eine Reihe von Vorteilen auf, und die meisten hochwertigen Lautsprecherchassis werden heute nur noch oder zumindest wahlweise in 8 Ω-Ausführungen geliefert. Sollen jedoch Chassis mit einer Impedanz von 4 Ω verwendet werden, sind die Frequenzweichen gegebenenfalls entsprechend zu verändern.
Für viele der angegebenen Lautsprecher sind übrigens auch Zierringe und Ziergitter aus gelochtem Metall lieferbar.
In einigen der folgenden Baupläne ist für die Mittel- oder Hochtöner eine Lautstärkedämpfung in den Frequenzweichen vorgesehen. Anstelle der jeweils dazu angegebenen Spannungsteiler (R_1 und R_2 bzw. R_3 und R_4) können selbstverständlich auch handelsübliche Lautstärkeregler eingesetzt werden (s. Kapitel »Der Wirkungsgrad der Chassis einer Kombination«).
Nicht unwichtig ist auch die Auswahl und das Zusammenschalten geeigneter Spulen, Kondensatoren und Widerstände für eine Frequenzweiche. Auch diesen Themen wurde daher ein Kapitel gewidmet, das Anfänger vor der Anschaffung der Bauteile für die Frequenzweichen kennen sollten.
Auf übliche Lautsprecherangaben, wie sie in Prospekten von Fertigboxenherstellern zu finden sind, wurde hier bewußt verzichtet. Der aufmerksame Leser weiß, daß solche Angaben meistens nur der Werbung dienen. Lediglich die Betriebsleistung und die elektrische Belastbarkeit der Boxen wird hier genannt, um eine ungefähre Anpassung an die Ausgangsleistung des Verstärkers zu ermöglichen. Gehäuse und Frequenzweichen wurden so ausgelegt, daß sich mit den empfohlenen Chassis eine kräftige Tiefbaßwiedergabe und ein ausgeglichener Frequenzgang ergibt. (In der Regel ± 3 dB zwischen 40 Hz und 16 kHz, mindestens jedoch zwischen 55 Hz und 13 kHz).
Und noch ein paar Hinweise: Nicht nur aus optischen Gründen ist es bei vielen Boxen empfehlenswert, beide Exemplare spiegelbildlich aufzubauen (s. Abb. 111).
Die Baßreflexboxen sollten nicht direkt auf dem Boden, sondern auf einem kleinen Sockel oder Ständer stehen. Bei Lautsprecherboxen, die liegend betrieben werden, sind Mittel- und Hochtöner umzuplazieren, damit sie sich übereinander und nicht nebeneinander befinden. Vor allem bei der Verwendung von Bändchenhochtönern und Hornhochtönern mit Akustiklinse ist das ganz wesentlich (s. Abb. 112).

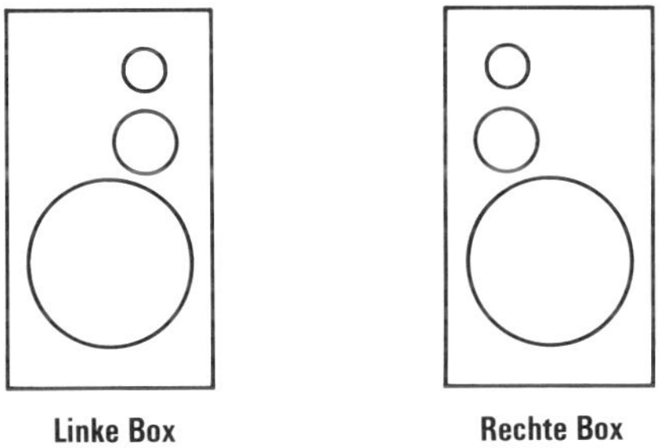

Abbildung 111

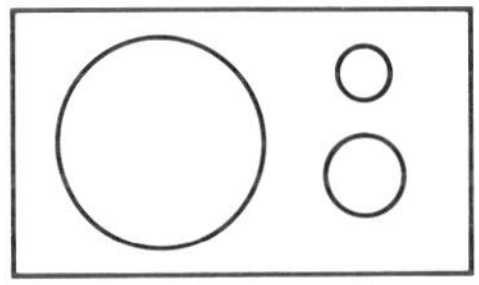

Abbildung 112

Bei den noch folgenden Bauplänen werden häufig mehrere Lautsprecherchassis als mögliche Alternativen angegeben. Auch wenn sie sich alle für die entsprechende Kombination eignen, sind sie weder technisch noch klanglich noch preislich identisch. Eine Auflistung der Unterschiede, die oft nur in Details liegen, würde jedoch den Rahmen dieses Buches sprengen. Das betrifft auch die erforderlichen Schallwandöffnungen für die Lautsprecher, die hier nicht angegeben werden, da sie je nach Modell geringfügig variieren. Bevor die Öffnungen in die Schallwand gesägt werden, sind die Lautsprecherchassis dementsprechend auszumessen. Lediglich die Position der Chassis auf der Schallwand wird hier für die Selbstbaugehäuse vorgegeben. Für entsprechende Faltgehäuse der Firma Hados ist jeweils etwa ein Zentimeter zu den Positionsangaben zu addieren, da diese in den meisten Fällen über eine rund 2 cm längere und 2 cm breitere Schallwand verfügen. Beispiel:

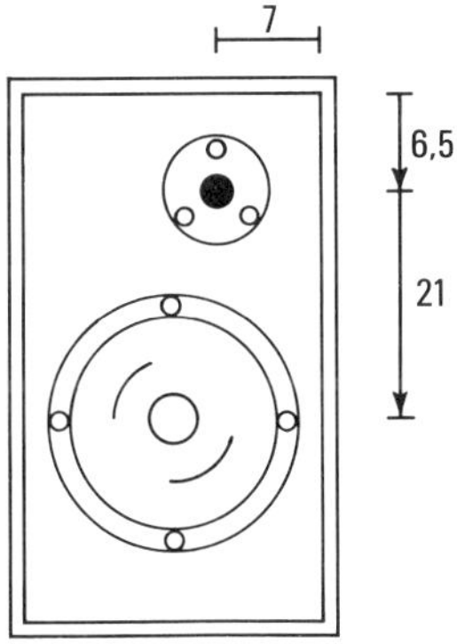

Abbildung 113

Für das Selbstbaugehäuse sind die Positionsangaben hier 7 cm, 6,5 cm und 21 cm. Für das empfohlene Faltgehäuse ähnlicher Abmessungen gelten dann 8 cm, 7,5 cm und 22 cm, anstelle der eingezeichneten Werte. Auch die Angaben über die Größe eventueller Versteifungsbretter gelten nur für die Selbstbaugehäuse. Bei den empfohlenen Faltgehäusen ergeben sich geringfügige Abweichungen.
Abschließend sei noch darauf hingewiesen, daß nicht nur die richtige Polung der einzelnen Lautsprecherchassis einer Box von Bedeutung ist, sondern auch die gleiche Polung beider Stereoboxen. Sind bei einer Box Plus- und Minusleitung vertauscht, hat das in der Regel eine schwächere Baßwiedergabe und einen veränderten Stereoeffekt zur Folge. Die richtige Polung läßt sich leicht überprüfen. Dazu müssen beide Boxen dicht nebeneinander stehen, und Plus- und Minusleitung sind bei einer der Boxen zu vertauschen. Bei Klemmbuchsen müssen die Kabelenden dazu lediglich entweder am Verstärker *oder* an der Rückwand *einer* Box umgesteckt werden. War die Polung vorher korrekt, hat die Umpolung eine deutlich abgeschwächte Baßwiedergabe zur Folge. War die Polung vorher falsch, führt die Umpolung zu einer stärkeren Baßwiedergabe. Letztendlich ist die Polung so vorzunehmen, daß sich unter den genannten Umständen eine starke Baßwiedergabe ergibt, daß eine gegenphasige Baßabstrahlung beider Boxen also vermieden wird.

8.2 Der Selbstbau von Lautsprechergehäusen in der Praxis

Wer den Bau seines Lautsprechergehäuses nicht einer Tischlerei überlassen will, benötigt unter anderem eine Bohrmaschine und eine Stichsäge, die man jedoch, falls nötig, in einem Hobby- oder Baumarkt ausleihen kann. Stehen die für den Tieftöner erforderlichen Gehäuseabmessungen fest, kann man sich die Holzplatten in einem Baumarkt oder in einer Tischlerei entsprechend zuschneiden lassen. Einfacher, aber auch etwas teurer ist es, Faltgehäuse, z. B. von der Firma Hados, zu verwenden, die im Fachhandel erhältlich sind. Die einzelnen Arbeitsschritte ergeben sich dann wie folgt:

1. Mit Bleistift und Zirkel werden die erforderlichen Öffnungen auf die Schallwand aufgetragen und mit der Stichsäge ausgesägt.

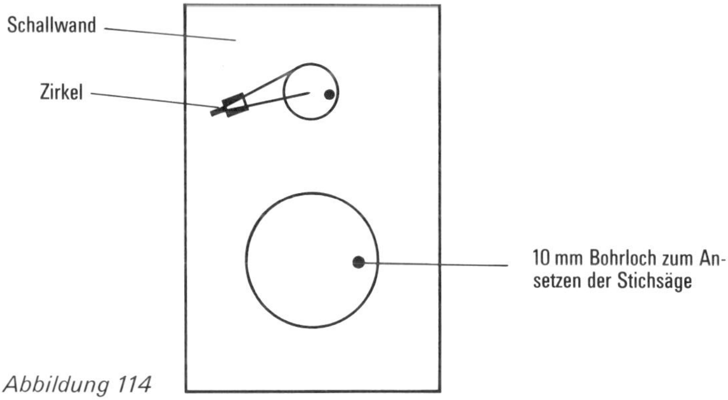

Abbildung 114

2. Die Lautsprecher werden eingepaßt und die Löcher für die Befestigungsschrauben gebohrt. Die Schrauben sollten wenigstens 4 mm ∅ aufweisen.

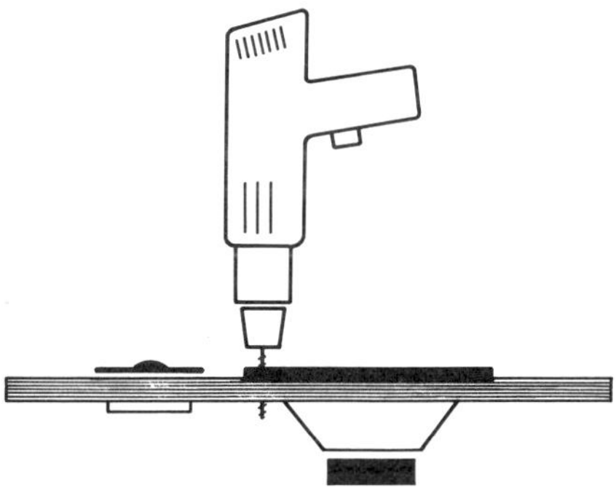

Abbildung 115

Relativ leichte Hochtonlautsprecher können u. U. auch mit einfachen Holzschrauben befestigt werden. Für Tief- und Mitteltöner empfehlen sich Gewindeschrauben mit Einschlagmuttern. Gewöhnliche Muttern mit Unterlegscheiben (diese nicht vergessen, sonst bohrt sich die Mutter beim Festdrehen durch das Holz!) können viel Ärger bereiten, wenn sie sich später einmal lockern oder wenn z. B. der Tieftöner einer fest verleimten Expo-Box später einmal wieder ausgebaut werden muß.

3. Einschlagmuttern einhämmern.

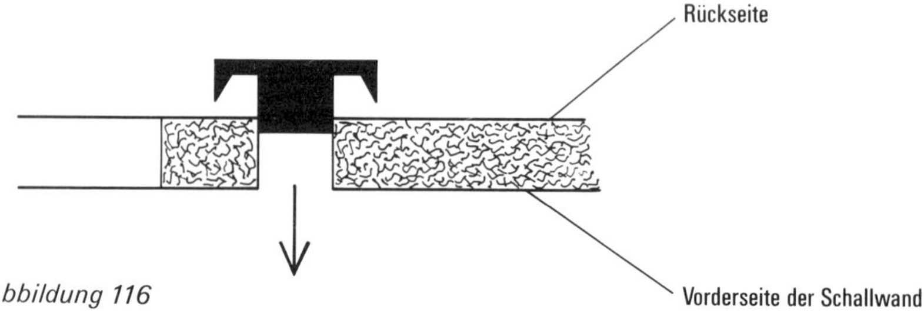

Abbildung 116

4. Nun die Löcher für die Rückwandbefestigung bohren und das Loch für die Anschlußplatte der Zuleitung aussägen.

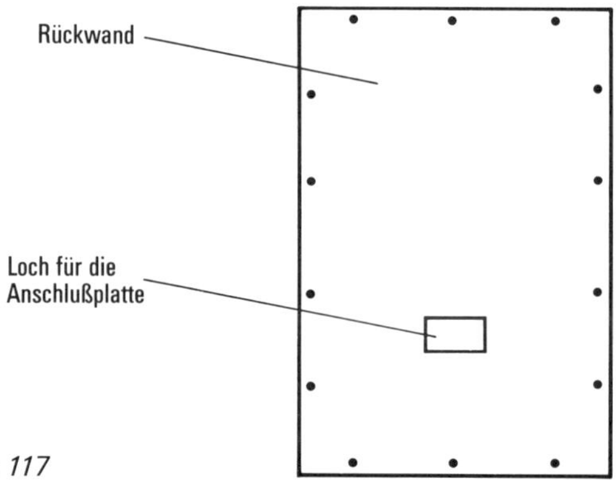

Abbildung 117

Abbildung 118

Solche Anschlußplatten mit Klemmverbindungen für die Lautsprecherkabel gibt es im Fachhandel.

5.

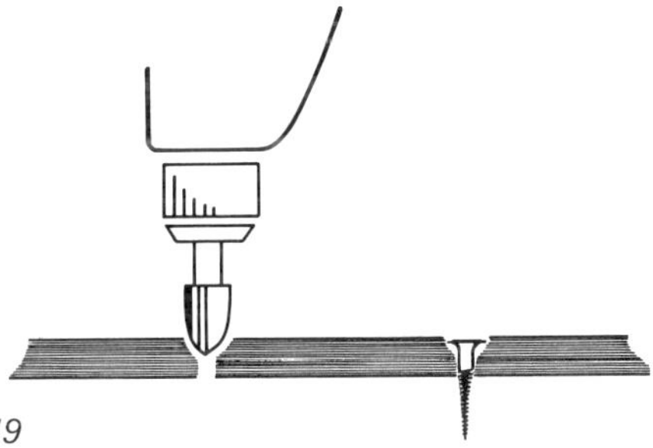

Abbildung 119

Mit einem Schleifkopf oder einem 10 mm Metallbohrer können die Bohrlöcher nach oben verbreitert werden. Die Köpfe der Schrauben ragen dann nicht über die Holzplatte hinaus.

6. Als nächstes werden die Ausfräsungen der Faltbox geleimt, und dann wird das Gehäuse vorsichtig zusammengeklappt. Die Nahtstelle kann vorübergehend mit Klebeband stabilisiert werden. Gleichzeitig wird die Schallwand mit dem Gehäuse verleimt.

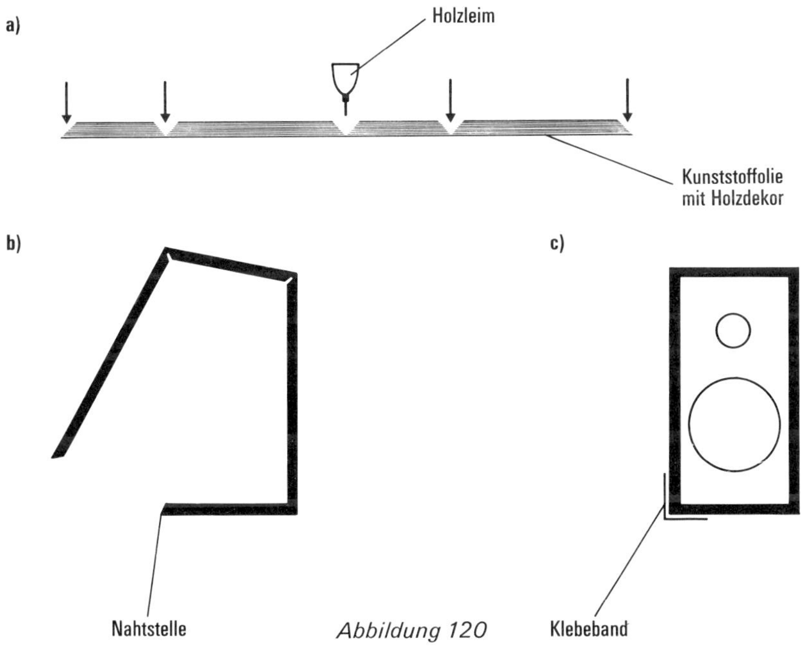

Abbildung 120

7. Ist der Leim nach 1–2 Stunden fest, werden die Holzbretter zur Versteifung der Wände zugeschnitten und angebracht. Sie gehören allerdings nicht zum Lieferumfang von Faltboxen, sondern müssen extra besorgt werden.

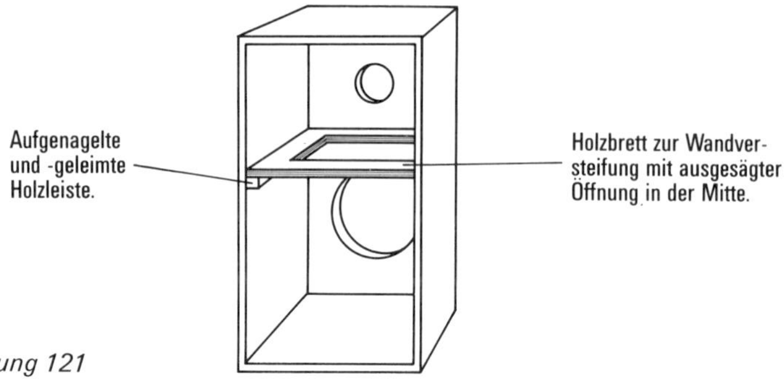

Abbildung 121

8. Anschließend werden die Lautsprecher eingeschraubt und mit der Frequenzweiche verlötet. Die Box muß dann nur noch mit Dämmaterial versehen und zugeschraubt werden.

Für Gehäuse, die aus einzelnen Platten zusammengesetzt werden sollen, gilt grundsätzlich das gleiche wie für Faltgehäuse. Nur müssen hier zuvor mehr Löcher gebohrt werden. Vor allem Exponentialboxen verlangen nach einer großen Menge Schrauben. Die Bohrstellen sollten immer zuvor mit Bleistift auf den Holzplatten markiert werden, damit die Löcher nachher an den richtigen Stellen sitzen.
Sind, wie bei Expo-Boxen, besondere Winkelfräsungen bei einigen Brettern erforderlich, läßt man sich die einzelnen Holzplatten am besten gleich in einer entsprechend ausgerüsteten Tischlerei zuschneiden und fräsen. Hobby- und Baumärkte, die ohnehin selten billiger sind, verfügen nicht über die hierfür notwendigen Maschinen. Bei üblichen Gehäusen können die Wände auch mit Hilfe von Holzlatten von innen verschraubt werden, so daß die Schrauben von außen nicht sichtbar sind. Werden die Schrauben dagegen versenkt angebracht, können sie mit Holzkitt »unsichtbar« gemacht werden. (Aber nicht die Schrauben der Rückwand, wenn diese herausnehmbar bleiben soll.)
Die Mulde über dem Schraubenkopf wird dazu mit Holzkitt (Flüssigholz) gefüllt und nach dem Trocknen plan geschliffen. Anschließend kann die nun glatte Oberfläche gestrichen, mit Folie beklebt oder furniert werden. Es ist unbedingt darauf zu achten, daß die Kanten bzw. Fugen zwischen den

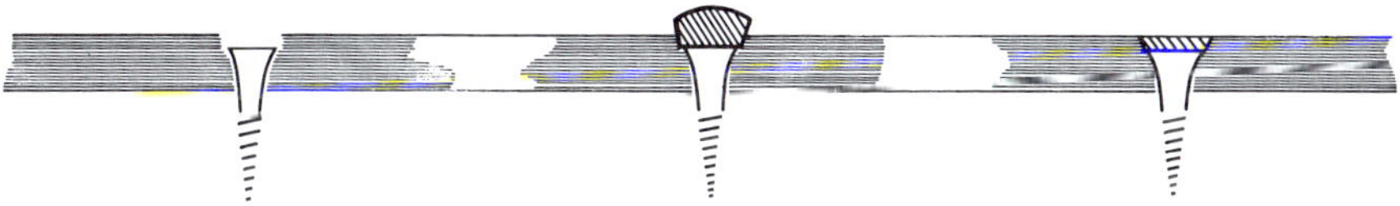

Abbildung 122

einzelnen Holzbrettern völlig dicht sind. Hier kann man mit Dichtmasse oder einem Gemisch aus feinen Sägespänen und Holzleim nachhelfen. Bei Baßreflexboxen mit einem Stück Papprolle als Tunnel ist zu beachten, daß dieses fest verleimt werden muß und nicht locker sitzen darf. Selbstverständlich ist es auch möglich, die Boxenrückwand fest zu verleimen und die Schallwand nur zu verschrauben. Sollen dagegen alle Gehäusewände miteinander verleimt werden, sind zur Befestigung des Tieftöners unbedingt Einschlagmuttern zu verwenden. Durch die relativ große Gehäuseöffnung für den Tieftöner, der dann problemlos ein- und ausgebaut werden kann, bleiben auch die anderen Lautsprecherchassis und die Frequenzweiche jederzeit zugänglich.

8.3 Baupläne

Bauplan 1

Geschlossene Zweiweg-Kompaktbox

Für geschlossene Gehäuse eignen sich Baßlautsprecher mit schweren Membranen und mittelstarken Magneten am besten. Die meisten der heute erhältlichen Tieftöner sind jedoch so konstruiert, daß sie in Baßreflexgehäusen bessere Ergebnisse aufweisen. Aus diesem Grund wird hier nur ein Bauplan für ein geschlossenes Gehäuse aufgeführt. Es handelt sich dabei um eine typische »Regalbox« mit kompakten Abmessungen, einfachem Aufbau, geringen Materialkosten und recht neutralem Klang. Sie eignet sich besonders für diejenigen, die weniger Wert auf sehr hohe Lautstärken legen als auf geringe Größe und geringen Arbeitsaufwand und die doch auf eine hohe Klangqualität nicht verzichten wollen.
Anstelle des hier skizzierten Selbstbaugehäuses kann auch ein entsprechendes Faltgehäuse verwendet werden (z. B. das Hados L 30 A, Abm. 48 · 27 · 23 cm oder das Hados L 31, Abm. 48,5 · 25,5 · 24,5 cm). Wie bereits erwähnt, verschieben sich die Positionsangaben für die Lautsprecher bei Hados Gehäusen um etwa 1 cm.

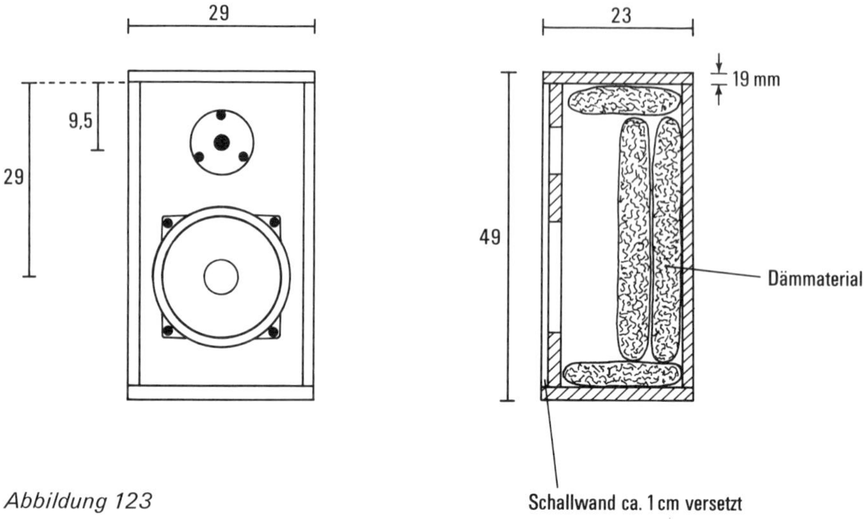

Abbildung 123

Frequenzweiche mit Frequenzgangkorrektur

Übergangsfrequenz: 2 kHz.

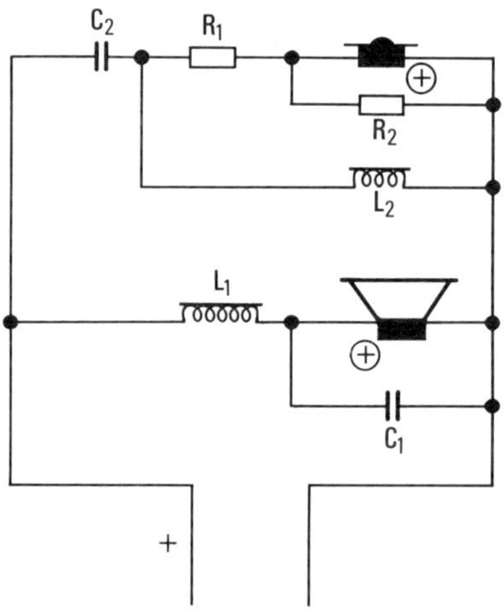

Abbildung 124:

$L_1 = 2{,}2\ mH$ $C_2 = 6{,}8\ \mu F$
$L_2 = 0{,}33\ mH$ $R_1 = 1{,}8\ \Omega$, *5 Watt*
$C_1 = 6{,}8\ \mu F$ $R_2 = 33\ \Omega$, *5 Watt*

Geeignete Lautsprecher:

20 cm Tiefmitteltöner mit Bextrenemembran
KEF, B 200 SP 1014
Audax, HD 20 B 25 H

2,5 cm Hochtonkalotten mit Textilmembran
Isophon, KK 10, 8 Ohm
Audax, HD 100 D 25
KEF, T 33 SP 1074 (Kunststoffmembran)

Betriebsleistung:	4 Watt für 90 dB/1 m
Belastbarkeit:	40/60 Watt
Materialkosten:	je nach Ausführung 200–270 DM für die komplette Box

Bauplan 2

Kleine Zweiweg-Reflexboxen

Baßreflex-Gehäuse harmonieren optimal mit Tieftönern, die eine mittelschwere Membran und einen mittelstarken Magneten aufweisen. Aber auch Lautsprecher mit leichter Membran und schwachem Magneten sowie Lautsprecher mit schwerer Membran und starkem Magneten sind geeignet.
Alle hier vorgestellten Baßreflexboxen können natürlich auch ohne Reflexöffnung, d. h. als normale geschlossene Boxen, aufgebaut werden. Die Tiefbaßwiedergabe ist dann aber hörbar schwächer. Außerdem kann der Kondensator C_0 bei geschlossenen Gehäusen entfallen (s. Kap. 7.3).
Zunächst werden zwei kleine Versionen aufgeführt, die sich vornehmlich im Preis und in der Qualität der Lautsprecher unterscheiden. Die erste Version stellt eine besonders preisgünstige Möglichkeit dar, eine Lautsprecherbox in HiFi-Qualität selbst zu bauen. Die zweite, etwas teurere Version weist geringere klangliche Verfärbungen und eine höhere Belastbarkeit auf. Beide Versionen können aufgrund ihrer Abmessungen noch als »Regalboxen« angesehen werden. Als Faltgehäuse eignet sich das etwas größere Hados L 47 (52,5 · 31 · 29 cm) oder das kleinere, im Tiefbaß schwächere L 30 (48 · 27 · 23 cm). Die Abmessungen für den Reflextunnel betragen 5 cm ∅ und 5,7 cm lang.

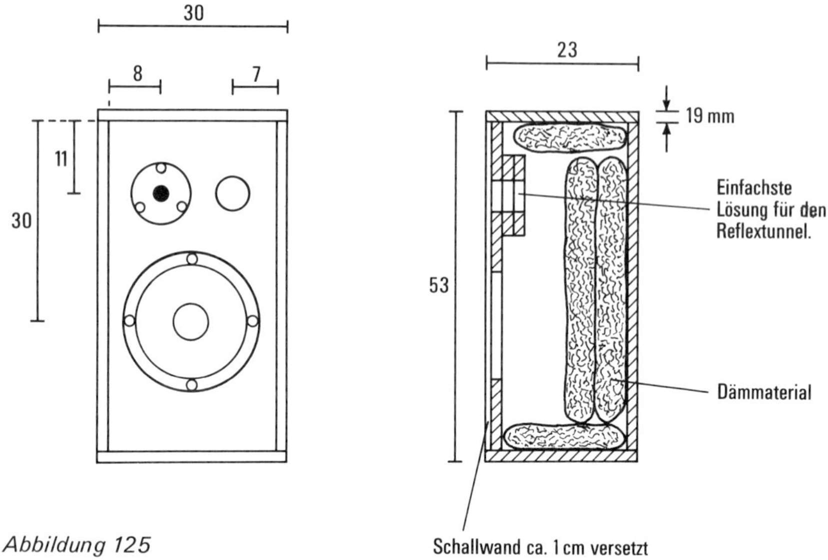

Abbildung 125

VERSION 1

Frequenzweiche mit Frequenzgangkorrektur für Version 1

Übergangsfrequenz: 2 kHz

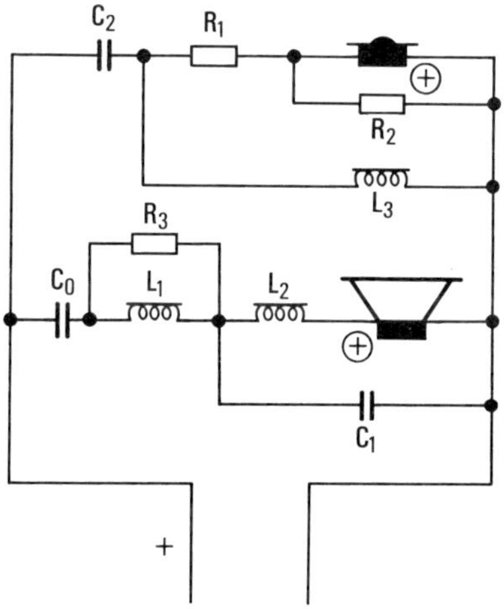

Abbildung 126:
L_1 = 5,6 mH
L_2 = 0,33 mH
L_3 = 0,33 mH
C_0 = 680 μF/50 Volt
C_1 = 10 μF
C_2 = 6,8 μF
R_1 = 2,2 Ω/5 Watt
R_2 = 22 Ω/5 Watt
R_3 = 39 Ω/11 Watt

Geeignete Lautsprecherchassis für Version 1:

20 cm Tieftöner
Valvo/Philips, AD 80652 W 8

2,5 cm Hochtonkalotte mit Kunststoffmembran
Valvo/Philips, AD 11400 T 8

Betriebsleistung:	2,5 Watt für 90 dB/1 m
Belastbarkeit:	40/60 Watt
Materialkosten:	je nach Ausführung 150–200 DM für die komplette Box

VERSION 2

Frequenzweiche mit Frequenzgangkorrektur für Version 2

Übergangsfrequenz: 2 kHz

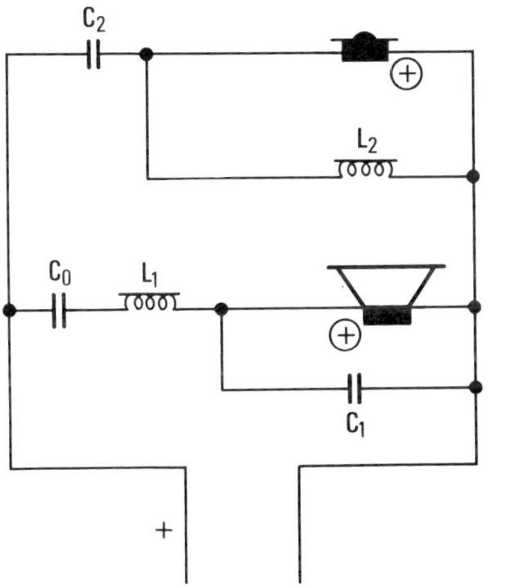

Abbildung 127:
L_1 = 2,2 mH
L_2 = 0,33 mH
C_o = 680 μF/50 Volt
C_1 = 6,8 μF
C_2 = 6,8 μF

Geeignete Lautsprecherchassis für Version 2

20 cm Tieftöner
KEF, B 200 G SP 1075 (Bextrenemembran)
Focal, 8 N 401 (Neoflexmembran, Einfachschwingspule)
Audax, MHD 21 B 37 R (Bextrenemembran)

2,5 cm Hochtonkalotten
Isophon, KK 10, 8 Ohm (Textilmembran)
Audax, HD 100 D 25 (Textilmembran)
KEF, T 33 SP 1074 (Kunststoffmembran)

Betriebsleistung:	2,5 Watt für 90 dB/1 m
Belastbarkeit:	50/70 Watt
Materialkosten:	je nach Ausführung 220–300 DM für die komplette Box

Bauplan 3
Dreiweg-Baßreflexboxen mit noch geringen Abmessungen

Auch hier werden wieder zwei preislich und qualitativ verschiedene Versionen vorgestellt. Der wesentliche Unterschied zu den Zweiweg-Baßreflexboxen besteht in einer verbesserten Tiefbaß- und Mitteltonwiedergabe und einer aufwendigeren, aber auch teureren Frequenzweiche.

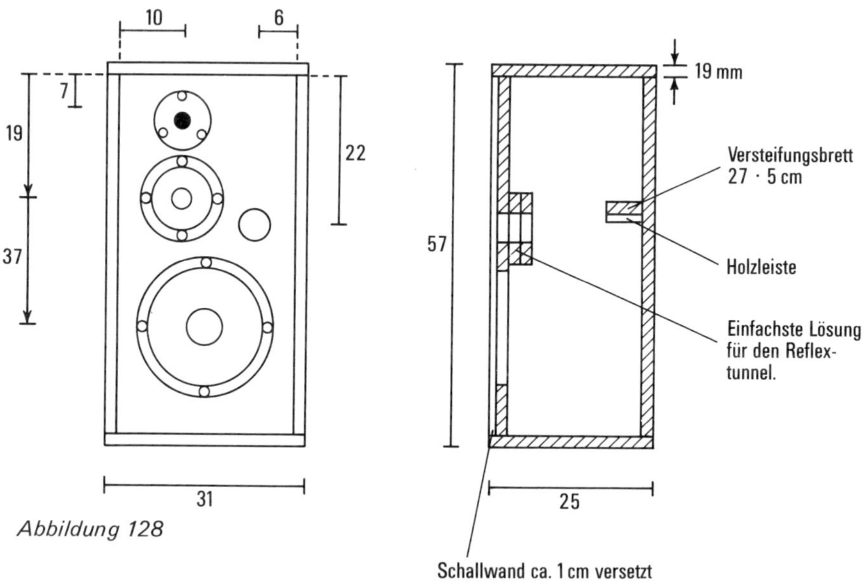

Abbildung 128

Bei der zweiten Version der Dreiweg-Reflexboxen handelt es sich bereits um eine klanglich sehr hochwertige Kombination für gehobene Ansprüche. Das Dämmaterial (ca. 4 cm stark) sollte an den Wänden angebracht werden (vgl. Abb. 61). Als Faltgehäuse eignet sich das Hados L 47 (52,5 · 31 · 29 cm). Die Abmessungen für den Reflextunnel sind 5 cm ∅ und 5,7 cm lang.

Frequenzweiche für Version 1 und Version 2
mit Frequenzgangkorrektur

Übergangsfrequenzen: 800 Hz und 4 kHz

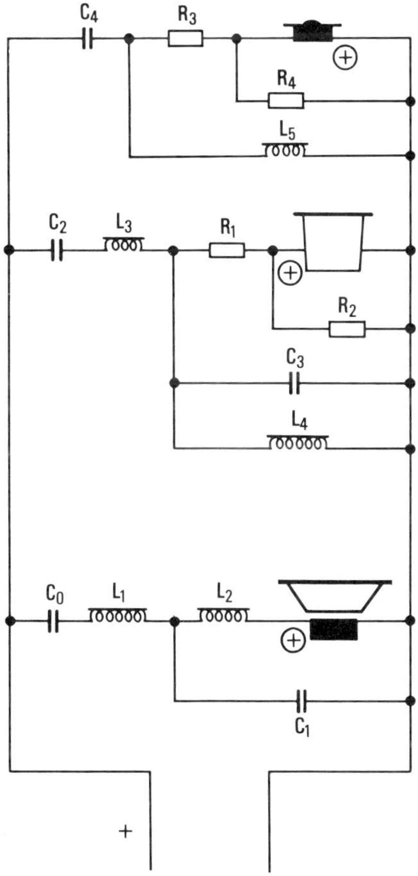

Abbildung 129:
$L_1 = 4{,}7$ mH
$L_2 = 0{,}6$ mH
$L_3 = 2{,}2$ mH
$L_4 = 0{,}27$ mH
$C_0 = 680$ µF/50 V
$C_1 = 22$ µF
$C_2 = 15$ µF
$C_3 = 3{,}3$ µF
$C_4 = 3{,}3$ µF
$R_1 = 3{,}3$ Ω/11 W
$R_2 = 12$ Ω/11 W
$R_3 = 2{,}2$ Ω/5 W
$R_4 = 22$ Ω/5 W

Geeignete Lautsprecherchassis für Version 1

20 cm Tieftöner
Valvo/Philips, AD 80652 W 8 (L_1 = 5,6 mH)

5 cm Mitteltonkalotten mit Textilmembran
Valvo/Philips, AD 02110 SQ 8

2,5 cm Hochtonkalotten mit Kunststoffmembran
Valvo/Philips, AD 11400 T 8

Betriebsleistung:	2,5 Watt für 90 dB/1 m
Belastbarkeit:	50/70 Watt
Materialkosten:	je nach Ausführung 220–300 DM für die komplette Box

Geeignete Lautsprecherchassis für Version 2

20 cm Tieftöner
KEF, B 200 G SP 1075 (Bextrenemembran)
Vifa, 21 WN 120
Sipe, AS 200/50

5 cm Mitteltonkalotten
Peerless, KA 20 DMR, 8 Ohm
WHD, CAL 50/5, 8 Ohm

1,9 cm Hochtonkalotten (R_3 und R_4 entfallen)
WHD, CAL 19/15 (Textilmembran)
Vifa, HT 195 (Kunststoffmembran, Ferrofluid)
SEAS, H 202 oder H 302 (Kunststoffmembran)

Betriebsleistung:	2,5 Watt
Belastbarkeit:	60/80 Watt
Materialkosten:	je nach Ausführung 300–400 DM für die komplette Box

Bauplan 4

Dreiweg-Baßreflexbox mittlerer Abmessungen

Mit größeren Gehäusen und Baßlautsprechern läßt sich vor allem die maximal mögliche Lautstärke steigern.
Die hier vorgestellte Lautsprecherbox kann klanglich, trotz der dafür sehr

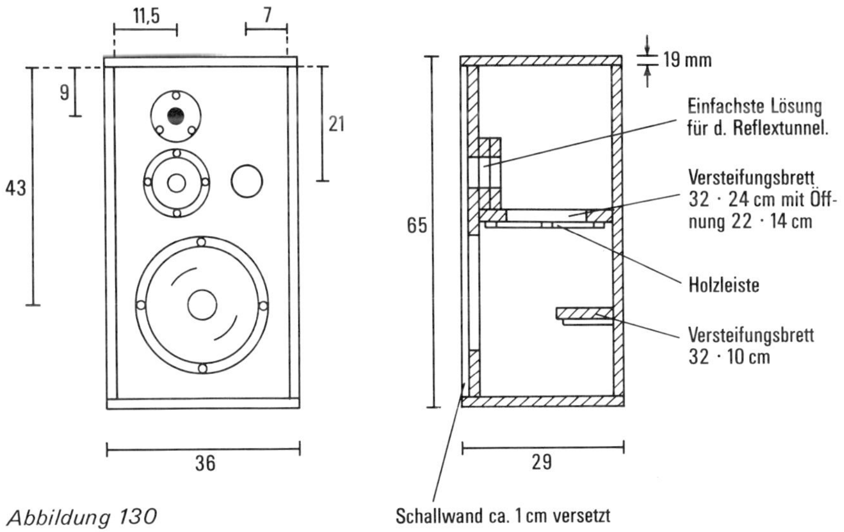

Abbildung 130

gering erscheinenden Materialkosten, bereits zur Spitzenklasse gezählt werden.
Das Dämmaterial (4–5 cm stark) sollte an den Wänden angebracht werden (vergl. Abbildung 61). Ein vergleichbares Faltgehäuse ist das L 70 der Firma Hados (Abm. 64 · 35,5 · 31 cm). Die Abmessungen des Reflextunnels sind 6 cm ∅ und 5,7 cm lang oder 7,5 cm ∅ und 11 cm lang.

Geeignete Lautsprecherchassis
25 cm Tieftöner
Audax, MHD 24 P 37 RSM
WHD, B 255/37–100 FM
Visaton, WSP 26 S (Polypropylenmembran)

Konusmitteltöner
Audax, MHD 12 P 25 FSM SQ (mit integriertem Kunststoffgehäuse, R_1 = 2,7 Ω/11 W, R_2 = 15 Ω/11 W)
SEAS, 11 F-M (Gehäuse und Dämmaterial erforderlich, (R_1 = 1,8 Ω/11 W, R_2 = 33 Ω/11 W)

25 mm Kalottenhochtöner
Isophon, SKK 10, 8 Ohm
Vifa, HT 250

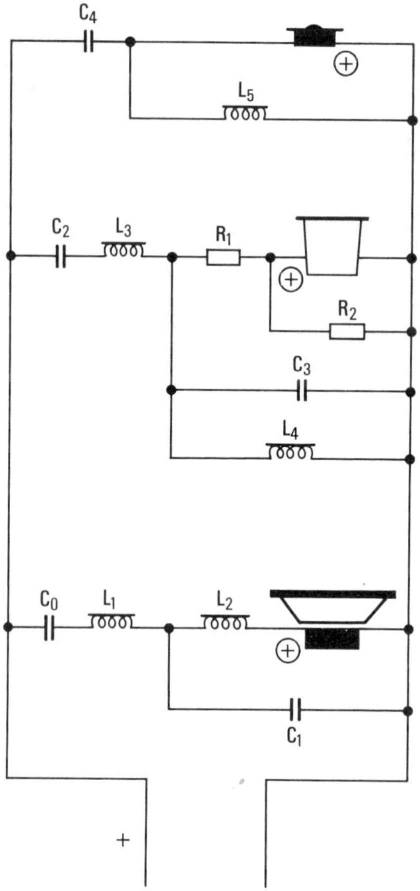

Frequenzweiche mit Frequenzgangkorrektur

Übergangsfrequenzen: 600 Hz und 4 kHz

Abbildung 131:

L_1 = 6 mH (2,7 + 3,3 mH)
L_2 = 1,2 mH
L_3 = 0,6 mH
L_4 = 2,7 mH
L_5 = 0,27 mH
C_0 = 1000 μF/63 V
C_1 = 47 μF
C_2 = 22 μF
C_3 = 3,3 μF
C_4 = 3,3 μF
R_1 = (s. Mitteltöner)
R_2 = (s. Mitteltöner)

Betriebsleistung:	1,8 Watt
Belastbarkeit:	80/120 Watt
Materialkosten:	je nach Ausführung 370–500 DM für die komplette Box

Bauplan 5

Dreiweg-Baßreflexbox größerer Abmessungen

Auch diese Box ist schon der Spitzenklasse zuzurechnen. Sie zeichnet sich durch ein hervorragendes Preis-Leistungs-Verhältnis aus und eignet sich für recht hohe Schalldruckpegel ohne nennenswerte Verzerrungen.
Am besten plaziert man sie auf einem 25–30 cm hohen Sockel, damit sich die Tieftöner nicht zu nahe am Boden befinden und damit die Hochtöner etwa auf Ohrhöhe ausgerichtet sind.
Das Dämmaterial (ca. 5 cm stark) sollte an den Wänden angebracht werden (vergl. Abbildung 61). Ein vergleichbares Faltgehäuse mit nahezu identischen Abmessungen ist das Hados L 100. Die Abmessungen für den Reflextunnel betragen 7,5 cm ⌀ und 6,6 cm lang oder 9,5 cm ⌀ und 13 cm lang.
Falls das angegebene Faltgehäuse verwendet wird, ist auch hier zu den Positionsangaben für die Chassis 1 cm zu addieren. Der Kondensator C_0 ist nur erforderlich, wenn der angeschlossene Verstärker kein ausreichendes Subsonicfilter bereithält (s. Kap. 7.3). Statt des Elkos mit 1000 µF können drei Stück mit je 330 µF parallel geschaltet werden.

Geeignete Lautsprecherchassis
30 cm Tieftöner
Audax, HD 30 P 45 TSM
Valvo/Philips AD 12252 W 8 (L_1 = 9,5 mH)

13 cm ⌀ Konusmitteltöner (kleines Gehäuse und Dämmaterial erforderlich)
SEAS, 13 F-GMB, 8 Ohm oder
13 F-GMB-X, 8 Ohm (R_1 = 3,3 Ω/11 W, R_2 = 12 Ω/11 W)

2,5 cm Hochtonkalotten mit Magnetofluid
Vifa, HT 255
SEAS, H 254 (L_4 = 0,22 mH)

Betriebsleistung:	1,5 Watt für 90 dB/1 m
Belastbarkeit:	100/140 Watt
Materialkosten:	je nach Ausführung 400–550 DM für die komplette Box

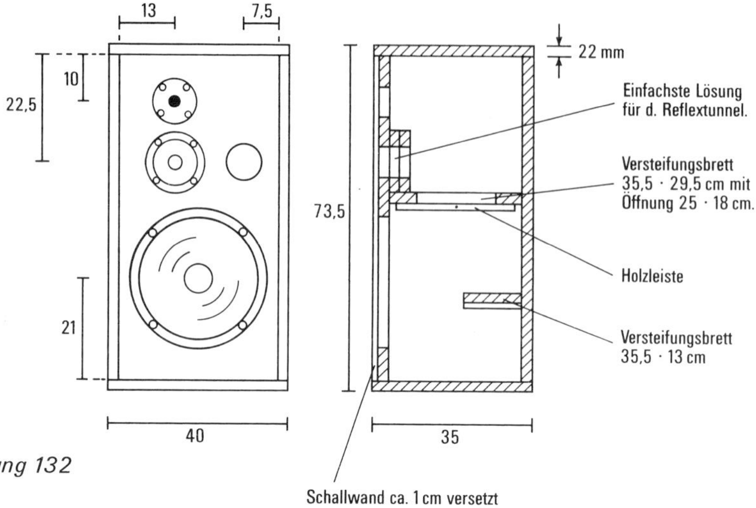

Abbildung 132

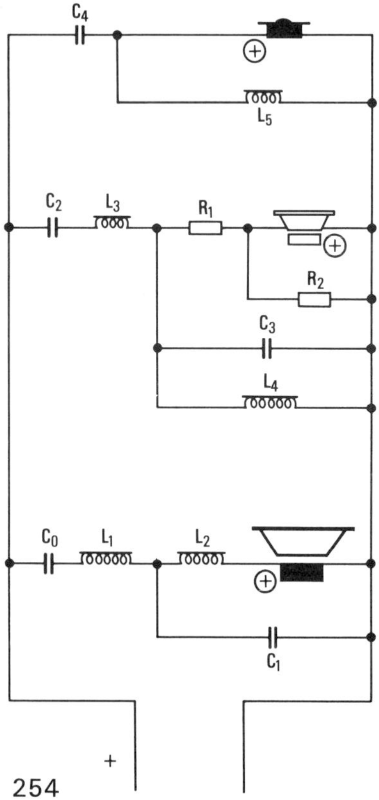

Frequenzweiche mit Frequenzgangkorrektur

Übergangsfrequenzen: 500 Hz und 4 kHz

Abbildung 133:

L_1 = 6,6 mH (3,3 + 3,3 mH in Reihe)
L_2 = 1,2 mH
L_3 = 0,6 mH
L_4 = 2,7 mH
L_5 = 0,27 mH
C_o = 1000 μF/63 V
C_1 = 68 μF
C_2 = 22 μF
C_3 = 3,3 μF
C_4 = 3,3 μF
R_1 = 2,2 Ω/11–17 Watt
R_2 = 22 Ω/11–17 Watt

Bauplan 6

Große Dreiweg-Reflexbox

In bezug auf Belastbarkeit und Wirkungsgrad weist diese Box weit überdurchschnittliche Werte auf. Wie ein professioneller Studiomonitor eignet sie sich zur Erzeugung sehr hoher Lautstärken im Dauerbetrieb – und das bei hervorragendem Klang. Allerdings ist sie nicht gerade billig. Vor allem hochwertige Mitteltonhörner, aber auch Tieftöner mit extrem hoher Belastbarkeit schrauben den Preis einer Lautsprecherbox unweigerlich in die Höhe.
Das Dämmaterial (ca. 6 cm stark) sollte auch bei dieser Box an den Wänden angebracht werden.
Die Abmessungen der Reflexöffnung sind 10 · 10 cm und 4,4 cm lang. Zum Kondensator C_0 s. Kap. 7.3.

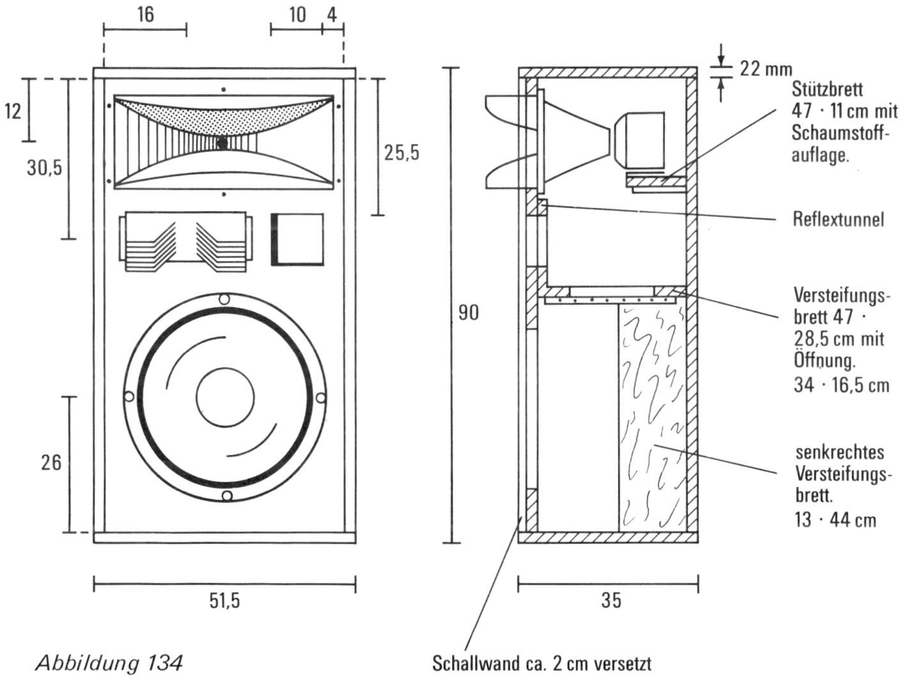

Abbildung 134

Frequenzweiche mit Frequenzgangkorrektur

Übergangsfrequenzen: 800 Hz und 5 kHz

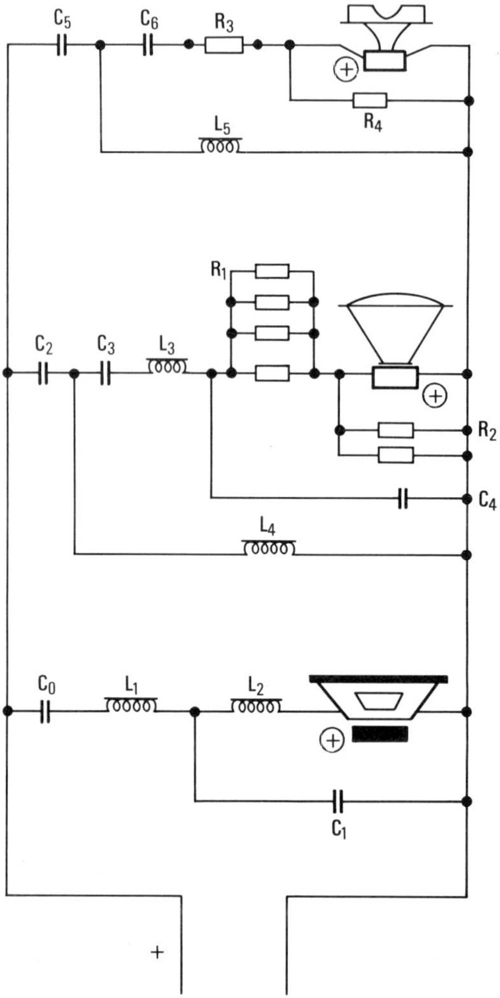

Abbildung 135:

L_1 = 4,7 mH (od. 2 · 10 mH parallel)
L_2 = 0,8 mH
L_3 = 0,4 mH
L_4 = 1,2 mH
L_5 = 0,18 mH
C_0 = 1000 µF/100 V
C_1 = 33 µF
C_2 = 15 µF
C_3 = 47 µF
C_4 = 2,2 µF
C_5 = 2,2 µF
C_6 = 6,8 µF/100 V
R_1 = 4 · 22 Ω, je 11 W
R_2 = 2 · 6,8 Ω, je 11 W
R_3 = 3,9 Ω/11–17 W
R_4 = 8,2 Ω/11–17 W

Geeignete Lautsprecherchassis

38 cm ∅ Tieftöner
Beyma, 15 B 100

Druckkammer-Mitteltonhorn
Visaton, MH 20.46 (Radialhorn aus Hartschaum)
plus Adapter AD 78.33
plus Treiber
Visaton DR 45 (C_4 = 3,3 μF) oder
Fostex, FD 600
Beyma, CP 300

Ringstrahler Hochtöner
Beyma, CP 20, 8 Ohm plus Isophon Schallverteiler-Linse (C_5 = 1,5 μF, C_6 = 4,7 μF und L_5 = 0,15 mH)
Beyma CP 21 (Schlitzstrahler) ohne Linse

Betriebsleistung:	0,5 Watt für 90 dB/1 m
Belastbarkeit:	150/250 Watt
Materialkosten:	je nach Ausführung 1200–1300 DM für die komplette Box

Bauplan 7

Dreiweg Baßreflex-Dipolstrahler

Durch den Einsatz eines hochwertigen Mittelhochtöners auf der Rückseite der Box erzeugt diese Kombination ein sehr weiträumiges und trotzdem präzises Klangbild. Voraussetzung ist allerdings, daß die Box mehr als 70 cm von den Zimmerwänden entfernt ist. Bis oberhalb 1 kHz weisen die Frontlautsprecher einen sehr großen Abstrahlwinkel auf. Um störende Interferenzen zwischen den Lautsprecherchassis auszuschließen, wird der Rückstrahler erst oberhalb 2 kHz voll wirksam. Außerdem wird sein Frequenzgang mit Hilfe der Frequenzweiche etwas korrigiert, um die Auswirkungen der Schallbündelung der Membran bei höheren Frequenzen zu verringern. Die Wirksamkeit des Rückstrahlers bleibt dadurch bis in den Hochtonbereich nahezu unverändert.
Das Dämmaterial (4–5 cm stark) sollte an den Gehäusewänden (nicht jedoch an der Schallwand) angebracht werden. Ein vergleichbares Faltge-

häuse ist das L 70 der Firma Hados (Abm. 64 · 35,5 · 31 cm). Die Abmessungen für die Reflexöffnung sind 6,5 cm ∅ und 5,7 cm lang oder 7,5 cm ∅ und 9 cm lang.

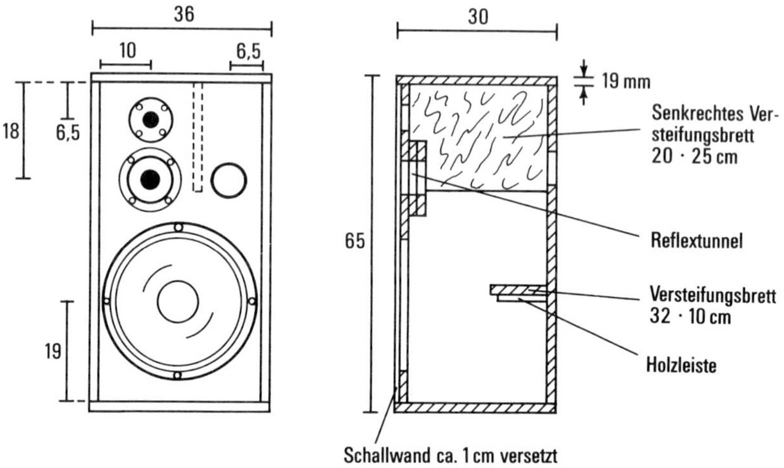

Abbildung 136

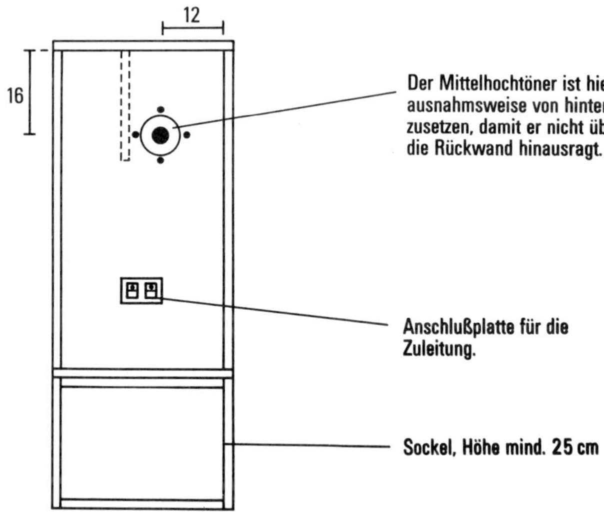

Abbildung 137

Frequenzweiche mit Frequenzgangkorrektur

Übergangsfrequenzen: 600 Hz und 4 kHz, Indirektstrahler ca. 2 kHz

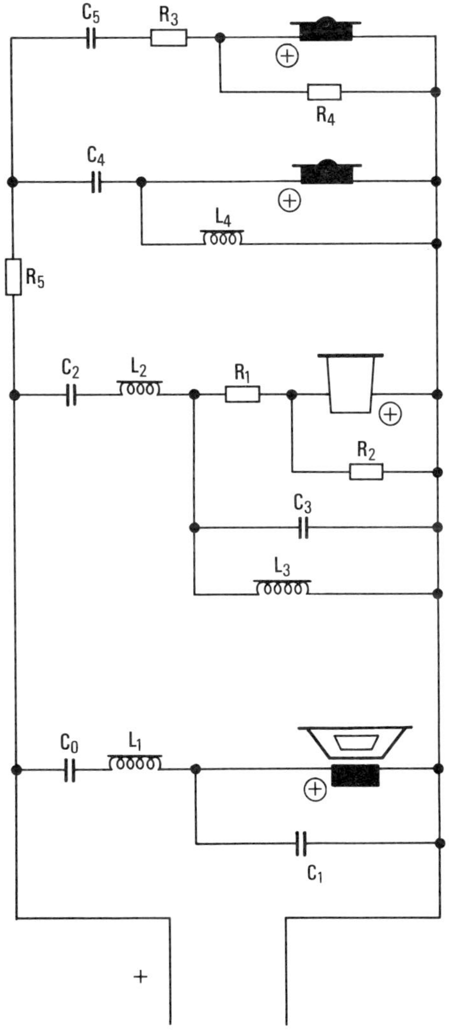

Abbildung 138:

L_1	=	6	mH
		(2,7 + 3,3 mH in Reihe)	
L_2	=	0,6	mH
L_3	=	2,7	mH
L_4	=	0,27	mH
C_0	=	1000	µF/63 V
C_1	=	33	µF
C_2	=	22	µF
C_3	=	3,3	µF
C_4	=	3,3	µF
C_5	=	3,3	µF
R_1	=	(s. Mitteltöner)	
R_2	=	(s. Mitteltöner)	
R_3	=	1,8	Ω, 5 W
R_4	=	33	Ω, 5 W
R_5	=	1	Ω, 11 W

Geeignete Lautsprecherchassis

30 cm ⌀ Tieftöner mit hoher dyn. Masse und starkem Magneten
Valvo/Philips, AD 12202 W 8
Sipe, AS 300/100

Konusmitteltöner
Audax, MHD 12 P 25 FSM SQ (mit integriertem Kunststoffgehäuse, R_1 = 2,7 Ω/11 W, R_2 = 15 Ω/11 W)
SEAS, 11 F-M, 8 Ohm (kleines Gehäuse und Dämm. erforderlich, R_1 = 1 Ω/11 W, R_2 = 39 Ω/11 W

25 mm Hochtonkalotten
Isophon, SKK 10, 8 Ohm
Vifa, HT 250

Indirektstrahlende 2,5 cm Mittel- Hochtonkalotte
Vifa, HT 255
Seas, H 297

Betriebsleistung:	1,5 Watt für 90 dB/1 m
Belastbarkeit:	100/140 Watt
Materialkosten:	je nach Ausführung 500–650 DM für die komplette Box

Bauplan 8

Transmissionline

Hier wird nur eine Version vorgestellt, die sich durch eine besonders breitbandige und unverfärbte Wiedergabe auszeichnet. Auffallend ist vor allem ihre kräftige, aber trotzdem saubere Tiefbaß- und Hochtonwiedergabe. Wie die Box mit Dämmaterial zu versehen ist, kann Abbildung 66 entnommen werden.
Die Box sollte leicht nach hinten gekippt aufgestellt werden, damit Mittel- und Hochtöner ein wenig schräg nach oben strahlen und direkt auf Ohrhöhe ausgerichtet sind. Die Schallwand ist 22 mm stark, für alle übrigen Holzplatten reicht eine Stärke von 19 mm.

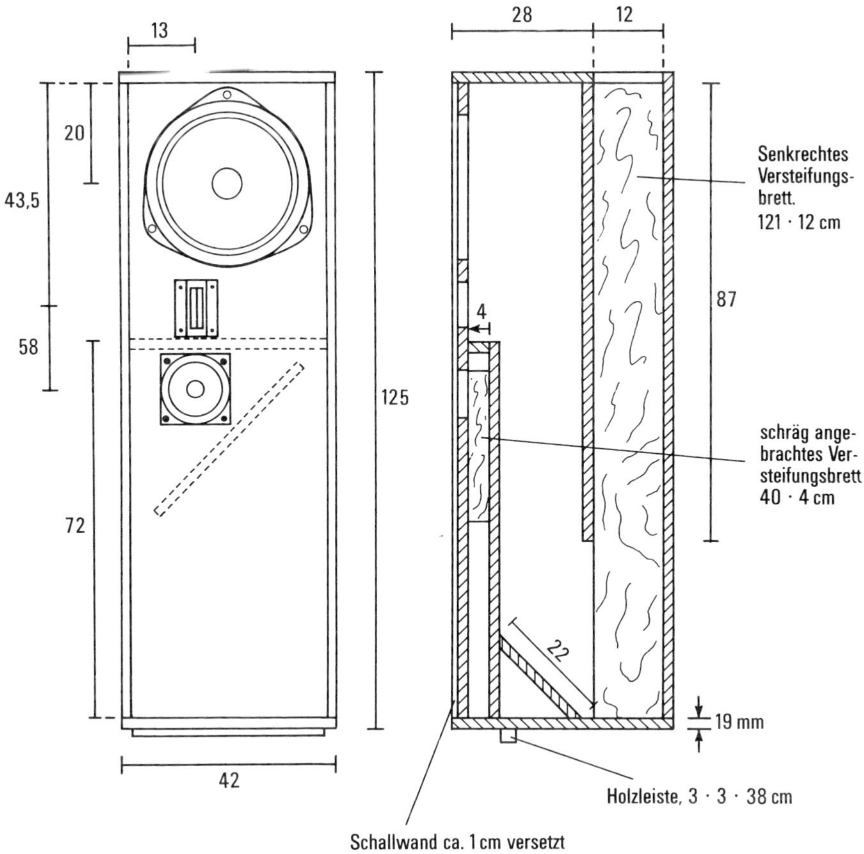

Abbildung 139

Frequenzweiche mit Frequenzgangkorrektur

Übergangsfrequenzen: 400 Hz und 4 kHz

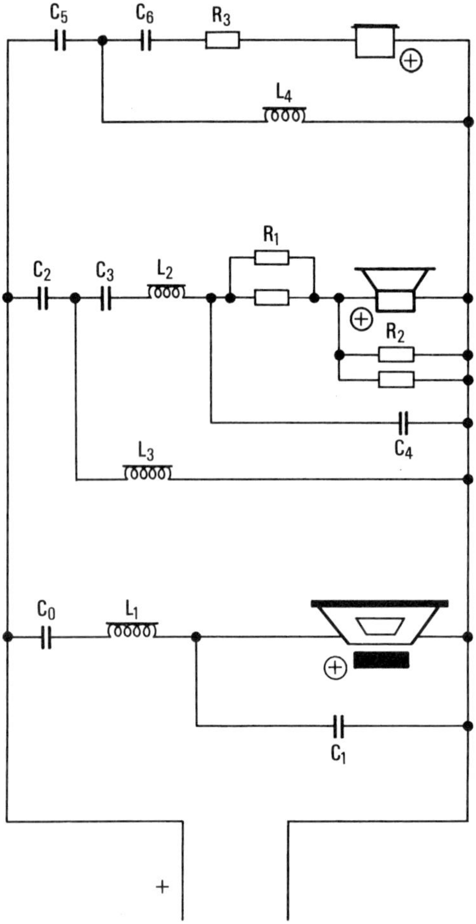

Abbildung 140:

L_1 = 8 mH (3,3 + 4,7 mH)
L_2 = 0,6 mH
L_3 = 2,2 mH
L_4 = 0,22 mH
C_o = 1000 µF/63 V
C_1 = 47 µF
C_2 = 33 µF
C_3 = 68 µF
C_4 = 3,3 µF
C_5 = 3,3 µF
C_6 = (s. Hochtöner)
R_1 = 2 · 5,6 Ω/11 W
R_2 = 2 · 33 Ω/11 W
R_3 = 1,5 Ω, 5 Watt

Geeignete Lautsprecherchassis

30 cm ∅ Tieftöner
KEF, B 300 B

Konusmitteltöner
SEAS, 13 F-GMB, 8 Ohm
13 F-GMB-X, 8 Ohm (R_1 = 2 · 8,2 Ω, R_2 = 2 · 18 Ω, je 11 Watt)
Isophon, PSM 120, 8 Ohm

Elektrodynamische Bändchenhochtöner
Technics, TH 400 (C_6 = 10 µF)
Visaton, RHT 13 AW (C_6 = 4,7 µF, R_3 entfällt)

Betriebsleistung: 2 Watt für 90 dB/1 m
Belastbarkeit: 120/180 Watt
Materialkosten: maximal 750 DM für die komplette Box

Bauplan 9

Dreiweg Exponential-Eckhorn

Die Besonderheiten dieser Lautsprecherbox gegenüber bisherigen Eckhörnern bestehen nicht nur in der geringeren Bauhöhe, dem einfacheren Aufbau und den geringeren Materialkosten. Vielmehr bietet es auch eine Anpassungsmöglichkeit an die Magnetstärke des Tieftöners und an die Wohnraumakustik, da das geschlossene Volumen hinter dem Baßlautsprecher veränderbar ist (s. Kapitel »Exponential-Gehäuse«) und weil Baßbox und Mittel- Hochtongehäuse völlig separate Einheiten bilden. Aufgrund der niedrigen Übergangsfrequenz zwischen beiden Einheiten (unter 400 Hz) ist es ohne weiteres möglich, sie getrennt aufzustellen. Normalerweise führen Eckhörner ja zu einer extrem großen Stereobasisbreite. Werden die Mittel-Hochtoneinheiten aber zwischen den Baßboxen plaziert, kann die Stereobasisbreite nahezu beliebig verändert werden. Damit der Hörabstand zu den Baß-, den Mittel- und den Hochtonlautsprechern nicht zu unterschiedlich wird, sollten sich die kleinen Gehäuse mit der Rückwand möglichst an einer Zimmerwand befinden. Abbildung 143 veranschaulicht die empfohlene Aufstellung.

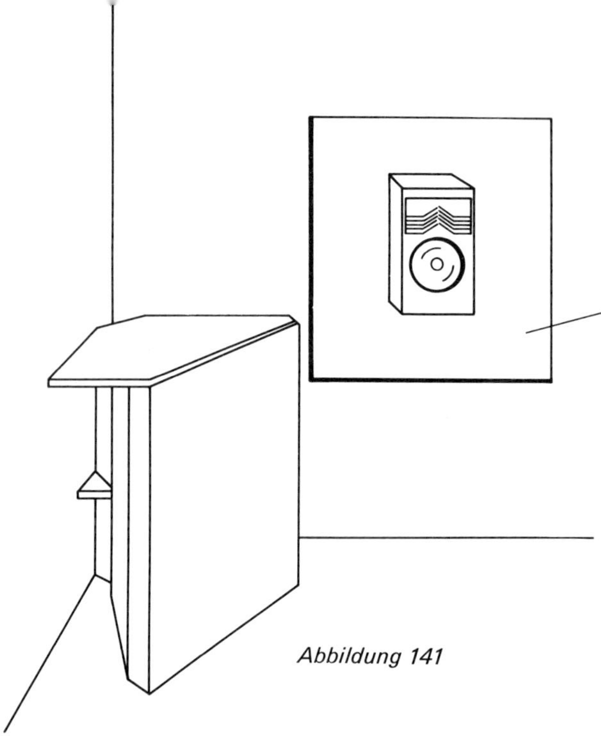

Abbildung 141

Wer auf eine präzise stereophone Ortbarkeit und eine exakte Impulswiedergabe Wert legt, sollte an der Wand hinter der Mittel- Hochtonbox schalldämpfende Materialien anbringen. Zu frühe schallstarke Reflexionen von der Zimmerwand werden dadurch abgeschwächt. Je größer die bedämpfte Wandfläche hinter den Mittel- Hochtoneinheiten ist, desto besser für einen exakten und räumlichen statt »flächigen« Klangeindruck.
Auch diese Kombination eignet sich gut für große Wohnräume und hohe Lautstärken bei sehr geringen Verzerrungen und einer hohen Impulsfestigkeit selbst im Tiefbaßbereich. Die Holzplatten der Baßbox müssen 19 mm stark sein, die der Mittel- Hochtonbox 16 mm.
Für ein einwandfreies Funktionieren ist es besonders wichtig, daß das geschlossene Volumen hinter der Baßmembran völlig dicht ist. Vor dem Einsetzen der Frontplatte sollten daher die Stoßkanten der Bretter, die bis an diese Platte reichen (h, h', i, i', f und f'), mit dauerplastischer Dichtmasse versehen werden.
Bei normaler Ausführung ist das geschlossene Volumen hinter dem Tieftöner vollständig, aber locker mit Dämmaterial zu füllen (s. Abbildung 73). Wird das Volumen allerdings verkleinert, so ist nur noch wenig Dämmaterial einzufüllen.

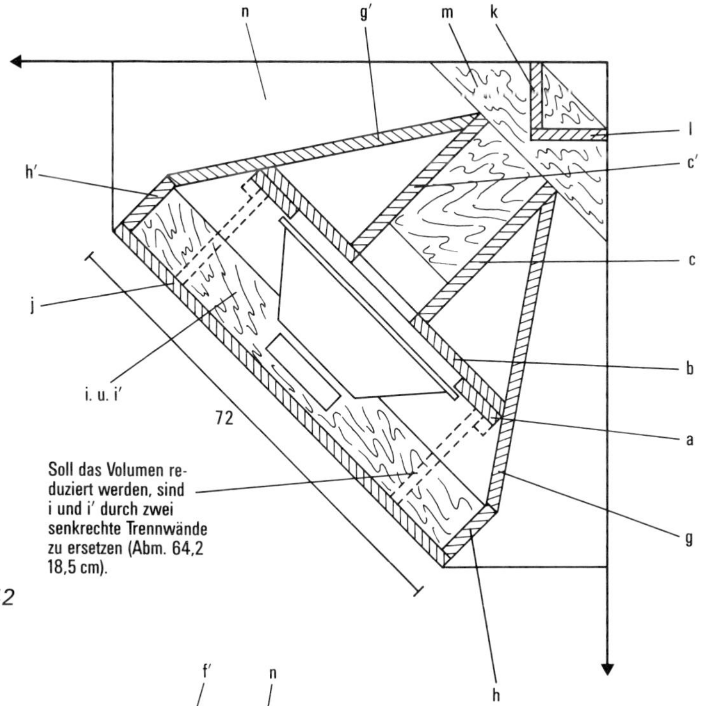

Abbildung 142

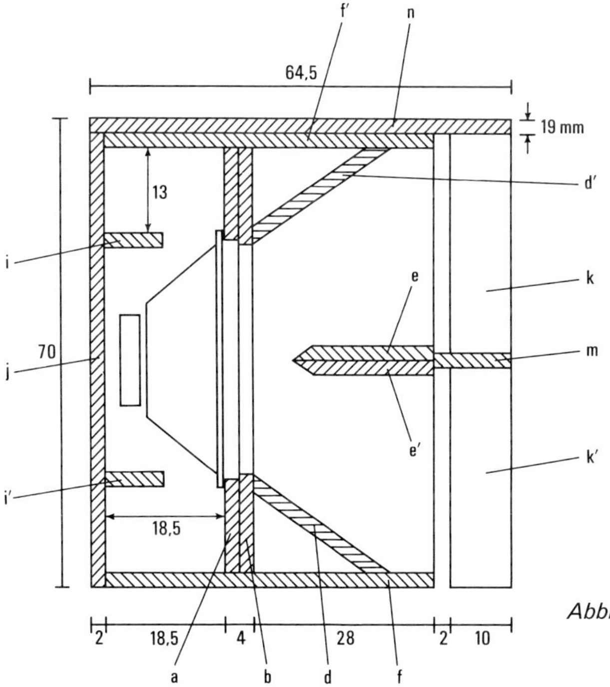

Abbildung 143

Das hier vorgestellte Exponential-Gehäuse für Baßlautsprecher ist vom Deutschen Patentamt in München gebrauchsmusterrechtlich geschützt. (Aktenz. G 83 31 113.0)

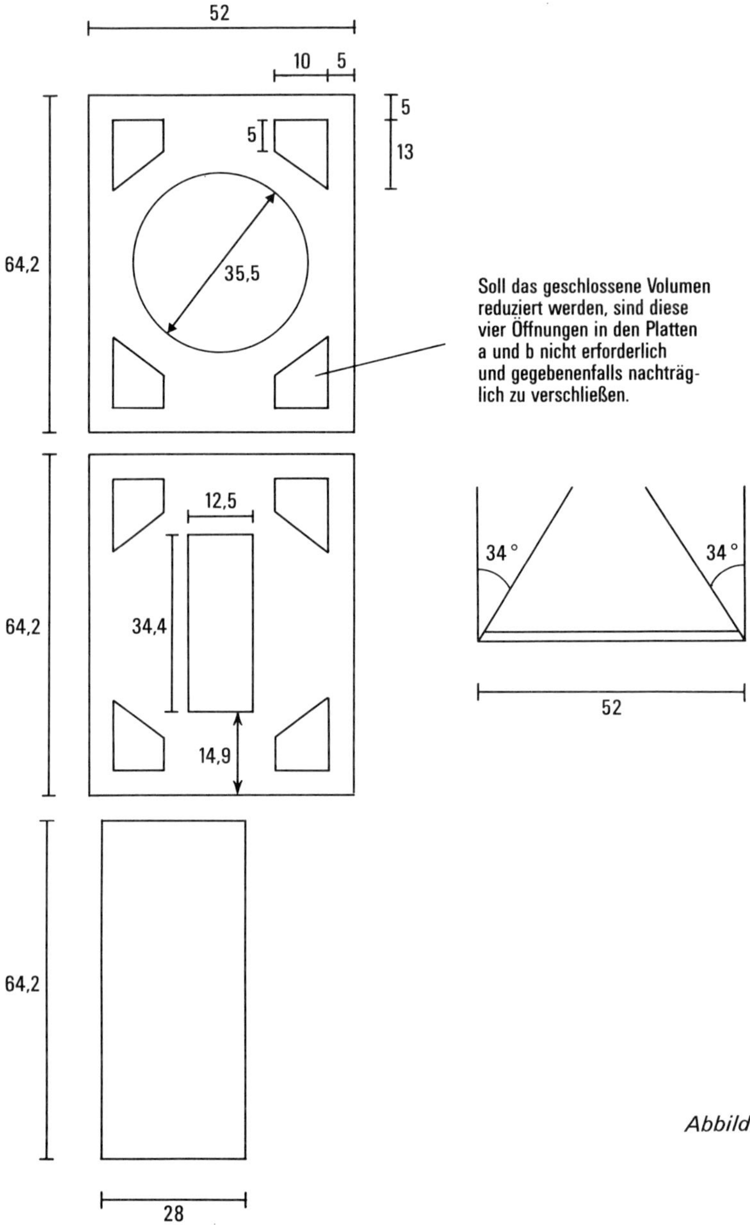

Abbildung 144

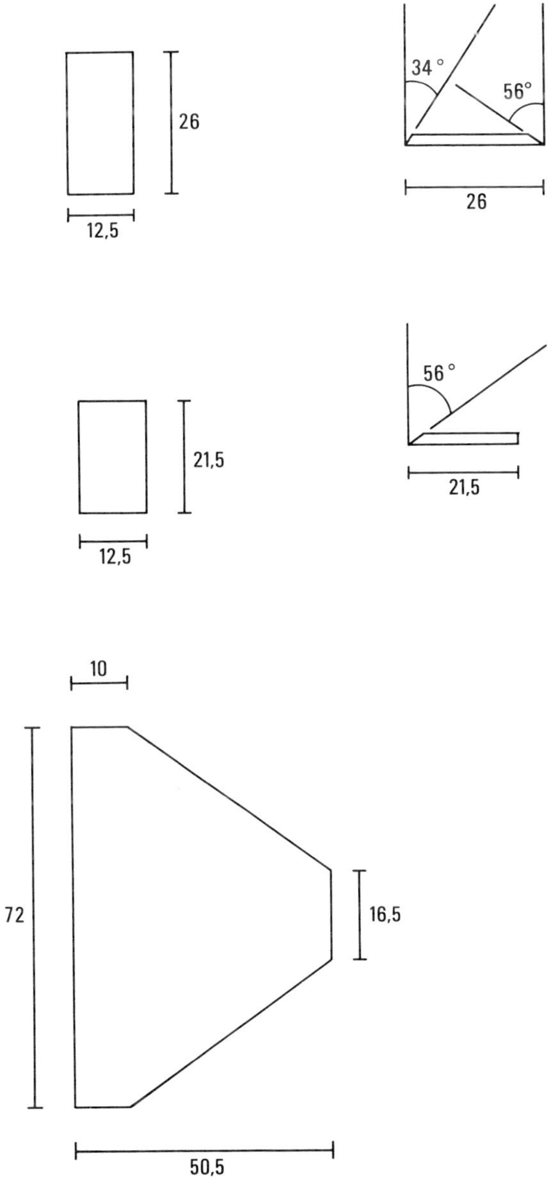

d und d′

e und e′

f und f′

Abbildung 144 (Fortsetzung)

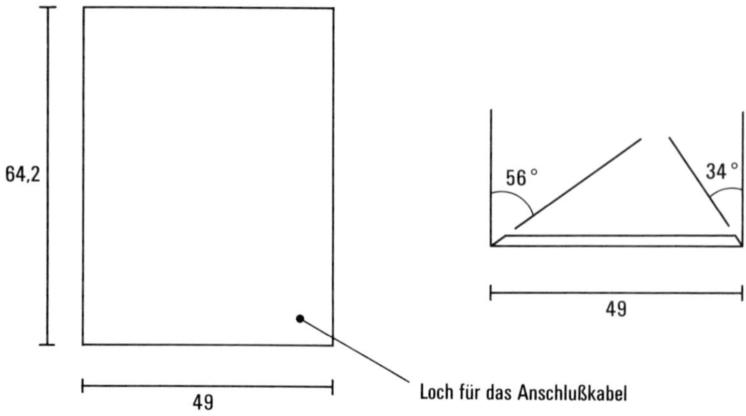

g und g′

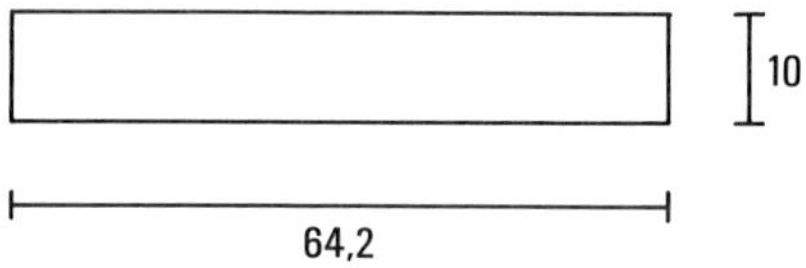

h und h′

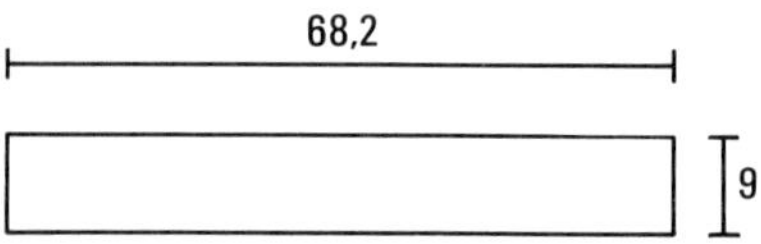

Soll das geschlossene Volumen reduziert werden, sind diese zwei Platten durch zwei andere mit den Abmessungen 64,2 · 18,5 cm zu ersetzen, die dann senkrecht einzubauen sind.

i und i′

Abbildung 144 (Fortsetzung)

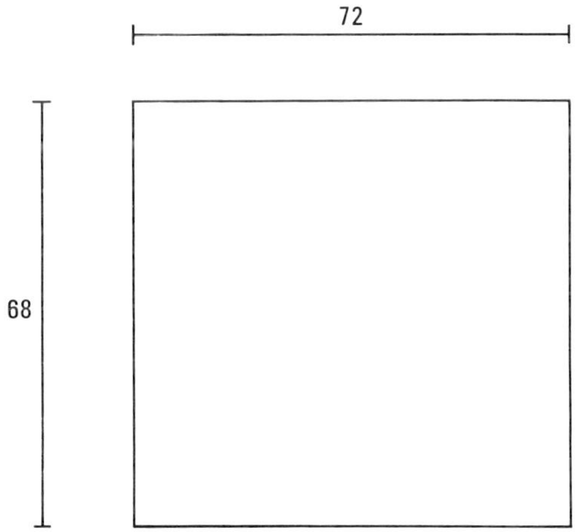

j)

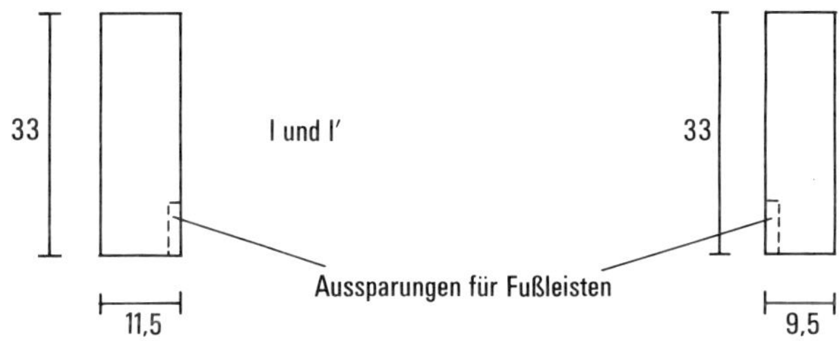

k und k'

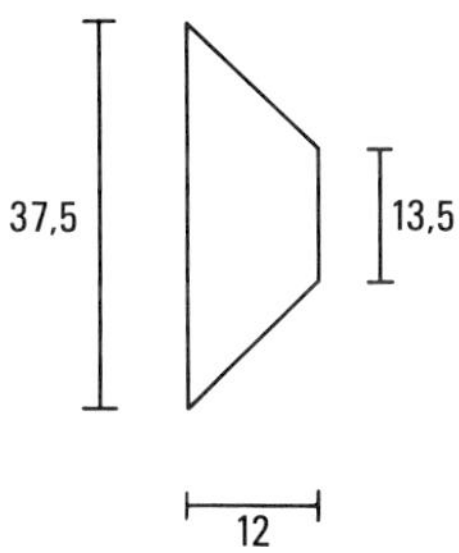

m)

Abbildung 144 (Fortsetzung)

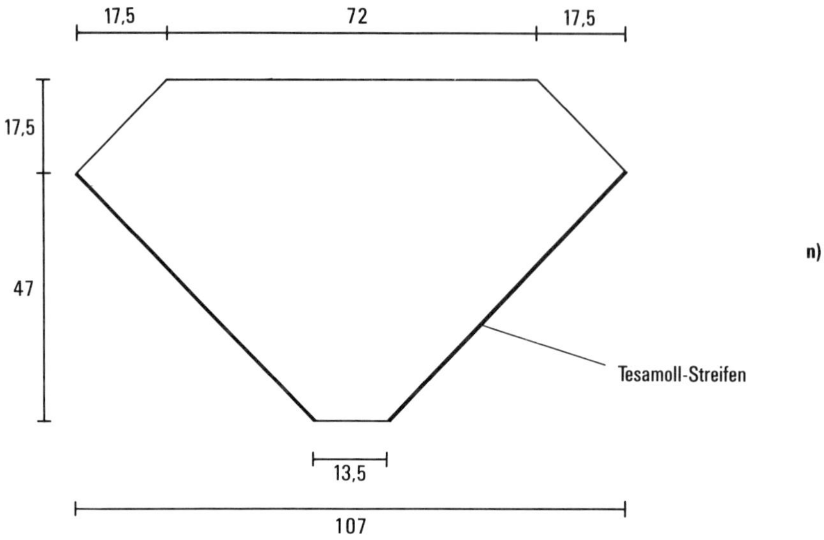

Abbildung 144 (Fortsetzung)

Das Eckhorn ist in folgender Reihenfolge aufzubauen:

1. Die fünf Löcher in den Platten a und b aussägen.
2. Die Löcher für die Befestigungsschrauben des Tieftöners in Platte a und b bohren, und Einschlagmuttern tief in Platte b hämmern.
3. Die Platten c und c′ mit b verleimen und verschrauben.
4. Die Platten d, e, e′ und d′ einsetzen.
5. Die Platten f, g und h anbringen.
6. Die Schallwand a mit Platte b verleimen und verschrauben, dann den Tieftöner anbringen (Anschlußkabel nicht vergessen!).
7. g′ und h′ anbringen,
8. Fugen abdichten und Dämmaterial einfüllen.
9. i und i′ festschrauben (nicht leimen).
10. Die Frontplatte j verschrauben (nicht leimen).
11. k mit l und k′ mit l′ verschrauben und verleimen und mit Hilfe von Holzleisten o. ä. auf m befestigen.
12. Deckelplatte n anbringen (nicht leimen).

Und noch ein paar Hinweise: Die Versteifungsbretter i und i′ sowie die Frontplatte j dürfen nicht verleimt werden, damit der Tieftöner immer zugänglich bleibt. Entsprechendes gilt für die Deckelplatte n, nach deren

Entfernung die Box leichter transportiert werden kann. Soll die Box liegend betrieben werden, sind zwei Deckelplatten erforderlich. Ein Tesamoll-streifen zwischen Deckelplatte und Zimmerwänden sorgt für eine bessere Abdichtung.

Die Mittel- Hochtoneinheit für das Eckhorn

Abbildung 147 zeigt den Aufbau der Mittel- Hochtonbox, die vollständig mit Dämmaterial zu füllen ist. Als Faltgehäuse eignet sich das Hados L 26 (Abm. 47,5 · 27,5 · 20 cm). Die Kunststoff-Halterungen der Isophon Schallverteiler-Linse müssen für das Hados-Gehäuse allerdings mit Hilfe einer feinen Säge um 2 mm schmaler gemacht werden.

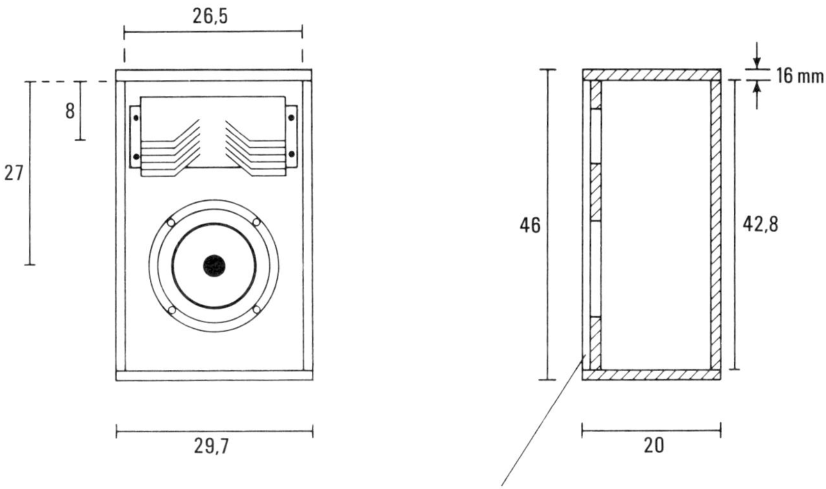

Abbildung 145

Geeignete Lautsprecherchassis

38 cm ∅ Tieftöner
Becker, 915 A 17 (weiße Pappmembran)
Visaton WS 38 AW-NG (weiße Pappmembran)

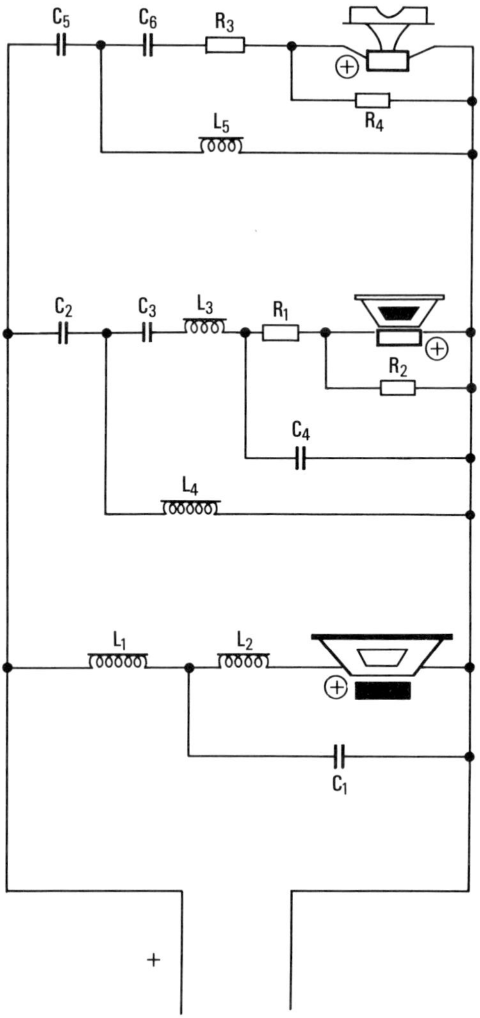

Frequenzweiche mit Frequenzgangkorrektur

Übergangsfrequenzen: 350 Hz und 3,5 kHz

Abbildung 146:

L_1	=	6,6 mH (3,3 mH + 3,3 mH)
L_2	=	2,2 mH
L_3	=	0,8 mH
L_4	=	2,7 mH
L_5	=	0,27 mH
C_1	=	68 µF
C_2	=	33 µF
C_3	=	100 µF
C_4	=	6,8 µF
C_5	=	3,3 µF
C_6	=	3,3 µF
R_1	=	1,8 Ω, 11 Watt
R_2	=	33 Ω, 11 Watt
R_3	=	1,8 Ω/5 W
R_4	=	33 Ω/5 W

Konusmitteltöner
Audax, PR 17 HR 37 TSM oder MHD 17 HR 37 TSM

Ringstrahler Hochtöner mit Isophon Schallverteiler-Linse
Fostex, FT 65 H
Beyma, CP 20, 8 Ohm

Betriebsleistung:	0,18 Watt für 90 dB/1 m
Belastbarkeit:	120/180 Watt
Materialkosten:	maximal 900 DM für eine komplette Baß- und Mittel-Hochtoneinheit

Bauplan 10

Dreiweg Expo-Reflexbox

Die besonderen Vorzüge dieser Lautsprecherbox liegen darin, daß sie trotz relativ geringem finanziellen Aufwand zur Erzeugung sehr hoher Lautstärken geeignet ist. Sie muß allerdings nahe bei einer Zimmerwand stehen oder liegen. Hervorzuheben ist auch das enorm gute Preis-Leistungs-Verhältnis der separaten Mittel- Hochtoneinheit, die klanglich zur Spitzenklasse gehört. Wie die Box zu dämpfen ist, zeigt Abbildung 76. Die Holzstärke beträgt für alle Platten der Baßbox 19 mm und für die der Mittel- Hochtonbox 16 mm.

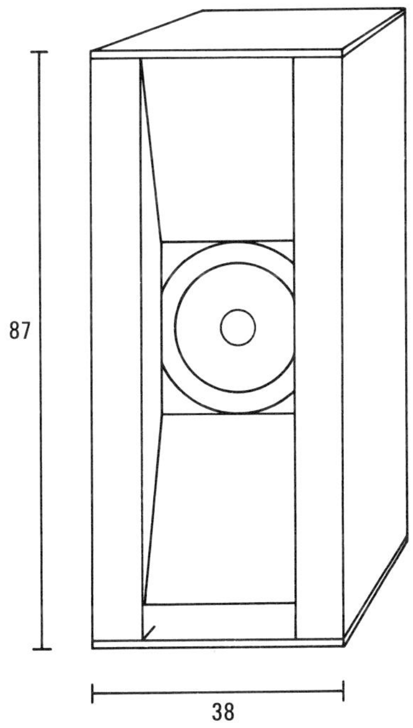

Abbildung 147

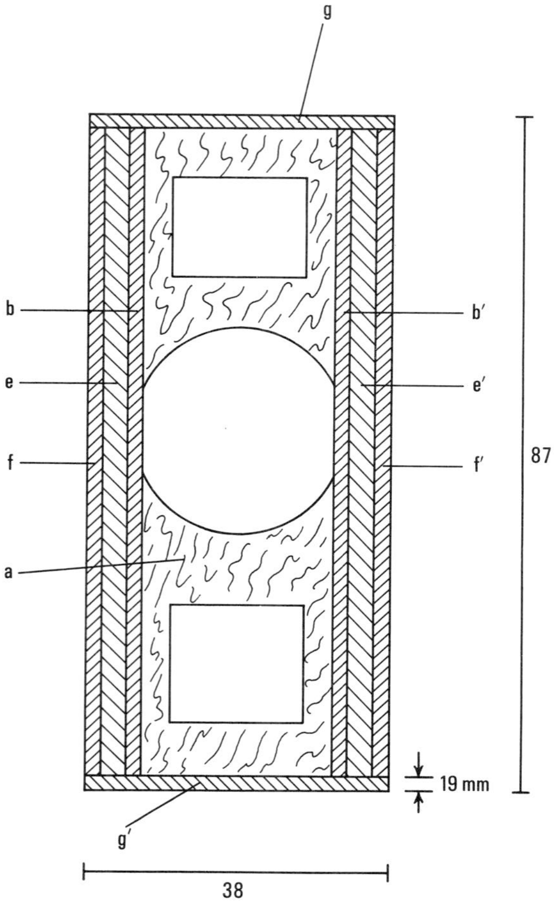

Abbildung 148: Schallwand mit Seitenwänden der Box.

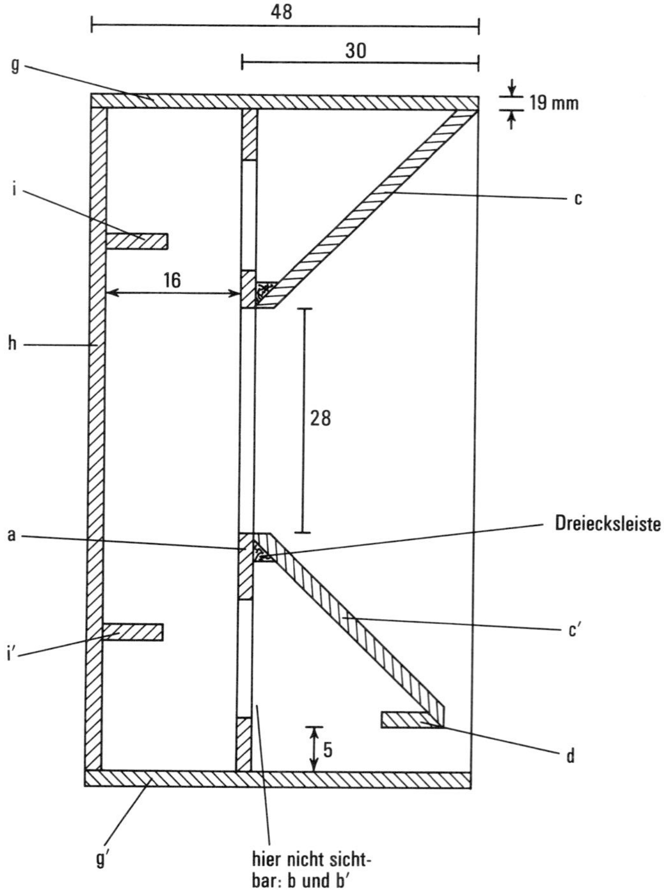

Abbildung 149: Querschnitt durch die Expo-Reflexbox.

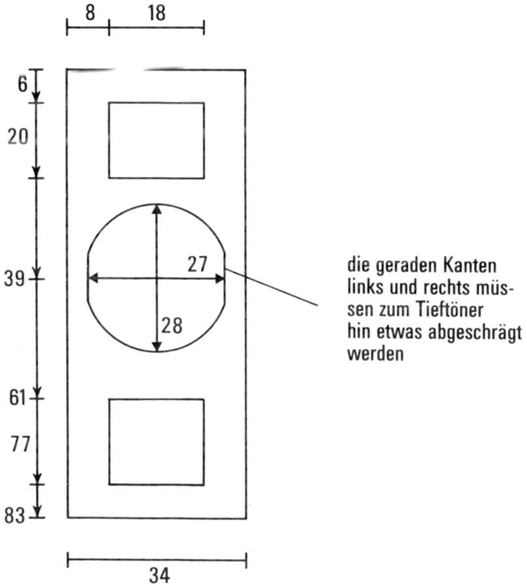

a)

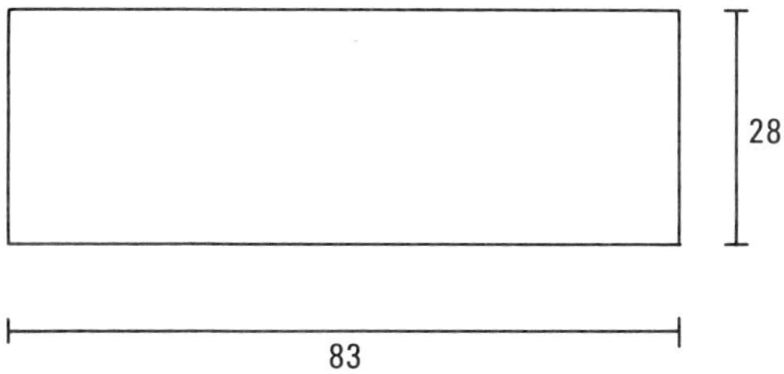

b und b′

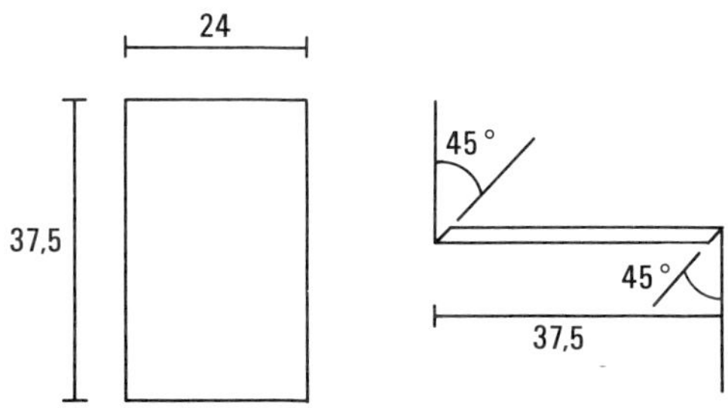

c)

Abbildung 150

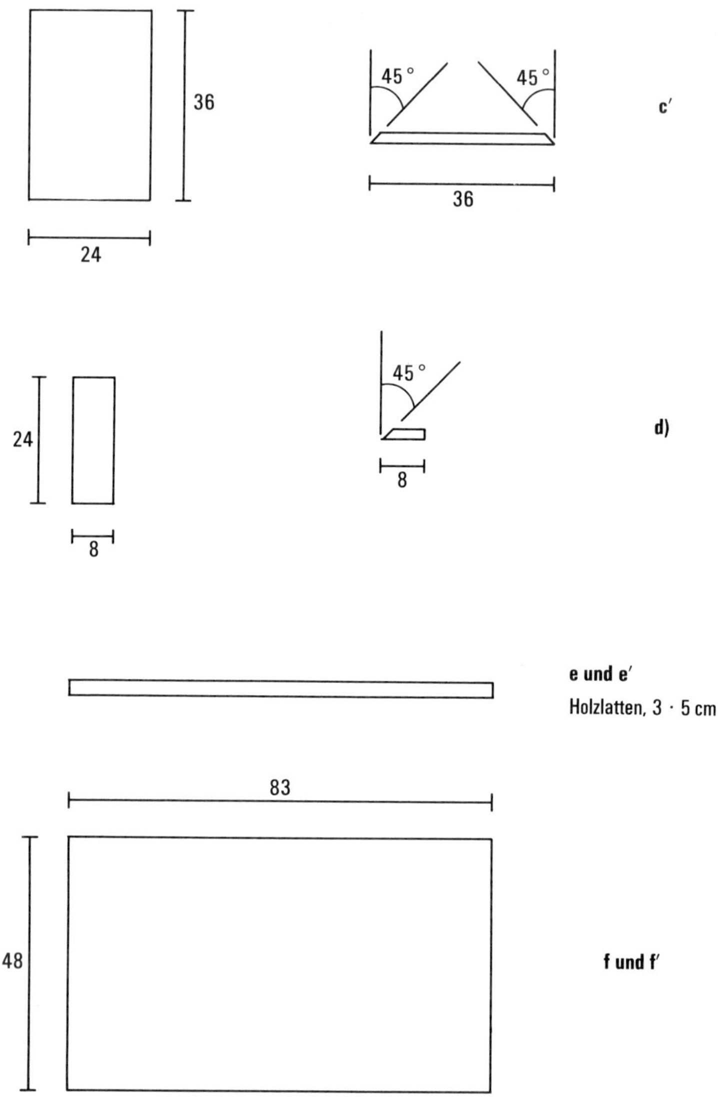

Abbildung 150 (Fortsetzung). Die Praxis hat gezeigt, daß Brett (d) nicht unbedingt erforderlich ist.

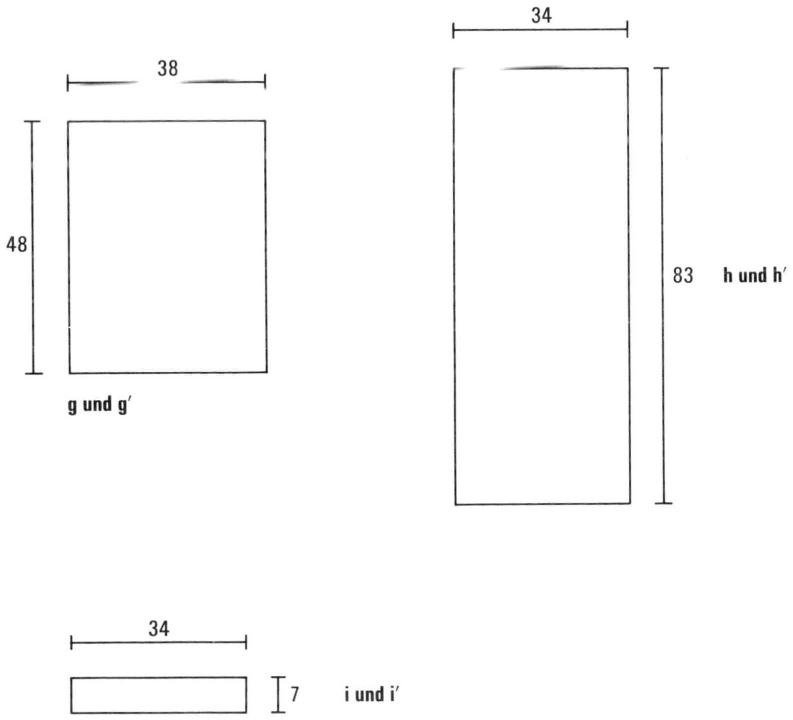

Abbildung 150 (Fortsetzung)

Die Reihenfolge des Aufbaus ist:

1. Die Löcher in Platte a sägen, und die Einschlagmuttern zur Befestigung des Tieftöners einhämmern.
2. Platten b und b' festleimen und -schrauben.
3. Mit Hilfe von Dreiecksleisten die Platten c und c' befestigen, dann d.
4. e und e' vorne an b und b' festmachen, dann Seitenteil f und Deckelplatte g anbringen.
5. Tieftöner mit nicht zu langen Schrauben einbauen (Anschlußkabel nicht vergessen).
6. Versteifungsbretter i und i' mit der Rückwand h verschrauben und diese dann einsetzen.
7. Fugen abdichten und Dämmaterial anbringen.
8. Mit der Seitenwand f' und der Bodenplatte g' die Box schließen.

Die Rückwand darf nicht verleimt werden, damit der Tieftöner immer zugänglich bleibt.

Die Mittel- Hochtoneinheit für die Expo-Reflexbox

Das Mittel- Hochtongehäuse ist vollständig, aber locker mit Dämmaterial zu füllen. Als Faltgehäuse eignet sich das L 26 der Firma Hados (Abm. 47,5 · 27,5 · 20 cm). Für das Hados Gehäuse sind die Kunststoffhalterungen der Isophon Schallverteiler-Linse mit Hilfe einer feinen Säge um 2 mm zu kürzen.
Der Kondensator C_0 ist nur bei nicht ausreichendem Subsonicfilter im Verstärker erforderlich (vergl. Kap. 7.3).

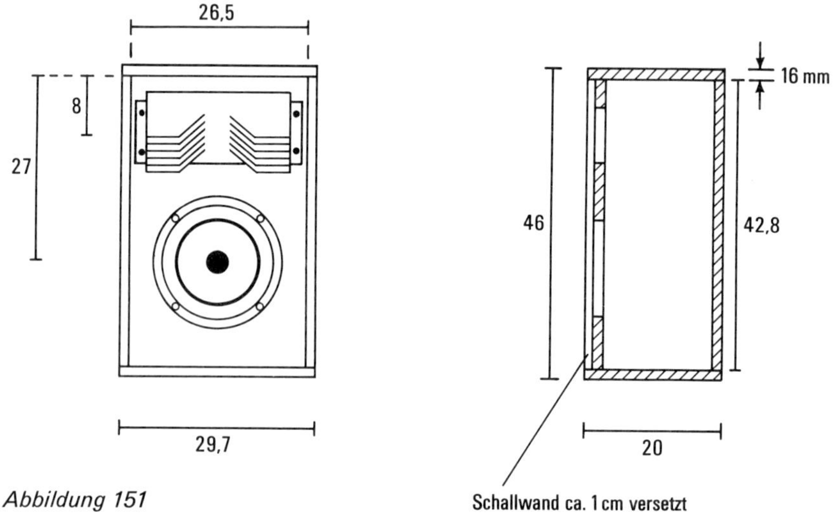

Abbildung 151

Geeignete Lautsprecherchassis

30 cm ∅ Tieftöner
Isophon, PSL 300, 8 Ohm
Visaton, W 300, 8 Ohm
Pioneer, ST 308 bzw. A 30 GU
Renkforce, TT-308

Konusmitteltöner
Audax, MHD 17 HR 37 RSM

Ringstrahler Hochtöner (8 Ohm)
Celestion, HF 50 plus Isophon Schallverteiler-Linse

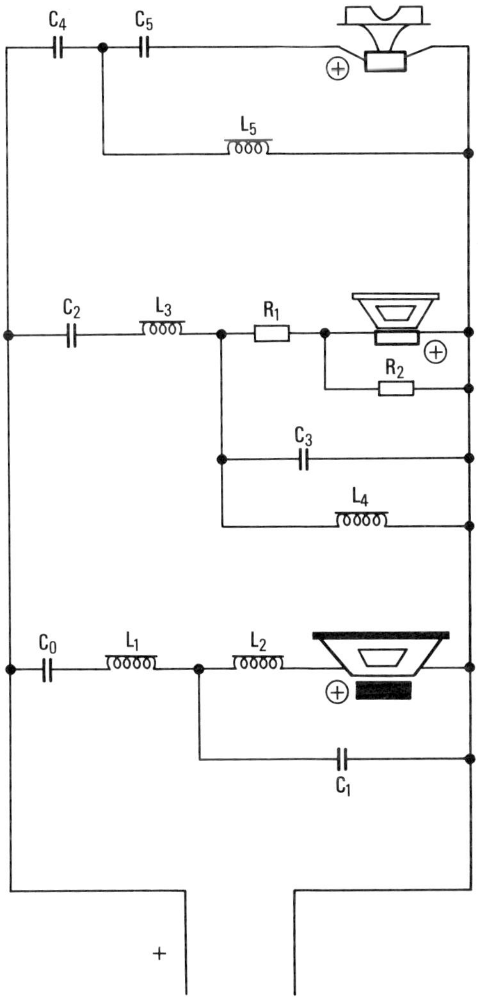

Frequenzweiche mit Frequenzgangkorrektur

Übergangsfrequenz:
400 Hz und 3 kHz

Abbildung 152:

L_1	=	9,5	mH
		(2 · 4,7 mH in Reihe)	
L_2	=	1,6	mH
L_3	=	0,8	mH
L_4	=	4,7	mH
L_5	=	0,33	mH
C_0	=	1000	µF/63 V
C_1	=	68	µF
C_2	=	22	µF
C_3	=	6,8	µF
C_4	=	1,5	µF
C_5	=	4,7	µF
R_1	=	2,7	Ω/11 Watt
R_2	=	15	Ω/11 Watt

Betriebsleistung:	0,4 Watt für 90 dB/1 m
Belastbarkeit:	100/140 Watt
Materialkosten:	maximal 700 DM für eine komplette Baß- und Mittel-Hochtoneinheit

Bauplan 11

Dreiweg Expo-Transmissionline

Auch diese Box weist eine besonders kräftige und impulsfeste Baßwiedergabe auf sowie eine sehr verfärbungsarme Mittel- und Hochtonwiedergabe. Das Gehäuse sollte leicht nach hinten geneigt werden, und wenigstens eine der Boxen muß in der Nähe einer Zimmerecke stehen. Die erforderliche Holzstärke beträgt für alle Platten 19 mm. Dämmaterial ist nur für das Mittel- Hochtongehäuse erforderlich und etwas auch für die Druckkammer, an den Seitenwänden, links und rechts neben dem Tieftöner.

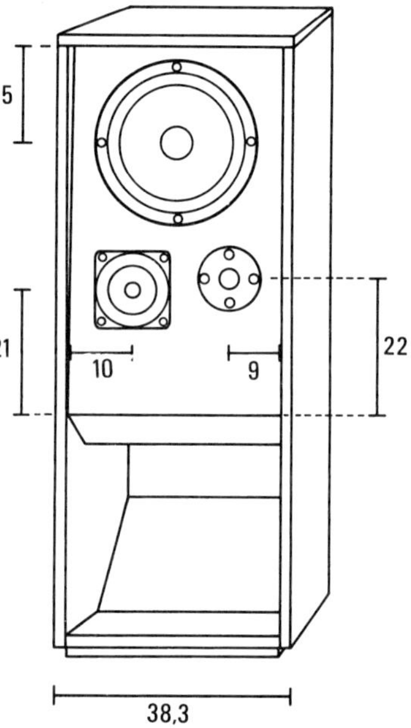

Abbildung 153

Benötigte Holzplatten (19 mm stark):

Seitenwände:	je 96 · 50 cm	Schallwand:	34,5 · 59 cm
Deckelplatte:	38,3 · 50 cm	Mittelplatten:	34,5 · 54 cm
Bodenplatte:	34,5 · 50 cm		34,5 · 42,5 cm
Rückwand:	34,5 · 94 cm		34,5 · 4,1 cm

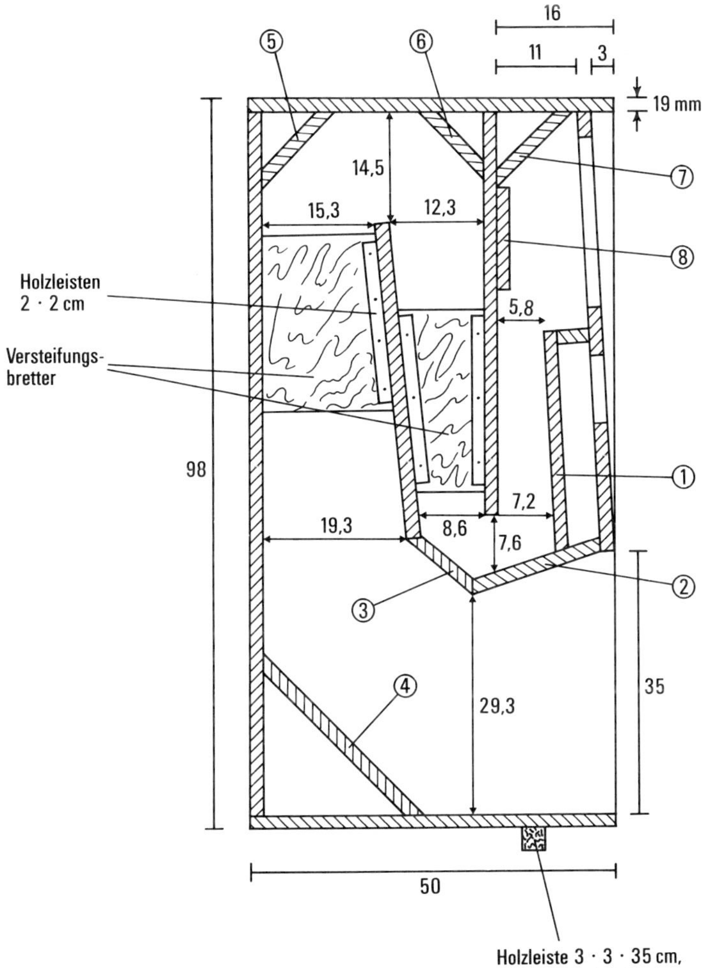

Abbildung 154: Querschnitt durch die Box.

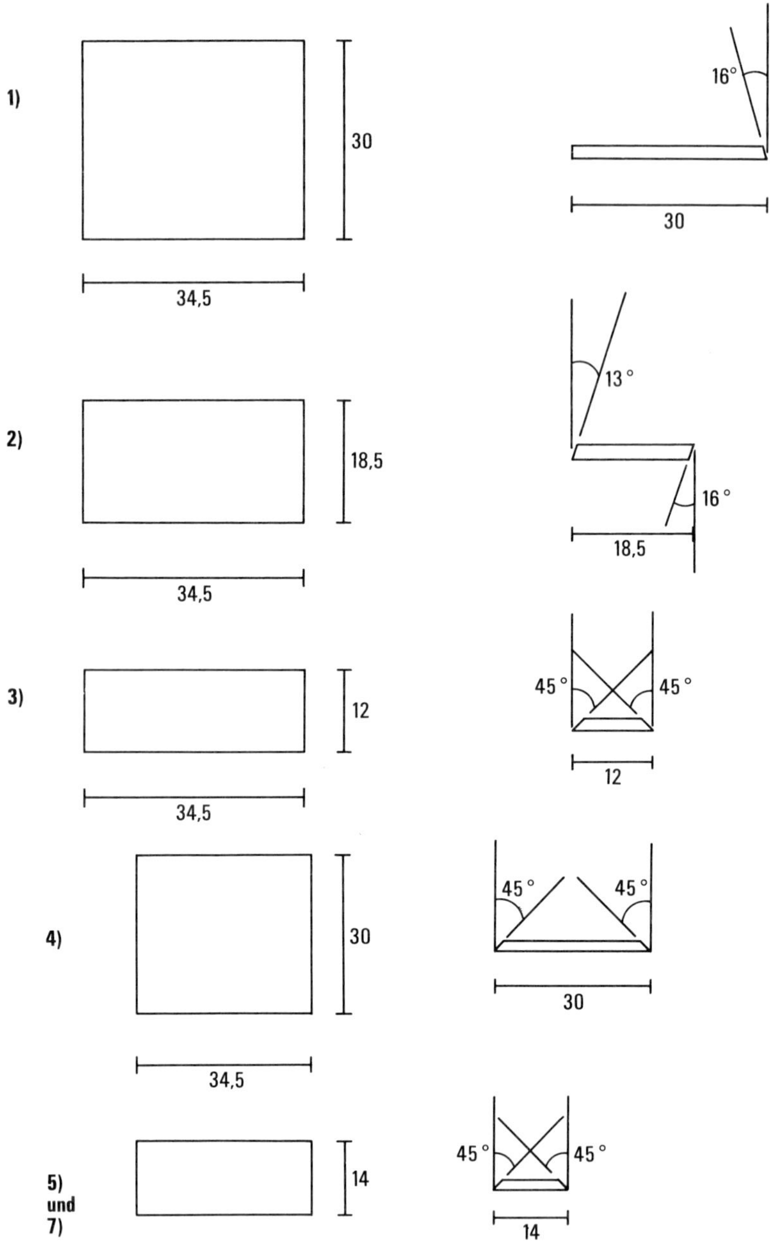

Abbildung 155: Platten, die speziell zugesägt bzw. gefräst werden müssen.

6)

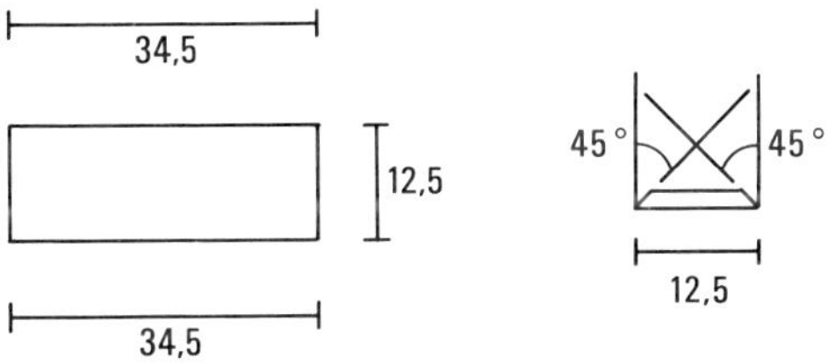

8)

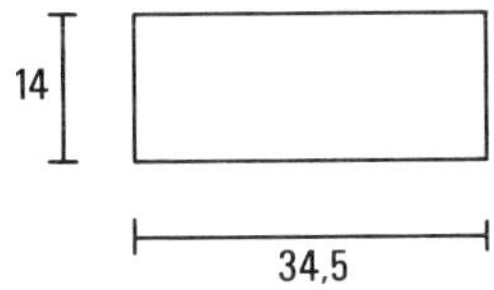

Dieses Zusatzbrett ist bei der Verwendung von Tieftönern mit hoher Einbautiefe nicht erforderlich.

Versteifungsbretter

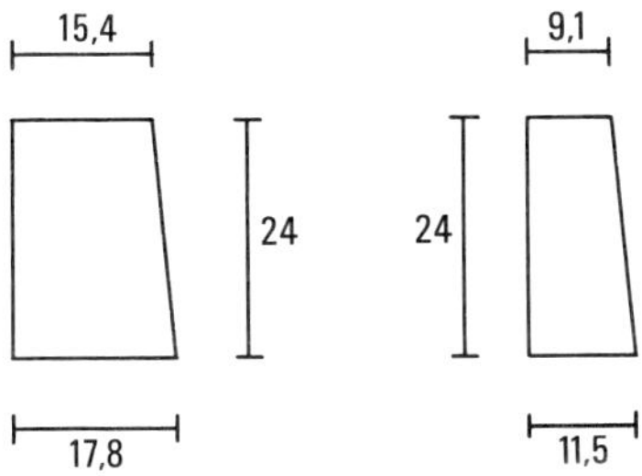

Abbildung 155 (Fortsetzung)

Geeignete Lautsprecherchassis:

25 cm Tieftöner
Isophon, PSL 265, 8 Ohm (Alukalotte)
KEF, B 139 (Ovalbaß)

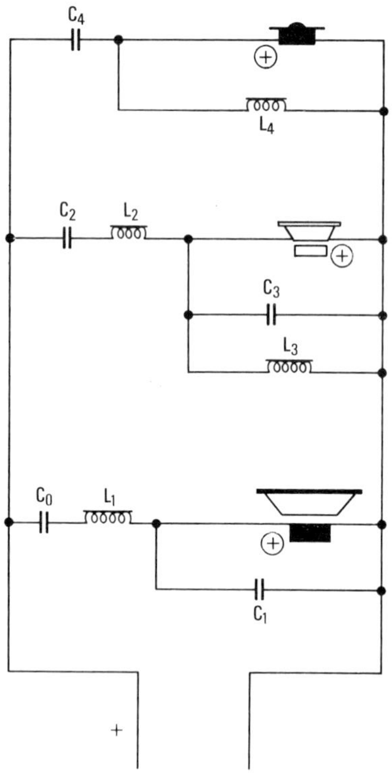

Abbildung 156:
L_1 = 4,7 mH
L_2 = 0,6 mH
L_3 = 2,7 mH
L_4 = 0,27 mH
C_0 = 1000 µF/50 V
C_1 = 47 µF
C_2 = 22 µF
C_3 = 3,3 µF
C_4 = 3,3 µF

Frequenzweiche mit Frequenzgangkorrektur

Übergangsfrequenzen: 500 Hz und 4 kHz

Konusmitteltöner
SEAS, 13 F-GMB, 8 Ohm
Isophon, PSM 120, 8 Ohm

2,5 cm Hochtonkalotten
Isophon, SKK 10, 8 Ohm
SEAS, H 254 (L = 0,22 mH)

Betriebsleistung: 0,8 Watt für 90 dB/1 m
Belastbarkeit: 80/120 Watt
Materialkosten: maximal 550 DM für die komplette Bow

Bauplan 12

Große Dreiweg Expo-Transmissionline

Bei sehr niedrigen Verzerrungen lassen sich mit dieser Box geradezu explosive Lautstärken realisieren. Aufgrund ihrer Abmessungen und technischen Eigenschaften eignet sie sich vor allem für große Räume. Für eine kräftige Tiefbaßwiedergabe muß zumindest eine der Boxen in der Nähe einer Raumecke stehen oder liegen.
Lediglich die Druckkammer ist an den Seitenwänden, neben dem Tieftöner mit etwas Dämmaterial zu versehen. Die Holzstärke beträgt für alle Platten 22 mm (bzw. 10 mm für ein Zusatzbrett).

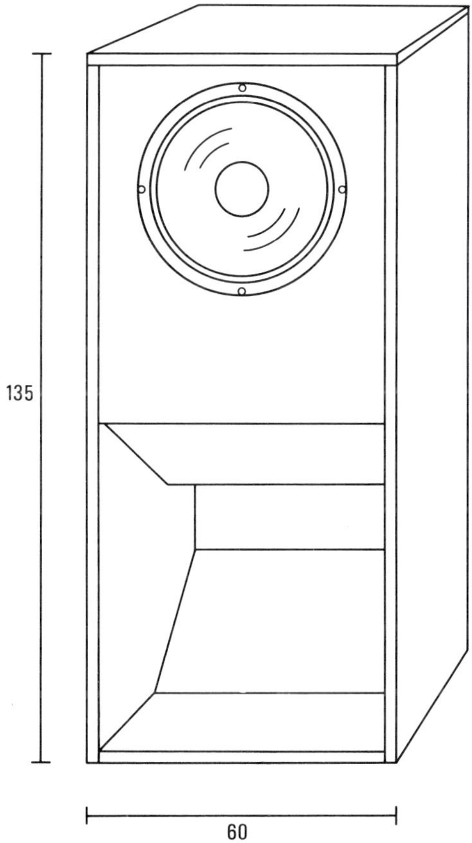

Abbildung 157

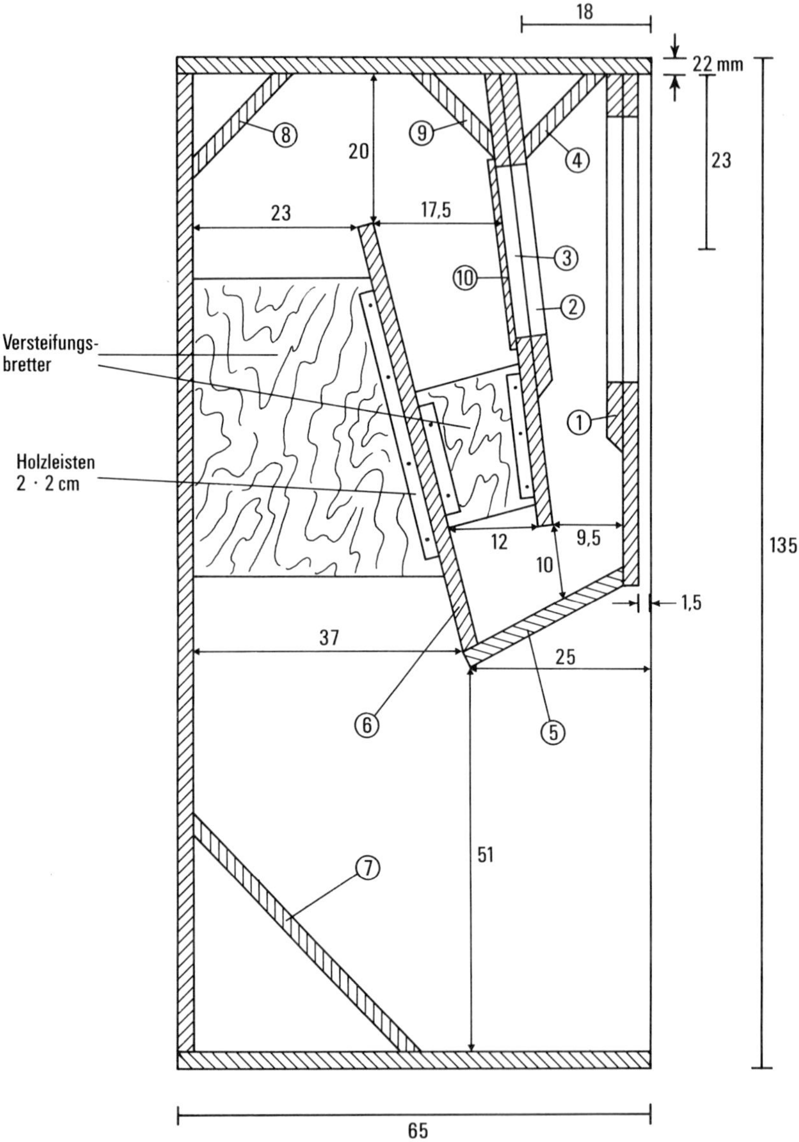

Abbildung 158

Benötigte Holzplatten (22 mm stark):

Seitenwände:	je 132,8 · 65 cm	Rückwand:	130,5 · 55,5 cm
Deckelplatte:	60 · 65 cm	Schallwand:	68 · 55,5 cm
Bodenplatte:	55,5 · 65 cm		

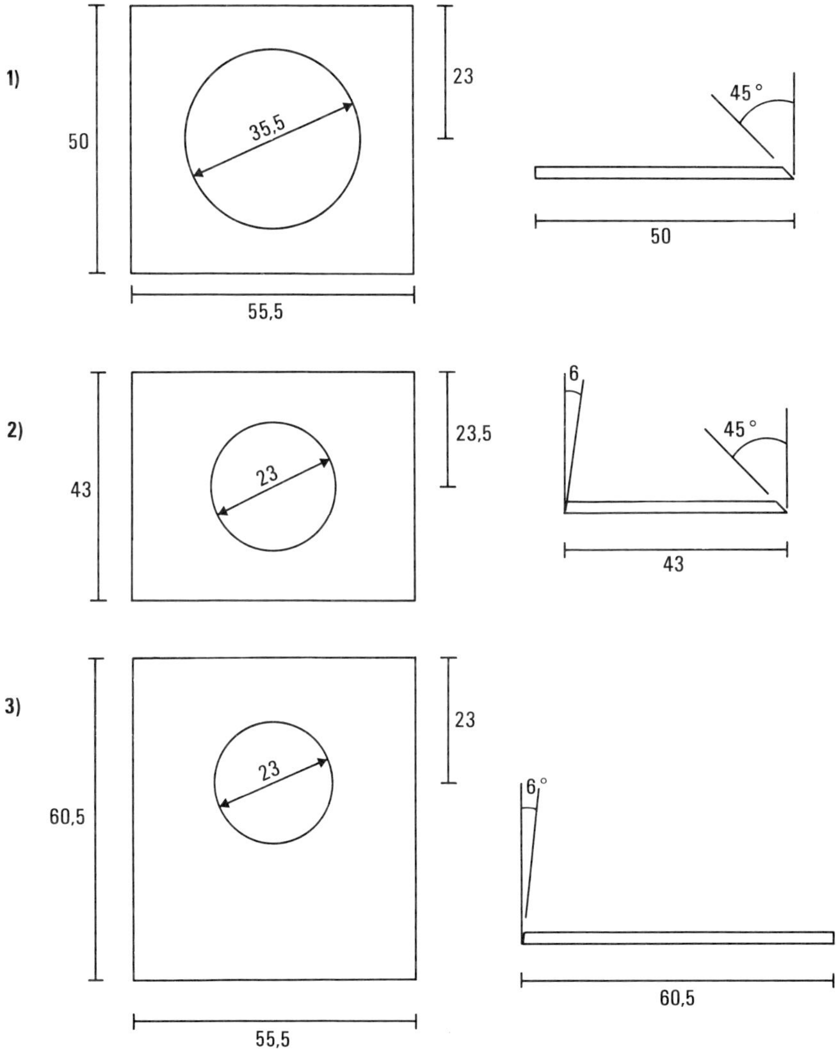

Abbildung 159: Platten, die speziell zugesägt bzw. gefräst werden müssen.

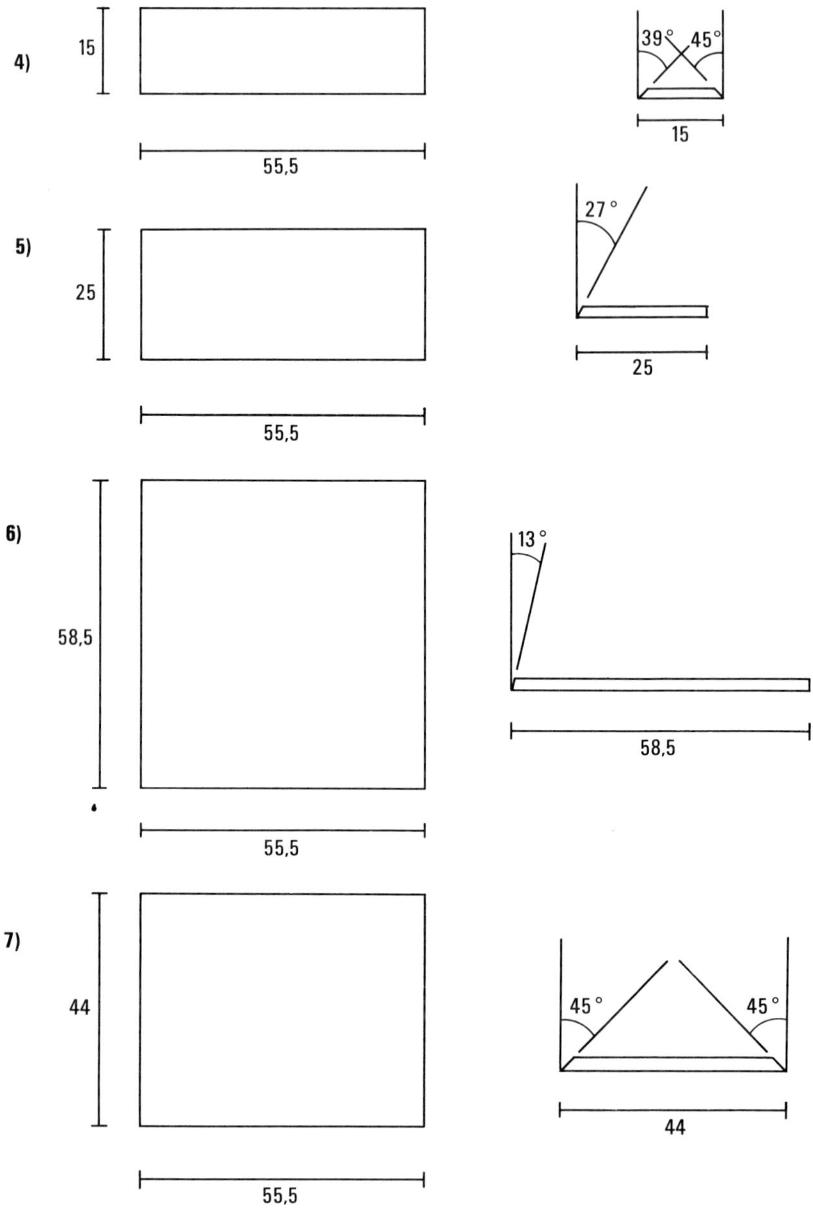

Abbildung 159 (Fortsetzung)

8)

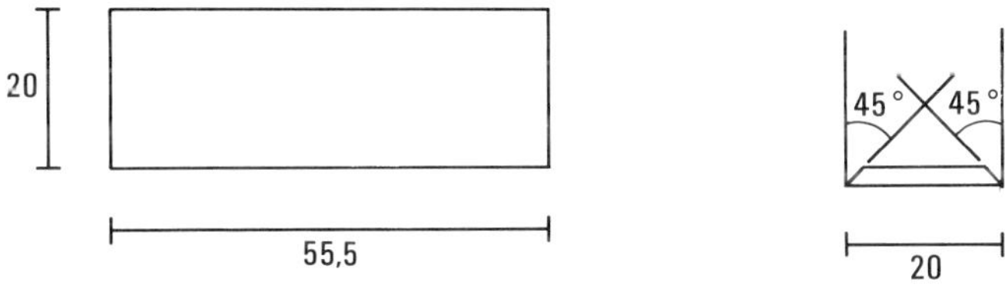

9)

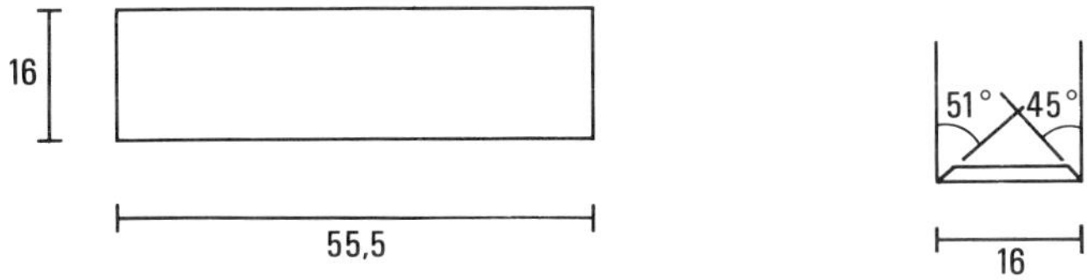

Zusatzbrett

10)

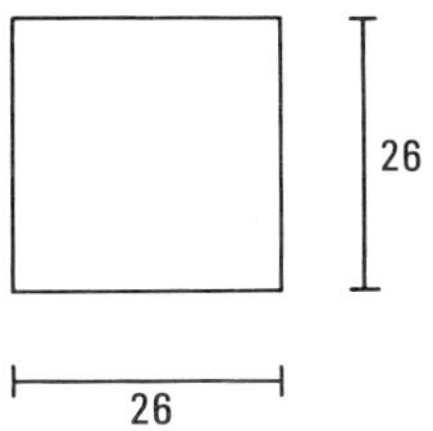

Das Zusatzbrett (aus 10 mm Sperrholz) ist nur bei ausgesägtem Mittelloch in den Platten 2) und 3) erforderlich

Versteifungsbretter

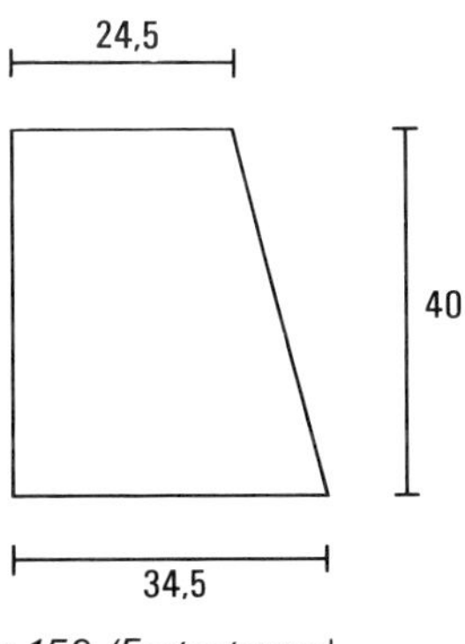

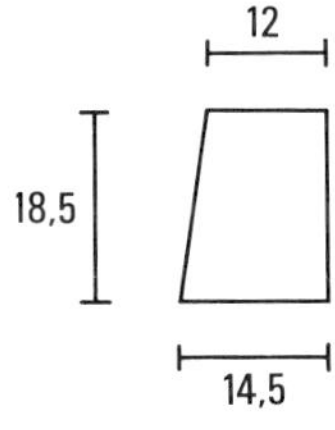

Abbildung 159 (Fortsetzung)

Das Mittelloch in den Platten 2) und 3) ist übrigens nur bei der Verwendung von Baßlautsprechern mit großer Einbautiefe erforderlich.
Das für diese Box empfohlene Mitteltonhorn benötigt weder ein Gehäuse noch eine Schallwand. Der Hochtöner kann auf dem Mitteltonhorn plaziert werden.
Auch hier ist der Kondensator C_0 nur erforderlich, wenn der angeschlossene Verstärker über kein ausreichendes Subsonicfilter verfügt (s. Kap. 7.3). Es sind dann drei Elkos mit je 330 µF parallel zu schalten.

Geeignete Lautsprecherchassis:

38 cm ∅ Tieftöner
Beyma, AL 15 SP, 8 Ohm
Visaton, WS 40–NG

Radial- Mitteltonhorn
Fostex H 325 plus Adapter
empfohlene Treiber für das Horn:
Fostex, D 221, D 266 oder D 232
als preisgünstige, technisch kaum unterlegene Alternative:
Beyma, TD 580 Radialhorn mit Adapter AL 10 und
Treiber CP 40 ($R_2 = 2 \cdot 18\ \Omega/11\ W$)
Mittel- und Hochtöner sollten dann auf einer gemeinsamen Schallwand untergebracht werden,
Abmessungen: ca. 60 · 30 cm

Ringstrahler Hochtöner
Beyma, CP 21

Betriebsleistung:	0,15 Watt für 90 dB/1 m
Belastbarkeit:	150/250 Watt
Materialkosten:	je nach Bestückung 1300–1800 DM für die komplette Box

Frequenzweiche mit Frequenzgangkorrektur

Übergangsfrequenzen: 600 Hz und 5 kHz

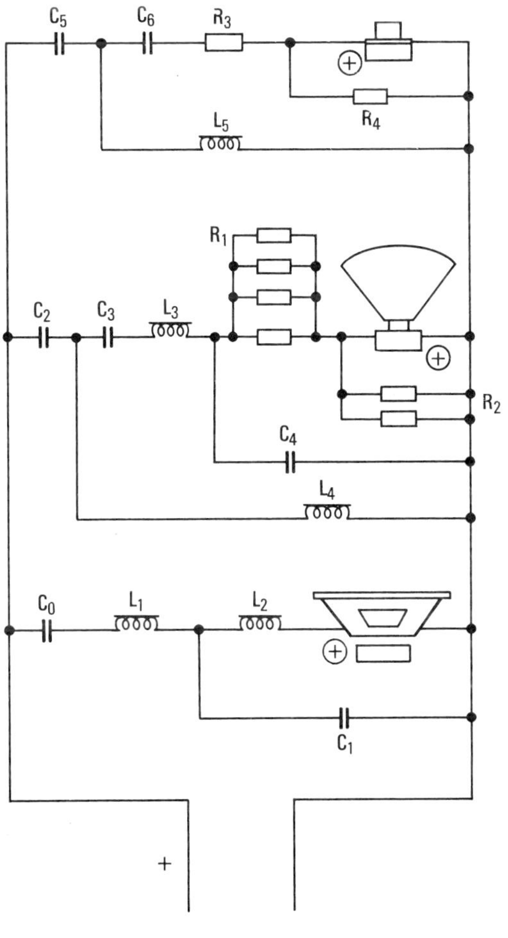

Abbildung 160:

L_1	=	6 mH
L_2	=	1,2 mH
L_3	=	0,4 mH
L_4	=	1,8 mH
L_5	=	0,18 mH
C_0	=	1000 µF/100 V
C_1	=	47 µF
C_2	=	22 µF
C_3	=	47 µF
C_4	=	2,2 µF
C_5	=	2,2 µF
C_6	=	6,8 µF
R_1	=	4 · 18 Ω, je 11 Watt
R_2	=	2 · 10 Ω, je 11 Watt
R_3	=	1,8 Ω/11 W
R_4	=	33 Ω/11 W

Sachwörterverzeichnis

Literaturverzeichnis

Beranek, L. L., »Acoustics«, McGraw-Hill Book Company, Inc., New York 1954

Colloms, M., »High Performance Loudspeakers«, second edition, Pentech Press, Plymouth 1978

Klipsch and Associates, Inc., »Audio Papers«, Hope 1974

Olson, H. F., »Music, Physics and Engeneering (Formerly Titled Musical Engeneering)«, second edition, Dover Publications Inc., New York 1967

Pfleiderer, P., »HiFi und Akustik. Mit Hilfe der Akustik zum Ziel der High-Fidelity« Pflaum Verlag, München 1983

Sahm, H., »HiFi-Lautsprecher. Grundlagen der elektrodynamischen Lautsprecher in unendlicher Schallwand und im Gehäuse«, zweite verbesserte Auflage, Franzis-Verlag, München 1982

Zwicker, E. und Feldtkeller, R., »Das Ohr als Nachrichtenempfänger«, zweite neubearbeitete Auflage, Hirzel Verlag, Stuttgart 1967

Artikel aus Fachzeitschriften:

Zeitschr. »Audio«, Philadelphia,
Allison, R. F., »Influence of Listening Rooms on Loudspeaker Systems«, Vol. 63, No. 8, August 1979, p. 36

Sonderheft »Funkschau Spezial High-Fidelity«, München 1977
McKenzie, A., »Beim Zusammenschalten von Verstärkern und Lautsprechern – mehr Probleme als man glaubt«, S. 108ff
Wasser, G. J., »Hinter die Kulissen geschaut: Lautsprechermessungen«, S. 117ff

Zeitschr. »hi-fi news«, Croydon,
Mapp, P., »Interface: loudspeakers and rooms«,
part 1: »the room«, Vol. 26, No. 8, August 1981, p. 47
part 2: »the loudspeaker«, Vol. 26, No. 9, Sept. 1981, p. 46

Zeitschr. »HiFi Stereophonie«, Karlsruhe,
»Das Lautsprecherkabel«, Testjahrbuch '81/82, S. 317ff
»Lautsprecherkabel, da capo al fine«, Testjahrbuch '82/83, S. 353ff

Zeitschr. »KlangBild«, München,
»Ein absolutes Prinzip gibt es nicht ..., Interview mit Paul Klipsch«, Sept. '77/8, S. 66ff
»Singende Säge. Die Klangverfälschung des Lautsprechers und ihre Gründe. Ein Interview mit dem Lautsprecher-Entwickler Dr. Oskar Heil von Franz Schöler«, Dez. '77/12, S. 34ff
»Lautsprecher: Durch Verfeinerung der Meßtechnik zur Nachbildung des Klangeindrucks« (Interview mit Raymond E. Cooke), Feb. '78/2, S. 9ff

Zeitschr. »Stereo Review«, New York,
Fryer, P., »The Audibility of Distortion in Loudspeakers«, Vol. 39, No. 2, August 1977, p. 68

Zeitschr. »Wireless World«, London,
Bailey, A. R., »A Non-resonant Loudspeaker Enclosure Design«, October 1965, p. 483

Bailey, A. R., »The Transmission-line Loudspeaker Enclosure«, May 1972, p. 215
Barlow, D. A., »Loudspeaker Coloration«, March 1978, p. 34
Dinsdale, J., »Horn loudspeaker design«,
part 1, March 1974, p. 19
part 2, May 1974, p. 133
part 3, June 1974, p. 186
Harwood, H. D., »Audibility of phase effects in loudspeakers«, January 1976, p. 30
Harwood, H. D., »New B.B.C. Monitoring Loudspeaker«
part 1, March 1968, p. 2
part 2, April 1968, p. 74
part 3, May 1968, p. 114
Harwood, H. D., »Non-linearity of air in loudspeaker cabinets«, November 1974, p. 459
Harwood, H. D., »Some factors in loudspeaker quality«, May 1976, p. 45
Harwood, H. D., »Speakers in Corners«, April 1970, p. 162
Harwood, H. D., »Stereophonic Image Sharpness«, July 1968, p. 207
Klipsch, P. W., »Loudspeaker Performance«, February 1970, p. 50
Linkwitz, S., »Loudspeaker system design«,
part 1, May 1978, p. 52
part 2, June 1978, p. 67
part 3, December 1978, p. 79
Moir, J., »Doppler distortion in loudspeakers«, May 1974, p. 65

Zeitschr. »Journal of the Audio Engeneering Society«, New York,
Allison, R. F. and Berkovitz, R., »The Sound Field in Home Listening Rooms«, July/August 1972, Vol. 20, No. 6, p. 459
Allison, R. F., »The Sound Field in Listening Rooms, II«, January/February 1976, Vol. 24, No. 1, p. 14
Ashley, J. R., »Active and Passive Filters as Loudspeaker Crossover Networks«, June 1971, Vol. 19, No. 6, p. 494
Ashley, J. R. and Swan, M. D., »Experimental Determination of Low-Frequency Loudspeaker Parameters«, Oct. 1969, Vol. 17, No. 5, p. 525
Ashley, J. R., »On the Transient Response of Ideal Crossover Networks«, July 1962, Vol. 10, No. 3, p. 241
Ashley, J. R., »Wisdom and Witchcraft of Old Wives' Tales About Woofer Baffles«, October 1970, Vol. 18, No. 5, p. 524
Baekgaard, E., »A Novel Approach to Linear Phase Loudspeakers Using Passive Crossover Networks«, May 1977, Vol. 25, No. 5, p. 284, »Comments and Author's Reply«, Sept. 1978, Vol. 26, No. 9, p. 650
Bank, G. and Hathaway, G. T., »A Three-Dimensional Interferometric Vibrational Mode Display«, May 1981, Vol. 29, No. 5, p. 314
Barlow, D. A., »The Development of a Sandwich-Construction Loudspeaker«, June 1970, Vol. 18, No. 3, p. 269
Barlow, D. A. et al., »The Resonances of Loudspeaker Diaphragms«, October 1981, Vol. 29, No. 10, p. 699
Beers, G. L. and Belar H., »Frequency-Modulation Distortion in Loudspeakers«, May 1981, Vol. 29, No. 5, p. 320
Berman, J. M. and Fincham, L. R., »The Application of Digital Techniques to the Measurement of Loudspeakers«, June 1977, Vol. 25, No. 6, p. 370

Bonello, O. J., »A New Criterion for the Distribution of Normal Room Modes«, Sept. 1981, Vol. 29, No. 9, p. 597
Borenius, J., »On Loudspeaker Response in Sound Control Rooms«, April 1981, Vol. 29, No. 4, p. 258
Bost, J. R., »A New Type of Tweeter Horn Employing a Piezoelectric Driver«, December 1975, Vol. 23, No. 10, p. 796, »A New Piezoelectric Driver Enhances Horn Performance«, April 1980, Vol. 28, No. 4, p. 244
Bottenberg, W. et al., »The Dependence of Loudspeaker Design Parameters on the Properties of Magnetic Fluids«, January/February 1980, Vol. 28, No. 1/2, p. 17
Bradbury, L. J. S., »The Use of Fibrous Materials in Loudspeaker Enclosures«, April 1976, Vol. 24, No. 3, p. 162
Bücklein, R., »The Audibility of Frequency Response Irregularities«, March 1981, Vol. 29, No. 3, p. 126
Cabot, R. C. et al., »Detection of Phase Shifts in Harmonically Related Tones«, Sept. 1976, Vol. 24, No. 7, p. 568
Christophorou, J., »Low-Frequency Loudspeaker Measurements with an Accelerometer«, November 1980, Vol. 28, No. 11, p. 809
Eargle, J., »Loudspeakers«, October/November 1977, Vol. 25, No. 10/11, p. 685
Gander, M. R., »Moving-Coil Loudspeaker Topology as an Indicator of Linear Excursion Capability«, January/February 1981, Vol. 29, No. 1/2, p. 10
Gilford, C. L. S., »The Acoustic Design of Talks Studios and Listening Rooms«, January/February 1979, Vol. 27, No. 1/2, p. 17
Gillum, G. C., »A Shuffleboard Experiment of Time-Delay Effects in Loudspeakers«, May 1978, Vol. 26, No. 5, p. 361
Gilliom, J. R., »Design Problems of High-Level Cone Loudspeakers«, May 1977, Vol. 25, No. 5, p. 294
Groh, A. R., »High-Fidelity Sound System Equalization by Analysis of Standing Waves«, December 1974, Vol. 22, No. 10, p. 795
Frankfort, F. J. M., »Vibration Pattern and Radiation Behavior of Loudspeaker Cones«, September 1978, Vol. 26, No. 9, p. 609
Hanna, C. R. and Slepian, J., »The Function and Design of Horns for Loudspeakers«, September 1977, Vol. 25, No. 9, p. 573
Harwood, H. D., »Loudspeaker Distortion Associated With Low-Frequency Signals«, Nov. 1972, Vol. 20, No. 9, p. 718
Henricksen, C. A. and Ureda, M. S., »The Manta-Ray Horns«, September 1978, Vol. 26, No. 9, p. 629
Heyser, R. C., »Loudspeaker Phase Characteristics and Time Delay Distortion«,
part 1, January 1969, Vol. 17, No. 1, p. 30
part 2, April 1969, Vol. 17, No. 2, p. 130
Hilliard, J. K. and Kimball, H. R., »Dividing Networks for Loud Speaker Systems«, Nov. 1978, Vol. 26, No. 11, p. 850
Hilliard, J. K., »A Study of Theatre Loud Speakers and the Resultant Development of the Shearer Two-Way Horn System«, November 1978, Vol. 26, No. 11, p. 843
Hladky, J., »The Application of Holography in the Analysis of Vibrations of Loudspeaker Diaphragms«, May 1974, Vol. 22, No. 4, p. 247
Hoge, W. J. J., »A New Set of Vented Loudspeaker Alignments«, June 1977, Vol. 25, No. 6, p. 391
Holman, T. and Kampmann, F., »Loudness Compensation: Use and Abuse«, July/Aug. 1978, Vol. 26, No. 7/8, p. 526
Hurtz, O. G., »The Ultimate LSH Loudspeaker«, March 1974, Vol. 22, No. 2, p. 106 and 108

Kates, J. M., »Radiation from a Dome«, November 1976, Vol. 24, No. 9, p. 735
Keele, D. B., »A New Set of Sixth-Order Vented-Box Loudspeaker System Alignments«, June 1975, Vol. 23, No. 5, p. 354
Keele, D. B., »Low Frequency Loudspeaker Assessment by Nearfield Sound-Pressure Measurement«, April 1974, Vol. 22, No. 3, p. 154
Keele, D. B., »Sensivity of Thiele's Vented Loudspeaker Enclosure Alignments to Parameter Variations«, May 1973, Vol. 21, No. 4, p. 246
King, J., »Loudspeaker Voice Coils«, February 1970, Vol. 18, No. 1, p. 34
Klipsch, P. W., »A Low-Frequency Horn of Small Dimensions«, March 1979, Vol. 27, No. 3, p. 141
Klipsch, P. W., »Corner Speaker Placement«, July 1959, Vol. 7, p. 106
Klipsch, P. W., »Delay Effects in Loudspeakers«, October 1972, Vol. 20, No. 8, p. 634
Klipsch, P. W., »Modulation Distortion in Loudspeakers«,
part 1, April 1969, Vol. 17, No. 2, p. 194
part 2, February 1970, Vol. 18, No. 1, p. 29
part 3, December 1972, Vol. 20, No. 10, p. 827
Klipsch, P. W., »Subjective Effects of Frequency Modulation Distortion«, April 1985, Vol. 6, No. 2, p. 143
Klipsch, P. W., »A note on Loudspeaker Impedance and Its Effect on Amplifier Distortion«, July/August 1978, Vol. 26, No. 7/8, p. 547
Klipsch, P. W., »A Note on Modulation Distortion: Coaxial and Spaced Tweeter – Woofer Loudspeaker Systems«, April 1976, Vol. 24, No. 3, p. 186
Linkwitz, S. H., »Active Crossover Networks for Noncoincident Drivers«, Jan./Feb. 1976, Vol. 24, No. 1, p. 2
Linkwitz, S. H., »Passive Crossover Networks for Noncoincident Drivers«, March 1978, Vol. 26, No. 3, p. 149
Lipshitz, S. P. et al., »On the Audibility of Midrange Phase Distortion in Audio Systems«, September 1982, Vol. 30, No. 9, p. 580
Lipshitz, S. P. and Vanderkooy, J., »The Great Debate: Subjective Evaluation«, July/August 1981, Vol. 29, No. 7/8, p. 482
Melillo, L. and Raj, K., »Ferrofluids as a Means of Controlling Woofer Design Parameters«, March 1981, Vol. 29, No. 3, p. 132
Moir, J., »On Differential Time Delay«, November 1976, Vol. 24, No. 9, p. 752
Møller, H., »Multidimensional Audio«,
part 1, May 1979, Vol. 27, No. 5, p. 386
part 2, June 1979, Vol. 27, No. 6, p. 496
part 3, July/August 1979, Vol. 27, No. 7/8, p. 562
Murray, F. M. and Durbin, H. M., »Three-Dimensional Diaphragm Suspensions for Compression Drivers«, October 1980, Vol. 28, No. 10, p. 720
Nakajima, H. et al., »Tweeter Using New Structure and New Material for Diaphragm (Direct-Drive Ribbon Tweeter)«, October 1981, Vol. 29, No. 10, p. 705
Newman, R. J., »Dipole Radiator Systems«, Jan./Feb. 1980, Vol. 28, No. 1/2, p. 35
Nomoto, I. et al., »A Technique for Observing Loudspeaker Wave-Front Propagation« Jan./Feb. 1976, Vol. 24, No. 1, p. 9
Plenge, G. et al., »Which Bandwidth is Necessary for Optimal Sound Transmission?« March 1980, Vol. 28, No. 3, p. 114
Preis, D., »Linear Distortion«, June 1976, Vol. 24, No. 5, p. 346
Sakamoto, N. et al., »On ›Out-of-Head Localisation‹ in Headphone Listening«, November 1976, Vol. 24, No. 9, p. 710

Sakamoto, N. et al., »Loudspeaker with Honeycomb Disk Diaphragm«, October 1981, Vol. 29, No. 10, p. 711
Shanefield, D., »Comments on ›On the Audibility of Midrange Phase Distortion in Audio Systems‹«, June 1983, Vol. 31, No. 6, p. 447
Shindo, T. et al., »Effect of Voice-Coil and Surround on Vibration and Sound Pressure Response of Loudspeaker Cones«, July/August 1980, Vol. 28, No. 7/8, p. 490
Small, R. H., »Closed-Box Loudspeaker Systems«,
Part 1: Analysis, Dec. 1972, Vol. 20, No. 10, p. 798
Part 2: Synthesis, Jan./Feb. 1973, Vol. 21, No. 1, p. 11
Small, R. H., »Constant-Voltage Crossover Network Design«, January 1971, Vol. 19, No. 1, p. 12
Small, R. H., »Direct-Radiator Loudspeaker System Analysis«, June 1972, Vol. 20, No. 5, p. 383
Small, R. H., »Passive-Radiator Loudspeaker Systems«,
Part 1: Analysis, October 1974, Vol. 22, No. 8, p. 592
Part 2: Synthesis, November 1974, Vol. 22, No. 9, p. 683
Small, R. H., »Simplified Loudspeaker Measurements at Low Frequencies«, January/February 1972, Vol. 20, No. 1, p. 28
Small, R. H., »Vented-Box Loudspeaker Systems«
Part 1: Small-Signal Analysis, June 1973, Vol. 21, No. 5, p. 363
Part 2: Large-Signal Analysis, July/August '73, Vol. 21, No. 6, p. 439
Part 3: Synthesis, September 1973, Vol. 21, No. 7, p. 549
Part 4: Appendices, October 1973, Vol. 21, No. 8, p. 635
Suzuki, T. et al., »Three-Dimensional Displays for Demonstrating Transient Characteristics of Loudspeakers«, July/August 1978, Vol. 26, No. 7/8, p. 511
Suzuki, H. et al., »On the Perception of Phase Distortion«, September 1980, Vol. 28, No. 9, p. 570
Staffeldt, H., »Correlation between Subjective and Objective Data for Quality Loudspeakers«, July/August 1974, Vol. 22, No. 6, p. 402
Thiele, A. N., »Loudspeakers in Vented Boxes«,
Part 1: May 1971, Vol. 19, No. 5, p. 382
Part 2: June 1971, Vol. 19, No. 6, p. 471
Thomas, M. V., »Improving the Stereo Headphone Sound Image«, July/August 1977, Vol. 25, No. 7/8, p. 474
Toole, F. E., »Listening Tests – Turning Opinion into Fact«, June 1982, Vol. 30, No. 6, p. 431
Wilson, P. and G. L., »Horn Theory and the Phonograph«, April 1975, Vol. 23, No. 3, p. 194
White, J. N., »Loudspeaker Athletics«, November 1979, Vol. 27, No. 11, p. 891

Händlerverzeichnis

Nicht jeder wohnt in unmittelbarer Nähe eines Lautsprecherladens, der die in den Bauplänen angegebenen Lautsprecher, Spulen, Kondensatoren, Widerstände, Kunststoffgehäuse für Mitteltöner und Faltgehäuse führt. Von den nun folgenden Händlern können diese Bauteile gegebenenfalls per Versand bezogen werden:

ACR AG.
CH-8005 Zürich, Heinrichstr. 248
5300 Bonn, Maxstr. 58
4000 Düsseldorf, Steinstr. 28
5000 Köln, unter Goldschmied 6
6000 Frankfurt, Gr. Friedberger Str. 40–42
8000 München 40, Ainmillerstr. 2
2990 Oldenburg, Ziegelhofstr. 97
Produkte: Fostex, Focal u. a.

a + o electronics
8130 Starnberg, Perchastr. 11a
Produkte: Audax, Focal, KEF, SEAS, Vifa

Arlt Elektronik
4000 Düsseldorf, Am Wehrhahn 75
4300 Essen, Rüttenscheider Stern 3
6000 Frankfurt, Münchener Str. 4–6
6500 Mainz, Münsterplatz 1
7000 Stuttgart, Katharinenstr. 22
1000 Berlin 44, Karl-Marx-Str. 27
1000 Berlin 10, Kaiser-Friedrich-Str. 17a
5000 Köln, Hansaring 93
Produkte: Audax, KEF, SEAS, Peerless, Philips, Celestion, Visaton und Zubehör

A/S Beschallungstechnik
Gewerbegebiet Schwerte-Ost, Hasencleverweg 14
5840 Schwerte
Produkte: Beyma

ASV-Versand
5100 Aachen, Postfach 613
Produkte: Audax, Celestion, KEF, Peerless, Pioneer, WHD und Zubehör

Audio Electronic Systems
6453 Seligenstadt, Aschaffenburger Str. 22
Produkte: Audax, Celestion, Isophon, KEF, Peerless, SEAS, Technics, Visaton

Audiophil GmbH
8000 München 70, Implerstr. 16
Produkte: Audax, Beyma, Focal, KEF, Vifa

Bühler Elektronik
7570 Baden-Baden, Gunzenbachstr. 33b
Produkte: Becker, ITT, Technics und Zubehör

Conrad Electronic
8452 Hirschau, Postfach 1180
1000 Berlin, Kürfürstenstr. 145
8000 München, Schillerstr. 23a
8500 Nürnberg, Leonhardstr. 3
Produkte: Philips, Pioneer, Valvo

Damde Lautsprecherversand
6600 Saarbrücken, Nauwieser Str. 22
Produkte: Audax, Celestion, Focal, Fostex, KEF, Peerless, SEAS und Zubehör

Dräger GmbH & Co KG
7000 Stuttgart, Sophienstr. 21
Produkte: Beyma, Fostex, Isophon, Peerless, Pioneer, SEAS, Valvo und Zubehör

Elektroakustik Stade
2160 Stade, Bremervörderstr. 5
Produkte: Audax, Beyma, Celestion, Focal, KEF, Isophon, Peerless, SEAS, Technics, Vifa, Visaton

HW Elektronik
2000 Hamburg 19, Eimsbüttler Chaussee 79
Produkte: KEF, Pioneer, Technics, Visaton

hifisound
4400 Münster, Jüdefelderstr. 35
Produkte: Audax, Celestion, Coral, Focal, KEF, Peerless, SEAS, Technics, Vifa, Visaton und Zubehör

hobby-electronic
7000 Stuttgart, Postfach 80 02 02-116
Produkte: Beyma, H/H ac., Isophon, Peerless, Pioneer, SEAS, Valvo und Zubehör

Huber & Söhne oHG
7212 Deisslingen, Bismarckstr. 19
Produkte: WHD Lautsprecher (Hersteller)

I. E. V. Duisburg
4100 Duisburg, Tonhallenstr. 49
Produkte: Vifa

Joker HIFI-Speakers
8000 München 80, Sedanstr. 32
Produkte: Audax, KEF, Peerless, SIPE, Beyma, SEAS, Vifa, Visaton, diverse Bändchenhochtöner und Zubehör

Kaiser Elektronik
2190 Cuxhafen, Poststr. 24
Produkte: Audax, SEAS, Visaton, WHD und Zubehör

Lautsprecherladen (c/o Blacksmith)
6750 Kaiserslautern, Richard-Wagner-Str. 78
Produkte: Audax, Celestion, KEF, SEAS, SIPE, Visaton und Zubehör

LSV-Hamburg
2000 Hamburg 76, Postfach 76 08 02
Produkte: Celestion, KEF, Multicell

Meyer Elektronik
6340 Dillenburg 2, Wissenbacher Weg 3
Produkte: Dynamic, Visaton und Zubehör

Musik Produktiv
4530 Ibbenbüren, Gildestr. 60
Produkte: H/H acoustics, Celestion u. a.

Open Air
2000 Hamburg 13, Rentzelstr. 34
Produkte: Audax, Beyma, Focal, Görlich, H/H, Isophon, Scan Speak, Seas, Siare, Vifa, Visaton, viel Zubehör und Gehäuse

Pirang Elektronik
8951 Ingenried, Hochweg 1
Produkte: Audax, Beyma, Celestion, Visaton und Zubehör

Pro-Audio
2800 Bremen 1, Am Dobben 125
Produkte: Isophon, KEF, Peerless, Visaton und Zubehör

proraum GmbH
4970 Bad Oeynhausen 11, Babbenhausener Str. 57
Produkte: Audax Lautsprecher

r & h studiosound
7808 Waldkirch 2, Turnhallenweg 6
Produkte: Celestion, D.A.S., H/H acoustics und Zubehör

Statronic
2000 Hamburg 20, Eppendorfer Weg 244
Produkte: KEF, Philips, Pioneer, Valvo, Visaton

Völkner Electronic
3300 Braunschweig, Marienberger-Str.
3300 Braunschweig, Ernst-Amme-Str. 11
4800 Bielefeld, Taubenstr./Ecke Brennerstr.
2000 Hamburg-Wandsbek, Wandsbeker Zollstr. 5
3000 Hannover, Ihmeplatz 6
Produkte: Dynamic, Peerless, Renkforce

Wiesmann Elektronik
8620 Lichtenfels, Wiesenstr. 3
Produkte: Audax, Beyma, Celestion, Dynamic, Isophon, KEF, Peerless, Visaton und Zubehör

Wirth Elektronik GmbH
3004 Isernhagen 1, Borsigstr. 13
Produkte: SIPE Lautsprecher

Der Klang macht die Musik
AUDAX
SIARE
HiFi-Lautsprecher – Kits der Superlative!
proraum GmbH
AUDAX-SIARE
Vertrieb für Deutschland
Postfach 10 10 03
4970 Bad Oeynhausen 1
Tel. (0 52 21) 30 61
Telex 9 724 842 kroe d
24-Std.-Telefonservice
proraum
Vertriebs GmbH
Technische Unterlagen nur gegen 5,– DM Schein oder in Briefmarken.
– Lieferung sofort ab Lager –

HiFi
nur in Hamburg
P.A.
Open Air
AKTUELLES auf 100 qm VERKAUFSFLÄCHE vorführbereit
und viel
Zubehör
Isophon · KEF · Lowther
Magnat · MB · Matsushita
Potszus Görlich · Sipe
Scan Speak · Siare
TDL · Vifa
Visaton
Seas
PSL 320/400
mit Beschichtung
nur DM 389,00
Audax
Beyma
Celestion
Coral · Dynaudio
EV · Emit · eton
Focal · H + H
Intertechnik · JBL
Dolomit II
Pyramide
kompl. Bausatz
incl. Gehäuse
42 cm hoch, DM 235,–
Bass 17 cm Ø
und Audax HD100
Open Air
BEWÄHRTE
LAUTSPRECHERSYSTEME
in 2000 Hamburg 13 · Rentzelstr. 34
Tel.: 040/44 58 10
Bitte Katalog anfordern DM 5,–. Sofortversand auch ins Ausland.
Garantie auf alle Artikel.